工业园区高难废水处理技术与管理

孙贻超　冯　辉　主编

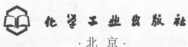
化学工业出版社
·北京·

内容简介

《工业园区高难废水处理技术与管理》共分 12 章，主要介绍了我国工业园区污水治理现状，尤其是针对工业园区高难废水的有效处理，分别从管理和技术两个角度进行了阐述。具体内容包括工业园区水污染治理的政策与法规、工业园区高难度废水处理中心管理措施、工业园区高难度废水的预处理技术、工业园区高难度废水的生化处理技术、工业园区高难度废水的膜前预处理技术、工业园区高难度废水的膜处理技术、工业园区高难度废水的高级催化氧化处理技术、工业园区高难度废水的蒸发处理技术、不同类型工业园区高难度废水的处理、工业园区高难度废水处置实例、工业园区高难度废水处置未来展望等。

《工业园区高难废水处理技术与管理》可供水污染治理领域的科研人员、技术人员阅读，还可供高等院校环境工程、市政工程、环境科学、资源循环科学与工程专业大专院校师生阅读参考。

图书在版编目（CIP）数据

工业园区高难废水处理技术与管理/孙贻超，冯辉主编. —北京：化学工业出版社，2021.8（2022.9 重印）
ISBN 978-7-122-39187-2

Ⅰ.①工… Ⅱ.①孙…②冯… Ⅲ.①工业园区-废水处理 Ⅳ.①X703

中国版本图书馆 CIP 数据核字（2021）第 092068 号

责任编辑：满悦芝   文字编辑：王 琪
责任校对：王 静   装帧设计：张 辉

出版发行：化学工业出版社（北京市东城区青年湖南街 13 号 邮政编码 100011）
印 装：涿州市般润文化传播有限公司
787mm×1092mm 1/16 印张 14¾ 字数 357 千字 2022 年 9 月北京第 1 版第 2 次印刷

购书咨询：010-64518888   售后服务：010-64518899
网 址：http://www.cip.com.cn
凡购买本书，如有缺损质量问题，本社销售中心负责调换。

定 价：88.00 元

《工业园区高难废水处理技术与管理》
编写人员名单

主　编：孙贻超　冯　辉

副主编：丁　晔　苏志龙　田　野

参　编：秦　微　秦萍萍　闫双春　解四营　张军港　李　鹏
　　　　赵孟亭　侯国凤　邢　妍　王　锐　李俊超　王森玮
　　　　崔雪亮　贾晓晨　王　娜　姚晓然　董建铎　杨　帆
　　　　李晓鹏　刘　羿　尹国胜　赵　辉　张彬彬　卢瑞杰
　　　　闫　妍　赵凤桐　赵明新　隋芯宜　杨文珊　赵　莹
　　　　王世华　王　晨　李　磊　何丽娟　温佳宝　李　凤
　　　　轩一撒　苑植林　孙宜坤　刘利杰

前言

近年来，随着我国城市化和工业化进程的加快，水环境问题日益严重。"十一五"以来，国家大力推进截污减排，将其摆在中央和地方各级政府工作的核心位置，在"十三五"期间，更是把生态文明建设首次写进五年规划的目标任务，因此水环境保护取得积极成效。但是，个别地区水污染严重的状况仍未得到根本性遏制，区域性、复合型、压缩型水污染日益凸显，已经成为影响我国水安全的最突出因素，防治形势十分严峻。为了解决水安全问题、提升环境质量、拓展发展空间，2015年国务院发布的《水污染防治行动计划》（"水十条"）成为我国治理水污染的行动纲领。

工业园区水污染的集中治理是"水十条"的关注重点之一。针对高难度工业废水特点，开展相关控制技术研究及集成非常必要且迫切。以高盐难降解废水为例，废水与无机盐都是可以回收利用的资源，因此开发高盐难降解废水资源化技术，实现高盐难降解废水的"零排放"或"趋零排放"是工业园区高盐难降解废水处理难题的主要途径之一。

"十一五""十二五"期间我国开展了一些含盐难降解废水处理技术的相关研究，但在预处理和杂盐分离工艺路线上和针对特定盐类的资源化回收方面鲜有研究。而大多数业主单位对于工业园区高难废水处理难度认识不足，往往要求既省钱又效果好，但是长期以来大行其道的生化工艺并不能"包治百病"，究其原因是因为生化工艺的影响因素众多，根据我所多年环保项目经验，影响工业园区高难度废水较难处理的因素有以下4点。

① 工业园区高难度废水水质水量波动大，不利于生化系统稳定运行，所以需要额外增设不少调节设施，占地费钱。

② 工业园区高难度废水中含有的大多都是难降解有机物，甚至有有毒有害有机物，十分不利于微生物降解吸收转化，有些废水甚至连特种菌也不能见效。

③ 工业园区高难度废水一般都是高含盐废水，高盐环境同样不利于微生物的繁殖代谢，所以处理起来非常困难，往往需要向水中加入大量的营养物质才能维持微生物的正常代谢活动，但这就会造成运营成本增加。

④ 很大一部分工业园区高难度废水根本就不能用生化工艺处理，必须要上包括臭氧催化氧化、电催化氧化、芬顿催化氧化等高级催化氧化工艺才行，而这些工艺的运营成本往往较高。

总之，工业废水浓度高，水质成分复杂，甚至有重金属和有毒物质的干扰，所以对承接环保企业的技术能力要求很高，对于工业园区高难度废水的合理有效处理，就成为摆在环保人面前的一道难题。

天津市环境保护技术开发中心设计所成立于1983年，30多年来培养了一大批环保技术科研人员，为天津市环境保护和可持续发展做出了较大贡献，设计所在工作中认真贯彻《中华人民共和国环境保护法》，认真执行国家规定的各项规章制度，坚持"技术领先、质量第一"的原则。近年来我单位承接了我国天津、河北、山西、湖北以及非洲一些国家、俄罗斯、孟加拉国等地多项工业废水处理工程，取得了良好的环境效益和社会效益，相关工程经验丰富。

基于上述背景和研究基础，编者系统梳理了工业园区高难度废水治理政策、法规、关键技术以及高难度废水处置中心管理规范等内容，编写本书。

本书共包括12章内容，第1章对工业园区的发展现状、工业园区高难度废水的定义、处理模式、治理现状、存在问题等进行了论述说明；第2章汇总了国内外针对工业园区废水处理领域的相关法律、法规、政策文件等，并进行了归纳说明；第3章对建立工业园区高难度废水处置中心的管理措施进行了叙述；第4～9章分别就工业园区难降解废水的预处理技术、适合高难废水处理的典型生化处理技术、膜前预处理技术、膜处理技术、高级催化氧化处理技术、蒸发技术进行了介绍；第10章结合具体领域难降解工业废水类型给出了典型的处理组合工艺技术路线；第11章介绍了两例典型工业园区难降解废水处理工程实例；第12章针对工业园区高难度废水未来的科学处置提出了自己的看法。

本书最大的特点就是突出了工业园区难降解废水处理的系统性和实用性，通俗易懂地叙述了可应用于工业园区难降解废水处置的常用技术，对工业园区难降解废水的有效治理具有一定的现实指导意义，有利于满足相关政策要求，同时实现科学治污、精准治污、高效治污。

限于编者水平，书中的疏漏和不妥之处在所难免，敬请同行和读者批评指正。

编者
2021年5月

目录

第1章　总论

1.1　工业园区综述 ·· 1

　1.1.1　工业园区概念 ··· 1

　1.1.2　国外工业园区发展现状 ·· 2

　1.1.3　国内工业园区发展现状 ·· 3

1.2　工业园区高难度废水治理综述 ·· 5

　1.2.1　工业园区高难度废水定义 ······································ 5

　1.2.2　工业园区高难度废水处理历史演变 ····························· 5

　1.2.3　工业园区高难度废水的排放现状 ································ 8

　1.2.4　工业园区高难度废水的处理模式 ································ 9

　1.2.5　工业园区高难度废水的治理现状 ······························· 11

1.3　工业园区高难度废水处理存在的主要问题以及相关建议 ············· 15

　1.3.1　工业园区高难度废水处理存在的主要问题 ···················· 15

　1.3.2　工业园区高难度废水处理合理建议 ···························· 15

第2章　工业园区水污染治理的政策与法规

2.1　国外典型工业园区水环境管理政策综述 ······························ 17

　2.1.1　德国 ·· 17

　2.1.2　英国 ·· 17

　2.1.3　法国 ·· 18

　2.1.4　意大利 ·· 18

　2.1.5　瑞典 ·· 18

　2.1.6　荷兰 ·· 19

　2.1.7　日本 ·· 19

　2.1.8　美国 ·· 20

2.2　我国国家层面对工业园区环境保护和绿色发展相关政策规定 ········· 21

　2.2.1　《关于全面加强生态环境保护　坚决打好污染防治攻坚战的意见》 ··· 21

　2.2.2　《"十三五"生态环境保护规划》 ······························· 21

　2.2.3　《长江经济带生态环境保护规划》 ······························ 21

2.2.4 《关于加强化工园区环境保护工作的意见》 ……………………… 21

2.2.5 《促进化工园区规范发展的指导意见》 …………………………… 21

2.2.6 《中华人民共和国水污染防治法》 …………………………………… 22

2.2.7 《水污染防治行动计划》 …………………………………………… 22

2.2.8 《重点流域水污染防治规划（2016—2020年）》 ………………… 22

2.2.9 《排污许可证申请与核发技术规范 水处理（试行）》 ………… 22

2.2.10 《关于推进环境污染第三方治理的实施意见》 ………………… 22

2.3 我国地方层面与工业园区环境保护和绿色发展相关政策规定 ………… 23

2.3.1 江苏省 ……………………………………………………………… 23

2.3.2 山东省 ……………………………………………………………… 23

2.3.3 湖北省 ……………………………………………………………… 23

2.3.4 安徽省 ……………………………………………………………… 23

2.3.5 上海市 ……………………………………………………………… 24

2.3.6 天津市 ……………………………………………………………… 24

2.3.7 广西壮族自治区 …………………………………………………… 24

2.3.8 广东省 ……………………………………………………………… 24

2.3.9 四川省 ……………………………………………………………… 24

2.3.10 湖南省 ……………………………………………………………… 25

2.3.11 辽宁省 ……………………………………………………………… 25

2.3.12 内蒙古自治区 ……………………………………………………… 25

2.3.13 新疆维吾尔自治区 ………………………………………………… 25

2.3.14 甘肃省 ……………………………………………………………… 26

2.3.15 宁夏回族自治区 …………………………………………………… 26

2.3.16 黑龙江省 …………………………………………………………… 26

2.3.17 云南省 ……………………………………………………………… 26

2.4 做好工业园区水污染治理工作的现实意义 ………………………………… 26

第3章 工业园区高难度废水处理中心管理措施

3.1 工业园区高难度废水处理中心建设的目的和意义 ……………………… 28

3.2 工业园区高难度废水处理中心的运行管理规定 ………………………… 29

3.2.1 人员配置要求及其职责 …………………………………………… 29

3.2.2 生产运维管理制度 ………………………………………………… 29

3.2.3 安全管理制度 ……………………………………………………… 30

3.2.4 高难度工业废水的输送与贮存管理 ……………………………… 31

3.3 工业园区高难度工业废水处理的应急处置预案 ………………………… 31

3.3.1 突发性环境污染事故的发生风险分析及防范措施 ……………… 31

3.3.2 突发性环境污染事故的应急响应流程 …………………………… 32

3.3.3 突发性环境污染事故的应急检测 ………………………………… 33

3.3.4 突发性环境污染事故的针对性响应 •• 37

3.4 工业园区高难度废水处理中心的二次污染分析及应对 •••••••••••••••••••••••••••••• 39

    3.4.1 废渣的处置 ••• 39

    3.4.2 废气的处置 ••• 39

第4章 工业园区高难度废水的预处理技术

4.1 高难度废水的预处理工艺简述 ••• 42

4.2 大颗粒杂物的去除——格栅 •• 43

    4.2.1 格栅设备简述 •• 43

    4.2.2 钢丝绳牵引式格栅除污机 ••• 45

    4.2.3 回转式齿耙链条式格栅除污机 •• 45

    4.2.4 高链式格栅除污机 •• 46

    4.2.5 转鼓式格栅除污机 •• 46

    4.2.6 回转式格栅除污机 •• 47

    4.2.7 阶梯式格栅除污机 •• 47

    4.2.8 弧形格栅除污机 •• 48

    4.2.9 移动式伸缩臂格栅除污机 ••• 48

    4.2.10 回转滤网（内进流）式格栅除污机 •• 49

    4.2.11 粉碎型格栅除污机 •• 50

4.3 无机砂粒的去除——沉砂 •• 51

    4.3.1 沉砂池简述 ••• 51

    4.3.2 平流式沉砂池 ••• 52

    4.3.3 曝气沉砂池 ••• 53

    4.3.4 多尔沉砂池 ••• 54

    4.3.5 旋流沉砂池 ••• 55

4.4 不溶性有机物的去除——初沉 •• 56

    4.4.1 沉淀池简述 ••• 56

    4.4.2 平流式沉淀池 ••• 58

    4.4.3 竖流式沉淀池 ••• 59

    4.4.4 辐流式沉淀池 ••• 61

    4.4.5 斜板斜管沉淀池 •• 63

4.5 废水的均质均量化处理——调节 •• 65

    4.5.1 调节池的简述 ••• 65

    4.5.2 在线水量均量调节池 •• 66

    4.5.3 离线水量均量调节池 •• 67

    4.5.4 外加动力式均质调节池 •• 67

    4.5.5 差流式均质调节池 •• 68

    4.5.6 均化池 ••• 69

4.5.7　事故池 ··· 69

4.6　废水的 pH 调节——中和 ··· 69

4.6.1　中和的原理 ··· 69

4.6.2　酸碱废水（渣）中和法 ·· 70

4.6.3　投药中和法 ·· 72

4.6.4　过滤中和法 ·· 73

4.7　废水的除浊处理——混凝 ·· 74

4.7.1　混凝的原理 ·· 74

4.7.2　混凝的常用药剂 ·· 76

4.7.3　常用混凝设备 ·· 77

4.7.4　常用混凝构筑物 ·· 77

4.8　废水的除油处理——隔油/气浮 ··· 79

4.8.1　废水除油的原理 ·· 79

4.8.2　平流式隔油池 ·· 80

4.8.3　平行板式隔油池 ·· 81

4.8.4　斜板式隔油池 ·· 81

4.8.5　涡凹气浮除油 ·· 83

第 5 章　工业园区高难度废水的生化处理技术

5.1　高难度废水的生化处理工艺简述 ·· 85

5.2　难降解工业废水的好氧生化工艺 ·· 86

5.2.1　序批式活性污泥法 ··· 86

5.2.2　膜生物反应器法 ·· 92

5.2.3　移动式生物床法 ·· 98

5.2.4　曝气生物滤池 ··· 101

5.2.5　生物转盘 ·· 106

5.2.6　生物流化床 ·· 109

5.3　难降解工业废水的厌氧生化工艺 ······································· 111

5.3.1　上流式厌氧污泥床 ·· 112

5.3.2　内循环厌氧反应器 ·· 113

5.3.3　膨胀颗粒污泥床反应器 ·· 115

5.3.4　厌氧氨氧化 ·· 117

第 6 章　工业园区高难度废水的膜前预处理技术

6.1　高难度废水的膜前预处理简述 ·· 121

6.2　磁絮凝 ··· 121

6.3　高密度沉淀 ·· 123

6.4　活性砂连续过滤 ·· 124

第7章 工业园区高难度废水的膜处理技术

7.1 高难度废水的膜工艺简述 ··· 127
7.2 微滤膜 ··· 127
7.3 超滤膜 ··· 129
7.4 纳滤膜 ··· 132
7.5 反渗透膜 ··· 133

第8章 工业园区高难度废水的高级催化氧化处理技术

8.1 高难度废水的高级催化氧化工艺简述 ······················· 137
8.2 臭氧催化氧化 ·· 138
  8.2.1 臭氧的特性分析 ·· 138
  8.2.2 臭氧的氧化能力分析 ·· 138
  8.2.3 臭氧的制备及工艺流程分析 ····································· 140
8.3 电解法 ··· 142
  8.3.1 电解法原理分析 ·· 142
  8.3.2 电催化氧化工艺 ·· 144
  8.3.3 电芬顿工艺 ··· 146
  8.3.4 微电解工艺 ··· 148
  8.3.5 三维电解工艺 ··· 151
8.4 光催化 ··· 152
  8.4.1 光催化原理分析 ·· 152
  8.4.2 光-臭氧耦合工艺 ··· 154
  8.4.3 光-芬顿耦合工艺 ··· 154
  8.4.4 光-臭氧-芬顿耦合工艺 ·· 155
8.5 微波催化氧化 ·· 155
  8.5.1 微波催化氧化原理分析 ·· 155
  8.5.2 微波催化氧化工艺因素分析 ····································· 157
8.6 超声波催化氧化 ·· 158
  8.6.1 超声波催化氧化原理分析 ·· 158
  8.6.2 超声波催化氧化工艺因素分析 ································· 159
8.7 芬顿催化氧化 ·· 161
  8.7.1 芬顿催化氧化原理分析 ·· 161
  8.7.2 芬顿催化氧化工艺 ·· 162
  8.7.3 类芬顿催化氧化工艺 ·· 163
  8.7.4 芬顿的污泥减量化工艺 ·· 164
8.8 湿式氧化 ··· 164
  8.8.1 湿式氧化的原理分析 ·· 164

8.8.2　湿式氧化水处理工艺流程 ·· 166

8.9　超临界水氧化 ·· 167

8.9.1　超临界氧化的原理分析 ·· 167

8.9.2　超临界氧化水处理工艺流程 ·· 168

8.10　电子束辐照氧化 ·· 169

8.10.1　电子束辐照的原理分析 ·· 169

8.10.2　电子束辐照水处理工艺流程 ·· 170

8.11　等离子体催化氧化 ·· 172

8.11.1　等离子体的原理分析 ·· 172

8.11.2　等离子体水处理工艺流程 ·· 173

8.12　多相催化氧化 ·· 174

8.12.1　多相催化氧化的原理分析 ·· 174

8.12.2　多相催化氧化水处理工艺流程 ···································· 175

第 9 章　工业园区高难度废水的蒸发处理技术

9.1　高难度废水的蒸发工艺简述 ·· 177

9.2　机械压缩蒸发工艺 ·· 177

9.2.1　机械压缩蒸发的工艺原理 ·· 177

9.2.2　机械压缩蒸发的工艺设计 ·· 179

9.3　多效蒸发工艺 ·· 181

9.3.1　多效蒸发的工艺原理 ·· 181

9.3.2　多效蒸发的工艺设计 ·· 183

9.4　膜蒸馏工艺 ·· 184

第 10 章　不同类型工业园区高难度废水的处理

10.1　制药行业废水处理 ·· 187

10.2　焦化行业废水处理 ·· 189

10.3　冶金行业废水处理 ·· 193

10.4　炼油行业废水处理 ·· 194

10.5　农药行业废水处理 ·· 195

10.6　电镀行业废水处理 ·· 197

10.7　煤化工行业废水处理 ·· 199

10.8　电路板行业废水处理 ·· 201

10.9　含氰废水处理 ·· 202

10.10　含酚废水处理 ·· 204

10.11　双膜系统废水处理 ·· 205

10.12　蒸发母液处理 ·· 206

第 11 章　工业园区高难度废水处置实例

11.1　江苏某化工园区高难度废水处置项目 ·· 208

　11.1.1　项目背景 ··· 208

　11.1.2　项目技术参数 ··· 208

　11.1.3　项目工艺路线 ··· 209

　11.1.4　项目处理难点与技术应用 ·· 210

11.2　天津港"8·12"事故含氰废水应急处置 ·· 211

　11.2.1　项目背景 ··· 211

　11.2.2　应急处置技术手段 ·· 212

　11.2.3　应急难点与技术应用 ·· 214

第 12 章　工业园区高难度废水处置未来展望

参考文献

第1章

总　论

随着我国经济的高速发展和城市化进程的加速，新老企业向工业园区集中，工业园区在强力助推区域经济快速发展的同时，逐渐成为水污染防治的重点和难点以及环境污染事故的高发点，流域水环境污染日趋严重。21世纪以来，我国在一些重点流域开展了大规模的水污染防治工作，取得了阶段性成果，部分河段水质有所改善。但是，由于污染物的排放未得到根本遏制，一些江河湖海的污染情况依然十分严重。

"园区经济"于20世纪80年代开始在我国快速发展，工业园区作为区域经济发展的新焦点，如雨后春笋般兴盛起来，不少工业园区取得了良好的经济效益，甚至成为区域形象工程。据《2013—2017年中国工业园区开发运营模式与投资战略规划分析报告》数据统计显示，截至2017年初，我国国家级高新区有157个，国家经济技术开发区有219个；通过规划论证正在建设的国家生态工业示范园区数量达到93个，其中通过验收的国家生态工业示范园区有48个。中国各个省、大部分地市甚至部分县都已开始建设自己的工业园区。但是随着工业园区数量的迅速增加，在促进产业集聚发展与区域规模经济发展、带来巨大经济效益的同时，由于个别工业园区片面追求经济利益，忽视环境保护，不注重污染物减排和生态环境建设，致使园区成了"污染重灾区"，在重点流域的污染问题中，有相当一部分污染来源于工业园区。

当前我国工业园区水环境治理面临一系列问题，如废水水质复杂，处理难度大；给排水规划与废水收集系统设计不合理；水资源回用率低；缺少有效监控预警措施，运营、监管与收费困难；园区内企业间未能实现资源与能源的有效衔接和循环利用等。目前，工业园区污水处理厂多沿用市政污水处理系统，造成园区废水难以稳定达标。因此对于工业园区废水，尤其是高难废水的有效处理，就成了环保水处理领域中亟待解决的问题。

1.1　工业园区综述

1.1.1　工业园区概念

第二次世界大战后，现代意义上的工业园区逐渐形成。目前，世界各国针对工业园区的概念有不同定义。从强调政府主导角度看，工业园区是政府或者企业为了实现工业发展目标而创立的特殊区域环境；从强调市场角度看，工业园区是以优化企业布局、促进分工协作、形成产业优势为目标的资源高度聚集的工业化载体。联合国环境规划署（UNEP）认为，工业园区是在规划较大范围土地上聚集若干工业企业的区域。它具有如下特征：一是对园区环境规定了执行标准和限制条件，并进行必要管理；二是有较大面积土地和较多的企业；三是配备完善的公共设施和生产、生活服务机构；四是对常驻企业类型、土地利用率和建筑物类型有一定要求；五是制定详细的园区控制性规划。

世界范围内各类免税区、自由贸易区、出口加工区、科学园、技术园等都属于工业园区。在我国，工业园区是一个较为宽泛的概念，包括工业园、工业园区、经济技术开发区、工业聚集区、工业集中区、科工贸一体区等，都归为工业园区的范畴。

1.1.2 国外工业园区发展现状

国外工业园区的发展经历了起步（1950—1970 年）、转型（1970—1980 年）和发展（1980 年至今）3 个阶段，爱尔兰于 1959 年设立的香农开发区是世界上首个产业特区。在后来的工业化进程中，逐渐形成了许多著名工业园区，其中以欧洲诸国、美国、日本、韩国等发达国家工业园区为主要代表，如德国鲁尔工业区、法国巴黎盆地工业园区、荷兰鹿特丹工业区、英国伯明翰-曼彻斯特工业区、美国休斯敦化工区、日本川崎工业区和韩国蔚山工业园区等。

工业革命以来，发达国家的工业化、城市化迅速推进，在创造了巨大物质财富的同时，也付出了沉重的环境代价。许多著名的大型工业园都发生过严重的环境污染事件，例如世界著名的环境公害事件中比利时马斯河谷烟雾事件、美国多诺拉烟雾事件、日本水俣病和骨痛病事件和印度博帕尔事件等都发生或源自工业园区。

20 世纪五六十年代以后，新技术革命对传统工业造成巨大冲击。发达国家主要工业园区都从各国实际出发，逐步改变高耗能、以牺牲环境为代价谋取发展的老路，逐步培植有竞争力的新兴替代产业拉动结构转型。例如，法国政府通过"工业发展基金"和"融资保证基金"的方式来助力园区中小企业融资。在条件比较差的落后地区，地方政府通过给予税收上的优惠来帮助园区企业发展。在地皮和房屋价格方面，工业园区的房地产主一般愿意以市价折扣 20％的优惠吸引企业进入园区。同时法国政府很注重产业区内形成产业集群，通过传统工业的转型，逐步实现专业化、高科技化，以寻找产业集群所形成的新竞争力点。

德国鲁尔工业园区原本以生产煤和钢铁为主，20 世纪 70 年代中期，全球发生经济危机，鲁尔工业园区通过发展新的工业及服务行业、加强基础设施建设和服务设施建设、开发新产业的方式加快传统产业结构的转型，整顿后的煤钢生产呈现出集中化的特点。为了适应产业转型对人才和技术的需求，从 1961 年开始，鲁尔工业园区陆续建立起大学，与此同时，许多研究所也在为产业结构的转型输送技术成果。几乎所有的鲁尔工业园区城市都建有技术开发中心，还有一个把技术转化到市场应用的体系。此外，鲁尔工业园区在转型过程中始终重视环保，采取了有力措施改善一度被严重污染的环境，如限制污染气体排放、建立空气质量监测系统等。图 1-1 为德国鲁尔工业园区一角。

日本产业园区的开发与建设，基本上是依照国家综合开发计划、产业政策等宏观规划和政策而变动的。一方面，在临海地区，日本政府通过填海造地、改造旧军用工厂等方式，为产业园区提供工业用地。另一方面，在内陆地区，根据《首都圈整备法》于 1958 年首次在相模原市、平冢市和八王子市进行了产业园区的建设。1962 年，日本"全国综合开发计划"（简称"旧全综"）出台。以区域间的均衡发展为目标，政策内容主要表现为"防止城市过大化"和"缩小区域间差异"等。1964 年，政府又指定了 6 个特别区域作为工业整备区。进入 20 世纪 70 年代，随着产业结构的优化和经济体制的转移，日本将目光放到了海外，开始关注如何增强国际竞争力这一问题。同时，为了解决国内高速增长所带来的区域间发展不

图 1-1　德国鲁尔工业园区一角

均衡，如何消除国内产业布局"过疏过密"的问题、解决环境污染、提高福利水平，也成为日本发展过程中所面临的重要课题。80 年代，日本政府为进一步促进之前提出的产业结构知识集约化，政府又提出了"创造性知识集约化"的构想，并设立了动态的比较优势基准、国民需求充足基、节省能源资源基准和安全基准，以实现产业结构优化的目标。90 年代及以后，日本全国地方自治体大力推进产业园区的建设，以市町村及地方公共团体为开发主体，侧重发展高科技产业的生态型产业园区。

综上分析，国外工业园区的发展模式主要体现在政府引导下的产业集群、规划合理及完善的配套基础设施、民间资本吸纳、工业园区创新体系建设及注重生态友好五个方面。

1.1.3　国内工业园区发展现状

自 1979 年我国设立第一个工业区以来，我国工业园区建设已经经历了 40 多年的发展历程，已形成由大量不同种类、不同级别的高新技术开发区、经济技术开发区、出口加工区、保税区、边境经济合作区、旅游度假区、生态经济区等组成的遍及全国各地的全方位、多层次、纵深展的新格局。我国工业园区从 20 世纪 70 年代末初设，发展的历程大体上可以分为 3 个阶段。

（1）起步阶段（1984—1990 年）　从 1980 年开始，我国先后兴办了深圳、珠海、汕头、厦门 4 个经济特区；1984 年，大连、秦皇岛、烟台、青岛、宁波、广州、湛江、天津、连云港、南通 10 个经济技术开发区相继获国务院批准建立；到 20 世纪 80 年代末，又有福州经济技术开发区、上海闵行、虹桥经济技术开发区、漕河经济技术开发区 4 个国家级经济技术开发区获批成立，我国的国家级经济技术开发区已达 14 个。

这一阶段，开发区主要依靠国家的优惠政策在处女地上开拓，形成了对外资具有一定吸引力的投资环境，同时在资金、技术、人才管理、信息等方面做了初步的积累，兴办了一批合资、合作、独资企业。然而这一时期开发区规模不大、形式较为单一，开发区企业的技术含量低，以劳动密集型为主，技术转让或技术转移很少发生，产业结构以服装、食品、饮料等轻工业居多，企业相互间的合作很少发生。开发区大多是"孤岛型"，远离母城，呈相对封闭的状态。

（2）成长阶段（1991—1997年）　进入20世纪90年代，随着沿海地区发展外向型经济战略的快速推进，以各类开发区为代表的工业园区迎来了蓬勃发展的时期。开发区的层次由国家迅速扩展到省、市、县及部分乡镇，开发区的地域也由沿海推进到沿边、沿江乃至内陆省会城市，形成遍及全国的开发区建设热潮。面对这一状况，国家对开发区的态度是一边发展一边整顿，但是国家级的各类开发区却在清理整顿中获得提高，并且快速成长，截至1996年，国家级高新技术产业开发区有52个。同时，各类国家级开发区有百余个，省级开发区400多个，其他乡以上开发区则有近万个之多。开发区不仅数量大增，且类型多样，呈现出工业区、自由港区、保税区、高新科技园区的多元发展格局。各类工业园区的产业结构也从比较单一的轻加工业，转变为汽车、电子、计算机信息设备、化学化工、装备制造等多元产业。与此同时，国家级经济技术开发区得到了长足发展，引进项目的技术含量和技术水平明显提升，直接推动了我国工业现代化的进程。

（3）发展阶段（1997年至今）　1999年，我国为了改变区域发展不平衡的趋势，开始实施西部大开发战略。随着西部大开发战略推进，国家批准了中西部地区省会、首府城市设立开发区。2000年2月，国务院批准设立合肥、西安、郑州、成都、长沙、昆明、贵阳7个国家级经济技术开发区；同年4月，南昌、石河子2个国家级经济技术开发区获准建立；7月又批准呼和浩特、西宁2个国家级经济技术开发区。2001年批准建立南宁、太原、银川、拉萨4个国家级经济技术开发区；此外，苏州工业园、上海金桥出口加工区、厦门海沧投资区、宁波大榭经济开发区和海南洋浦经济开发区5个园区也成为开始享受国家级开发区政策的工业园区。2000年4月，国务院正式批准设立出口加工区，首批批准进行试点的有15个。后来在2002年和2003年又分别增加10个和13个出口加工区，使总数达到38个。到2003年底，全国共有国家级开发区184个，包括经济特区5个、经济技术开发区54个、高新技术产业开发区54个、出口加工区38个、保税区15个、边境经济合作区14个、旅游度假区11个以及台商投资区4个。

工业园区是我国经济发展的重要平台，也是我国产业集群的重要载体和组成部分，得益于自身属性的优势以及国家相关产业政策的扶持，近年来发展势头良好，整体发展呈基本稳定态势，园区发展综合指标也逐年递升，园区发展从高速增长阶段转向高质量发展阶段，正处在转变发展方式、优化产业结构、转换增长动力的攻关期。

目前我国工业园区的特征主要表现在：总体分布保持稳定，东部领先局面不变；模式不断创新突破，园区寻求转型升级；产城融合新模式持续火爆，反哺城镇化发展；园区运营专业化。工业园区整体发展趋势表现在战略转型和升级、园区产业的"瘦身"和"增高"、精细化运作、品牌化连锁经营、园区新政策等方面。当前，我国已经成为当之无愧的世界工厂，钢铁、铝、水泥等大宗原材料以及鞋帽、家电、手机等产品都超过世界一半的产量。从改革开放到世界工厂的进程中，工业园区发挥了重要的作用。

但是伴随着工业园区在国内的蓬勃发展，其带来的环境问题同样不容忽视，例如工业园区因其大量产业尤其以钢铁、化工为代表的重化工工业的进驻，已成为环境与经济冲突的焦点，尤其是工业高难度废水的无序排放，往往有导致城市原有污水处理厂的崩溃和最终受纳水体的生态崩溃的风险，在环境保护呼声日益高涨的今天，这是人们所不能容忍的，所以对于工业园区在日常运行过程中产生的废水，尤其是高难废水的有效处理，就成了环保从业者不得不面对的紧迫问题。图 1-2 为某工业园区的污水外排场景。

图 1-2 某工业园区的污水外排场景

1.2 工业园区高难度废水治理综述

1.2.1 工业园区高难度废水定义

高难度工业废水一般是指在工业生产过程中产生的难以生化降解的废水，一般按照 $BOD_5/COD < 0.3$ 来界定，不过目前以各类工业园区为代表产生的高难度工业废水，大多具备高盐、高氨氮、高有机物、高色度等特性，如图 1-3 所示，与市政污水相比较，大部分工业废水均属高难度废水范围，主要包括石油化工废水、盐化工废水、电镀工业废水、纺织印染废水、养殖废水、钢铁冶金废水、电厂脱硫废水等。

图 1-3 典型的高色度、高盐度、高浓度废水外观

高难度工业废水对于生态环境危害极大，假如不加处理直接排放到自然界，会对水生态环境产生毁灭性的破坏。一方面是因为高难度工业废水直接污染水体环境，进而伤害水中的动物。另一方面，水体中原本自身具有分解有害物质、降解污染物从而达到净化环境的水生植物，也会因为这些工业废水的超标排放而失去净化水体的功能，甚至会大量死亡，还可能濒临灭绝。

所以高难度工业废水不但要治理，而且要确保其处理手段能够有效达标，才能保证其最终受纳水体不会被污染。

1.2.2 工业园区高难度废水处理历史演变

（1）中华人民共和国成立到改革开放：工业废水处理从无到有 中华人民共和国成立初期到改革开放前，我国工业废水处理进入从无到有的阶段，工业废水单厂处理模式开始在企业中得到运用。

20 世纪 50 年代，中华人民共和国成立初期，工农业刚刚起步，工业废水排放量较少，工业废水处理处于无序化状态，并未引起人们的重视。我国探讨工业废水处理的研究始于 20 世纪 60 年代，当时我国工业得到初步发展，工业废水排放量也逐年增多，国内几大市政设计院逐步介入工业废水处理的研究和实践工作。1963 年、1968 年北京市政院先后完成了北京化工二厂酸碱污水处理工程和北京南郊农药二厂污水处理工程；1967 年，西南市政院也通过试验研究，在国内首次采用"双叶轮延时曝气工艺"处理四川第一棉织厂印染污水，这应该是我国较早出现的一批污水处理厂。此时的污水处理厂主要呈现点状分布，集中于某些国有企业或当时规模较大的企业。

20 世纪 70 年代起，随着水污染的地区不断扩大和环境污染问题凸显，国家开始进行统一的政策规范。1973 年，国家先后颁布了《关于保护和改善环境的若干规定（试行草案）》《工业"三废"排放试行标准》等法规性文件，地方企业在政策的引导下自建污水处理设施，并逐步进行工艺改进以提高效率，单厂处理模式得到了普遍运用。

（2）改革开放到 20 世纪末：以单厂处理模式为主 改革开放时期到 20 世纪末，工业废水以单厂处理模式为主，并逐步出现集中处理模式。

单厂处理模式即每个工业企业自建污水处理设施，对工业废水进行单独处理。1978 年，我国实行改革开放的历史性决策，此后工业得到迅速发展，但环境问题也随之而来，为此国家于 1979 年颁布《中华人民共和国环境保护法（试行）》，把环境影响评价、污染者的责任、征收排污费、对基本建设项目实行"三同时"等，作为强制性的制度首次写进法律。根据我国《环境保护法》第 26 条规定：建设项目中防治污染的设施，必须与主体工程同时设计、同时施工、同时投产使用。防治污染的设施必须经原审批环境影响报告书的环保部门验收合格后，该建设项目方可投入生产或者使用。

进入 20 世纪 80 年代，我国先后颁布了《中华人民共和国水污染防治法》《征收排污费暂行办法》等系列法律法规，并在此期间完成了大批工业废水处理工程的设计工作。

20 世纪 90 年代初，我国确立了社会主义市场经济的主体地位，经济社会持续稳定发展，各类新建项目按照环保"三同时"制度要求都有工业废水与之配套的处理设施。因此，大量小型工业废水处理设施在这时期建设并投入使用，工业废水处理得到广泛重视。但是，基层环保部门难以对众多小型废水处理设施进行有效监管，较多废水处理设施运行管理不善、运行质量差、运行成本较高等问题凸显，且频频出现企业偷排污水现象。

随着市场经济的发展，经济利润催生技术革新，我国的部分地区开始探索工业废水集中处理之路。1992 年，由位于浙江省杭州市拱宸桥西纺织工业区的纺织、丝绸、皮革、化纤等 6 家工厂参与投资兴建了一家联片污水处理厂（以下简称联片厂），于 1994 年 9 月投入运行，1995 年 11 月各厂污水全部接入，该厂同时承担 6 厂的生产生活污水处理。为便于管理，还成立了联片污水处理管委会，制定了《联片污水处理暂行管理办法》《污水处理收费实施细则》。该工程建设费用由环保部门拨款、贷款，有关企业集资，是具有股份合作制性质的社会公益性专业污水处理厂。1994 年，全国环保执法检查团视察了该工程，并充分肯定了这种集中处理工业废水的做法。随后几年，各地在综合考虑工业废水单厂处理模式效益的基础上，纷纷因地制宜探索废水集中处理模式。

（3）21 世纪至十八大前：单厂处理向集中处理转变 此期间的废水处理模式由单厂处理向集中处理转变。集中模式即各企业把产生的工业废水直接排放到污水集中处理厂（企业不进行预处理）进行集中处理。

21 世纪以来，特别是我国加入 WTO 之后，贸易自由化促进了中国经济的快速增长，企业规模扩大，工业废水排放量日益增加，不断上升的污水处理成本使得个别企业偷排乱排；一些发达国家通过国际贸易将资源破坏和环境污染转移到中国，环境问题日益突出。面对恶劣的环境局势，国家积极探讨工业废水集中处理模式，引导企业积极进行环保投入。

2002年《中华人民共和国水法》，明确非法污染水体需负法律责任，企业应采用先进技术，提高水资源利用率。2008年2月28日，第十届全国人大常委会第三十二次会议对《水污染防治法》进行修订，在水污染防治的标准、监督管理、防治措施等方面有了更加明确的规定。"先污染后处理"的发展道路使得环境保护与经济发展的矛盾日益凸显，为协调者两者之间的关系，国务院于2011年10月发布《关于加强环境保护重点工作的意见》（国发〔2011〕35号），在改革创新环境保护体制机制中明确表示要推行排污许可证制度、开展排污权有偿使用和交易试点等诸多经济政策，通过经济激励手段，促进企业自主治污与市场化治污的高效、协调发展。

在这个阶段，由于节能减排任务艰巨，印染行业能耗高、污染大，转型升级困难，国家连续出台了一系列的政策文件，高度重视印染行业废水处理工作的开展。2003年4月，国家环保总局和国家经贸委联合发布《印染行业废水污染防治技术政策》指导印染行业废水污染防治工作的开展；2005年10月，在我国印染行业重要聚集区的绍兴县召开了滨海工业园区生态工业示范园区创建大会，力求率先在浙江省建成生态工业建设和循环经济实践的示范园区，并开始规划集中处理印染废水。2006年5月，国家发改委印发了《关于加快纺织行业结构调整促进产业升级若干意见》的通知，指出要提高纺织资源利用效率，加大染整、化纤等行业废水、废气污染处理力度，减少污染物排放量。面对不断提高的环境指标，印染企业面临治污成本上升等诸多压力，频频出现偷排废水现象，给当地的环境和居民生存环境造成了严重的威胁；2006年6月13日，国家发改委下发《纺织工业"十五"发展纲要》，指出印染行业要以提高印染产品质量、推行节能降耗技术、强化环境保护为原则，实现印染行业污染防治从"末端处理"向"源头预防"转变，要加大环境执法力度，严惩污染环境的行为。为更好地落实纺织工业"十五"规划中节能减排的目标，缓解当时印染行业存在的水环境污染情况，2010年4月，工信部出台《印染行业准入条件（2010年修订版）》规定，印染废水原则上应自行处理或接入集中工业废水处理设施，不得接入城镇污水处理系统，确需接入城镇污水处理系统的，须报经城镇污水处理行业主管部门充分论证，领取"城市排水许可证"后方可接入。

（4）十八大至今：一级集中处理与二级集中处理并行模式　党的十八大至今，工业园区、聚集产业区蓬勃发展，各地区因地制宜地发展适合自己的污水处理模式。二级集中处理模式即企业废水经自建污水处理设施处理达到一定的排放标准后（即先进行预处理），再进入污水处理厂统处理后排放的模式。

十八大指出必须要大力推进生态文明建设，扭转生态环境恶化趋势。而且随着工业的快速发展和生态环境的不断恶化，民众对于工业废水处理的呼声日益高涨。对此，政府部门陆续出台多项政策，2012年11月，环保部为保护环境、防治污染、促进纺织染整工业生产工艺和污染处理技术的进步，修订了《纺织染整工业水污染物排放标准》（GB 4287—2012 代替 GB 4287—1992），从行业标准上规定了水污染排放标准，印染企业和工业园区根据此新标准制定相应的排污指标，优化现有工业废水处理模式，达到高效治污的目标。

我国长期粗放型发展带来的环境压力十分严峻，工业废水的总量控制将会越来越严格，这也给了专业投资运营者、技术设备的提供者更大的发展空间。2013年8月，国务院《在关于加快发展节能环保产业的意见》中提到废水处理要推行市场化机制，包括深化排污权有偿使用和交易试点，建立完善排污权有偿使用和交易政策体系，研究制定排污权交易初始价格和交易价格政策；这些市场化的政策吸引了大量非国有资本介入污水处理，2013 年 11 月，亚洲开发银行和北控水务集团宣布将共同在中国推广开发高标准的污水处理项目；2014 年 4 月 24 日，十二届全国人大常委会第八次会议表决通过了修订后的《中华人民共和国环境保护法》，且将于 2015 年 1 月 1 日开始实施，该法对水流域污染等面污染源专门做出了规定，还引入了许可管理制度，并对许可管理做出了综合性的规定，包括水、大气等。国内印染行业目前已形成诸多产业聚集区，并且在废水处理市场化机制方面也有了一定发展。绍兴滨海采用废水二次处理模式，江苏盛泽采用废水次处理模式，但在具体实施过程中都存在处理效率低、监管难等问题。2014 年 11 月 5 日，国家发布《纺织染整工业水污染物排放标准》（GB 4287—2012）的征求意见稿，就新标准下园区与企业在各污染物水处理工艺流程中的任务分工问题进行探讨，对现有园区污水处理模式展开效益分析，进一步完善国家污染物排放标准，提高标准的科学性、合理性和可操作性，2015 年 6 月通过修订意见。

综上所述，我国的工业废水处理模式经历了以下四个阶段。

① 中华人民共和国成立到改革开放前，随着我国工业的发展，工业废水处理从无序化排放到单厂处理发展。

② 改革开放时期到 20 世纪末，我国工业废水以单厂处理为主，并逐步出现集中处理模式，此时的集中处理主要是地理空间上较近的几家工厂并行处理，工业园区内废水集中化处理模式尚未全面铺开。

③ 21 世纪初到十八大，工业园区建设如火如荼，工业企业建设从点状分布到聚集工业园区内发展，工业废水的处理有企业自建厂处理模式，也有集中处理模式。

④ 十八大至今，工业园区建设迅速发展，各地因地制宜，开始探索实践二次集中处理模式。

研究发现，20 世纪 90 年代至今，工业废水处理的三种模式同时并存，具体采用哪种模式由企业规模、园区建设、地理空间聚集等因素综合决定。

1.2.3 工业园区高难度废水的排放现状

根据统计数据，2012 年我国工业废水排放量为 221.6 亿吨，其中造纸、化工、纺织、钢铁合计排放占比约为 48％，成为工业废水最主要的排放来源。同时，这 4 个行业也是废水处理能力最为集中的地方。根据环保部数据，2012 年全国废水排放总量为 6843 亿吨，其中工业废水排放量占比为 32.4％，比 2002 年下降了 14.7％。近些年在我国积极实施淘汰工业落后产能、促进产业结构调整、加强节能减排等政策以及企业不断提高生产效率因素的共同作用下，工业废水排放在经历 2007 年的峰值后开始呈缓慢下降趋势，但数量依然十分庞大。工业废水实际排放达标率与重复利用率较低。

根据环保部数据，2010 年我国工业废水排放达标率就已达到 95.3％，但环境状况公报仍显示出我国的水污染还比较严重，水环境形势依然十分严峻。同时，根据业内权威人士的调研，工业废水处理设施处于非正常运行状态，无证排污、偷排和超标排放的情况时有发生，在个别地区还相当严重。由于存在工业废水运营服务体制不健全不到位、统计局限性等问题，工业废水实际排放达标率要远低于统计数据。另外，统计显示，2012 年我国工业废水的重复利用率为 85.7％，但陶氏同期发布的《中国渴求水资源》报告指出，中国工业水资源的重复利用率仅为 25％。

中国产业信息网发布的《2014—2019 年中国工业废水治理市场态势与投资前景报告》

指出：我国在 10 多年前就已开始治理工业废水，并不断加大投入，大部分工业企业也都建设了废水处理设施；同时，国家实行排污许可证制度，要求直接或者间接向水体排放废水的企业事业单位，应取得排污许可证。但由于违法成本低，加之个别监管不到位、执法不严等原因，工业企业偷排、造成严重环境污染的现象仍旧时有发生。废水污染事件引发社会舆论持续关注，并将进一步成为推动政府出台更严格治理政策措施的催化剂。

2008 年开始，我国进入污染物排放标准修订密集期，到 2013 年包括造纸、化工纺织、钢铁、医药、有色等主要排放行业在内的大部分工业行业，共计 41 项水污染物排放标准得到修订更新、首次发布，其中部分标准还增设了水污染物特别排放限值。新标准收严了水污染物排放限值，既体现了废水污染排放控制的新要求，也预示着工业废水治理提标改造需求将进一步增大。另外，2013 年国务院发布《循环经济发展战略及近期行动计划》，要求"十二五"期间，工业用水重复利用率至少要提高 4.3%，这更进一步放大工业废水治理改造的需求。

第三方治理渐行渐近，治污模式转变为行业发展带来新契机。环境第三方治理是指企业与专业环境服务公司签订合同协议，通过付费购买污染减排服务，以实现达标排放的目的，并与环保监管部门共同对治理效果进行监督。第三方治理模式将改变长期以来分散、低效的治污方式，降低污染治理及环保监管的成本，对推动工业企业废水治理的发展起到积极作用。据浙江省环保局的不完全统计，企业污染治理设施专业化运营后的达标排放率可达 70%～80%，有的甚至可达 90% 以上，与污染企业自己运营相比，达标率提高 30%～50%，运营成本节约 10%～20%。

而工业园区或成为第三方治理突破口，目前由国家商务部批准设立的省级以上开发区就达 1700 多个，市级及以下的工业集中地的数量更是在 5000 个以上。工业园区已成为我国工业发展的主要载体，成为繁荣区域推动工业现代化的重要平台。

但由于废水成分复杂，治理难度大，要求处理技术复杂，治理需投入大量成本，加之有时监管失位等原因，原本被视为地方经济发展助推器的个别工业园区，却逐渐成为污染聚集区，废水直排、偷排现象时有发生，给当地水环境带来了巨大压力，更为有效的治理迫在眉睫。

另一方面，工业园区废水排放量大、污染物集中、易实现规模效应等特点，使其具备了专业治污条件，工业园区有望成为第三方污染治理的一个突破口，并为工业废水治理市场带来新的契机。

1.2.4 工业园区高难度废水的处理模式

（1）国外典型工业园区废水处理模式 工业园区在发达国家已经有几十年发展历史，在废水处理技术及运行管理模式方面进行了长期探索实践，具有很多值得借鉴的良好经验。

比利时安特卫普化工园区没有设置集中的生活污水和工业废水收集处理系统。各企业自行建设独立的废水处理系统和排放管网，对企业自身产生的生活污水和生产废水进行处理，达到规定的排放标准后，直接排放进入自然水体。

丹麦卡伦堡工业园区位于北海之滨，是一座世界公认的高效和谐的循环经济园区。园区中的水资源在不同企业间作为副产品或原料通过贸易方式进行交换，使其价值在整个园区内最大限度地得以利用。以炼油厂废水处理为例，炼油厂废水经净化后作为电厂锅炉补充水回用，而园区发电厂将海水作为冷却水源，排水经处理后作为副产品提供给当地渔场使用。园区通过废水的合理处理和回用，减少了废水排放，也减少了园区约 25% 的新鲜水需水量。

新加坡裕廊岛工业园区内企业废水处理分为以下三种情况：3 家炼化企业自行处理废水达标后排海；一部分企业工业废水由其自行预处理达到纳管标准后，通过园区污水管网送入园区污水厂处理后排放；其他企业以"点对点"各自独立的地上管线将废水送往工业园区污水厂处理后排放。

位于澳大利亚西南的奎那那是一个港口城市，其工业园区主要由矿石冶炼和石油化工企业组成，对淡水需求量很高。而奎那那作为港口城市，淡水资源匮乏，首要任务是通过对整个工业园区的水资源科学管理以确保水资源的可持续性。园区用水呈阶梯结构，地下水源优先供给食品企业，食品企业废水通过 MBR 工艺处理后回用至造纸等轻工业企业，其废水与城镇污水统一收集至回用水厂处理后作为矿石冶炼及石化企业用水使用。同时，处于下游的冶炼石化等重工业在废水处理资源整合方面也积极合作，将水质类同的废水进行集中，然后输送到相对大规模的企业废水处理设施进行整体处理，最终达标排放，从而使得水资源得到合理利用。

伊朗地处中东，干旱缺水，从 20 世纪 80 年代起，伊朗的工业园区就开始构建工业园区废水集中处理和回用模式。起初的处理和回用模式较为简单，将园区废水经过二级处理后用于农业灌溉，多余废水排放至周边环境。21 世纪初，伊朗提出清洁开发理论，对工业园区

污水处理厂进行提标改造，在原有处理工艺的基础上增加高级氧化、膜处理等三级处理工艺，对废水进一步处理后回用至工业企业，使其摆脱对自然淡水资源的依赖。Shokuhiye 工业园区就是其中的典型案例，通过"砂滤＋MBR＋臭氧氧化＋活性炭吸附＋反渗透膜"的多级深度处理工艺联用，日处理 300m³ 二级出水，将其 TSS、COD、TDS 分别处理至 6mg/L、6mg/L 和 50mg/L，进一步将其与 300m³ 二级处理出水混合作为工

图 1-4　伊朗 Shokuhiye 工业园区反渗透制水车间

业回用水使用（图 1-4）。

(2) 国内工业园区废水处理模式　目前，我国工业园区废水处理模式基本分为三种情况：企业自行建设废水处理设施模式，企业预处理后进入城镇污水处理厂合并处理模式，工业园区废水集中处理模式。

其中企业自行建设废水处理设施模式是园区各企业根据自身废水特点自行建设废水处理设施，废水处理后，经环保部门监测达标后排放。此种模式虽然可以分散事故危险和责任分担，但具有明显缺点：分散式废水处理设施总占地面积大；投资费用与运行成本高；水资源利用率低；环保部门监管难度大；不利于专业化运行管理。

而企业预处理后进入城镇污水处理厂合并处理模式是指企业生产废水经过内部预处理设施处理，达到纳管标准后排入市政管网，进入城镇污水处理厂与生活污水一并处理。但企业预处理工艺通常与城镇污水厂处理工艺类似，工业废水中的有毒有害物质无法得以降解去除，只是转移进入城镇污水厂，依靠生活污水稀释降低浓度，并且有可能对城镇污水厂的生化系统产生较大抑制或冲击，存在不达标排放的风险。

最后一种模式就是工业园区废水集中处理模式，国内许多工业园区建设了园区集中污水处理厂，将园区内的废水进行集中处理。该处理模式的优势：可实现设备、土地和人工共同使用，有效降低园区内各个企业的废水处理费用和环保部门进行监管的难度等。但由于工业园区废水水质复杂、水质水量波动大，很大程度上影响了集中污水厂的正常运营，同时园区集中污水处理厂的建设、运营、管理模式及收费机制等方面仍有大量问题亟待解决。

1.2.5 工业园区高难度废水的治理现状

工业园区水污染治理的现状问题是一个综合问题，下面将主要从园区废水预处理、园区末端污水处理、园区水资源循环利用三方面进行介绍。

（1）工业园区废水预处理现状 企业排水标准普遍对常规污染物（COD_{Cr}、BOD_5）管控严格，间接引导企业建设污水处理设施时多采用生化工艺。因此，园区企业废水预处理工艺中全部含生化处理，直接导致了园区末端污水处理厂进水水质普遍存在缺少碳源的问题。

另外，由于废水处理设施前期建设咨询单位对建设规模预估的偏差、企业产品生产规模的不断调整、企业产生污水量不定等原因，直接导致了污水处理量偏离污水处理规模，这也造成了企业废水预处理设施运行负荷率普遍偏低。

同时，由于园区企业内部污水预处理设施规模偏小却功能齐备、普遍建设池容大、好氧生化环节设备材料多、污水处理设施运行负荷率低、运行管理不规范等原因，导致工业园区企业废水预处理设施普遍存在投资高、运行费用高的"双高"问题。图1-5为工业园区内的污水处理厂站。

图1-5 工业园区内的污水处理厂站

事故池也是工业废水处理中常见的构筑物，按照相关行业标准要求，化工、石油化工等行业需建设事故水池。但由于工业园区事故水池容积、位置等诸多方面没有统一标准规范，导致工业园区内企业事故水池设置情况各异。同时，在事故水池的日常管理中，个别监管部门对企业事故水池的管理存在重建设、轻监管的情况。很多行业缺少事故水池相关规范，已有的行业事故水池相关规范时间跨度较大，部分老标准已不适用于当前的要求。规范中事故水池容积计算的相关条文较为简略，有些缺乏科学论证和详细的参数指导。不同规范的容积计算方法分歧明显，致使环境评价单位、安全评价单位和设计单位对同一个项目的事故水池容积计算结果各不相同。

事故水池还存在收集与转移系统的环境风险、事故水池的占用、事故水池维护与管理常存在疏漏等问题。因此，亟须尽快出台工业园区企业事故水池工程技术规范，制定、补充或完善行业事故水池建设规范，修正缺乏科学性、争议较大的相关条文，加强对事故水池监督管理。

（2）工业园区末端污水处理阶段现状

① 工业园区污水收集方式混乱　工业园区雨水和污水收集方式主要包括雨污合流、雨污分流和合流分流混合系统。综合型园区和化工型园区均以雨污分流为主；工业园区中生活污水与工业废水收集方式主要包括分流和合流。现在部分园区正在尝试将废水进行分质分类收集再集中处理的园区废水处理模式，但投资较高，推动缓慢。目前，国家和地方政策都未对雨污分流和生活工业废水分流提出强制要求。

工业园区在污水收集管网的建设方面还存在许多问题，是引起末端污水处理厂进水水质水量波动的重要原因之一。部分工业园区管网仍采用雨污合流，这种污水收集方式会导致雨季大量雨水涌入末端污水处理厂，致使污水处理厂超负荷运行，因此，应当加强雨污分流管网建设，尽量避免雨污管网混接的现象。

② 工业园区污水监控设施设置不足　目前，所有园区末端污水厂都对常规污染物有自动监控装置，对污水厂各构筑物可以进行监控，以实时了解工艺的运行情况，方便遇到问题时及时做出处理，避免排水不达标。甚至有一些园区可以实现手机自动控制水厂的运行，大大提高了自动化程度，减少了人工现场操作带来的不便。但是，仍有很大一部分工业园区不具备污水监控能力。另外，在具有监控设施的工业园区中，无论是从监控指标还是从监控频次来看，都存在着监控不足的情况，亟待建立完善的监控系统及合理的监控指标体系，并实现全面实时在线监控。

③ 工业园区污水转输管道维护困难　工业园区转输途径主要包括地埋式、地上管廊式、地埋和地上管廊混合式三种。其中地埋式管廊的优点在于可以利用地下的空间，使地面以上空间较为简洁，并不需支承措施；缺点在于管道腐蚀性较强，检查和维修困难，在车行道处有时需特别处理以承受大的载荷。地上管廊具有便于施工、操作、检查、维修及经济等优点。化工行业主导型工业园区的废水水质相对于综合型园区来说更复杂，对管道的腐蚀性更大，采用地埋式不利于管道

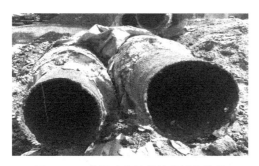

图 1-6　工业园区内被腐蚀的污水管道

的检查和维修（图 1-6）。

④ 工业园区污水集中处理系统工艺不合理　污水处理技术可分为物理、化学及生物处理。其中，生物处理法应用最为广泛，具有有机物去除率高、能耗和运行费用低等特点。污水的生物处理有活性污泥和生物膜法两种，以第一种为主。活性污泥法有传统活性污泥法、阶段曝气活性污泥法、再生曝气活性污泥法、延时曝气活性污泥法等几种不同的运行方式，近年来氧化沟、间歇性活性污泥法、AO 法及联合脱氮除磷的 A^2O 法污水处理工艺等活性污泥处理新工艺在构造和工艺方面有较大发展，并在实际运行中已证实效果显著。

综合型末端污水处理工艺主要包括厌氧-缺氧-好氧法（A²O）、厌氧-好氧法（AO）、氧化沟（OD）、膜生物反应器（MBR）、循环式活性污泥法（CAST）等工艺，其中，综合型园区中 A²O 工艺采用较多，化工型工业园区中 AO 工艺采用较多。

调节池是指用以调节进、出水流量的构筑物，为了使管渠和构筑物正常工作，不受废水高峰流量或浓度变化的影响，需在废水处理设施之前设置调节池，调节池分为水量调节池和水质调节池，部分集中处理系统调节池与水解池合并，部分调节池为综合调节池，集水量和水质调节为一体。但是目前综合型园区和化工型园区设置调节池的均比较少，这对园区的出水水质也会产生一定的影响，尤其对于化工型园区会有严重影响。

水解酸化处理方法是一种介于好氧和厌氧处理法之间的方法，可提高废水可生化性，与其他工艺组合可以降低处理成本，提高处理效率。目前，在综合园区中，有水解酸化工艺的污水处理厂比较少，而化工行业主导型工业园区设有水解酸化工艺的污水处理厂比较多。

当前，我国工业园区污水集中处理系统工艺存在的问题集中表现在：缺少水量、水质调节池；缺少预处理单元（如水解酸化预处理单元、混凝沉淀预处理单元、微电解预处理单元等）；生化处理工艺单一，工业园区污水处理工艺与市政污水处理厂差异性小。综合型和化工型工业园区集中处理系统生化处理工艺都以 A²O 和 AO 为主，类型过于单一。A²O 和 AO 工艺是最常用的城镇污水处理厂处理工艺，但是工业园区污废水成分比城镇生活污水成分更复杂，A²O 工艺和 AO 工艺不一定能达到理想的污染物去除效果。

⑤ 工业园区集中处理系统规模设计不科学　园区集中处理系统的污水厂缺失或未建。部分工业园未建设园区污水处理厂，企业废水经过简单处理后直接排入环境或输送到城镇污水处理厂处理，远距离输送容易产生泄漏、偷排等问题。"企业预处理—园区污水处理厂集中处理—排入环境"是很好的水污染防治途径，工业园对环境只有一个排污口，更利于水污染控制和监管。

园区集中处理系统的运行负荷偏低。园区日处理水量一般在 1 万～5 万吨的范围内，少数的园区日处理水量超过 10 万吨，部分污水处理厂实际处理水量大大超过了设计量。污水处理厂进水量不足或者大于设计水量，污水处理厂出现"吃不饱"或"吃不下"的状况，无法正常运行。污水处理厂的建设一般要满足今后几十年的发展需求，所以通常污水处理厂投入使用的初期都会出现低负荷运行的现象。污水处理厂负荷偏低也与园区规划管理有关：设计时考虑园区进入的企业的类型及实际排水量，但实际上进入园区的企业用水量并没有达到要求就进入园区，使得污水处理厂接纳的污水量不足；设计规模与实际存在偏差，是由于进入园区的企业较少，污水量达不到设计规模；部分企业的污水经预处理后没有进入污水厂直接排放。由于进水量少，导致园区污水处理厂基本处于负盈利状态。部分园区实际处理量超出了设计规模，这可能是由于污水处理厂建设年份太早，无法预计现在的处理水量，导致实际处理量大于污水厂的设计量。

园区集中处理系统的进水可生化性低，要添加额外碳源以保证污染物充分去除。

园区集中处理系统的末端达标率低。由于工业园区进驻企业的不确定性和企业生产的季节波动性、转产可能性，部分工业园区在设计时不能对污水中污染物进行科学的评估，导致污水处理厂处理工艺与实际进水水质特征不符，且污水处理厂对上游来水水质没有监管权力，水质水量波动导致运行不稳定或超过处理能力，污水处理厂进水中的污染物不足以削减到要求的标准，出水达标率低。

园区集中处理系统的建设和运行费用高。由于工业园区污水处理厂规模小、进水可生化性低、水质复杂等原因导致园区污水厂的建设和运行费用高于市政污水厂。

常规污染物控制过度，特征污染物控制不严。目前，几乎所有园区企业废水预处理都含有生化处理环节，园区污水处理厂核心工艺均为生化工艺。一方面污水处理时消耗大量能源和财力去除碳源，另一方面园区污水处理厂需人工投加碳源，工艺环节重复建设严重，常规污染物 BOD 等控制过度，资源浪费与能耗问题突出。

园区末端污水处理厂污水处理常用厌氧水解酸化、好氧生物处理等生化工艺，大部分园区对企业排入污水处理厂的废水只注重常规污染因子达标情况，缺少对有毒有害物质等特征污染物的识别与管控，易造成企业排水中有毒有害物质对末端污水处理厂的冲击，影响其稳定运行。同时，园区末端污水处理厂以生化工艺为主的污水处理技术，适宜去除常规污染物，难以去除特征污染物。因此，特征污染物在企业处理阶段未得到严格控制，在园区污水处理阶段又难以控制。

园区污水处理工艺、规模设计不科学。市场环境和产业政策对企业生产经营状况带来的影响也会导致企业排污量发生变化，从而造成对园区污水厂进水量发生较大变化。工业园区的规划设计是园区污水处理厂能否正常运行的关键环节，必须加强技术规范，推进分期规划、分期建设，减少设计规模偏差。

（3）工业园区水资源循环利用现状　当前，我国工业园区污水处理厂再生水制备工艺主要有物理法、化学法和生物法。物理处理法主要有活性炭吸附、过滤法和膜滤法，化学处理法有高级氧化法，另外还有上述三种处理方式的组合工艺，如混凝＋生物滤池＋消毒工艺。再生水主要用于景观用水、工业用水和城市杂用水，还有对水质要求不高的绿化用水、消防用水和建筑用水。但是，工业园区再生水回用也存在一些问题，主要表现在缺乏激励机制和配套管网建设不到位两方面。

2015 年国务院印发了《关于印发水污染防治行动计划的通知》（国发〔2015〕17 号，又称"水十条"）中要求，促进再生水利用。以缺水及水污染严重地区城市为重点，完善再生水利用设施，工业生产、城市绿化、道路清扫、车辆冲洗、建筑施工以及生态景观等用水，要优先使用再生水。到 2020 年，缺水城市再生水利用率达到 20％以上，京津冀区域达到30％以上。

以海河流域为例，作为典型资源型缺水区域，该区域出台了一系列政策文件，推动全社会节约水资源，提高用水效率。2016 年 4 月天津市出台的《天津市水污染防治工作方案》提出，"十三五"期间，本市将继续加大节约保护水资源力度，促进再生水利用；2016 年 5月 13 日，北京市人民政府发布的关于印发《北京市进一步加快推进污水治理和再生水利用工作三年行动方案（2016 年 7 月—2019 年 6 月）》的通知中设置了"全市再生水利用量达到11 亿立方米"的目标，加快污水处理和再生水利用设施建设。但是，仅仅停留在政策支持、鼓励发展层面，对水资源循环利用进一步发展的不利影响已经凸显出来，因此，政策支持不仅应包括政策鼓励，而且还应有价格及运营补贴政策、资源利用及强制措施、设施运营及监督管理等。只有政策和经济效益上都有保障，水资源利用才会生发活力。

另外，再生水配套管网往往只是在再生水制备厂周边，对整个工业园的覆盖还不够，致使有些地区再生水厂已具备供水条件，但缺乏有效的供输管网，致使供给的有效性大打折扣。此外，目前再生水管网建设主要由政府主导推动，且配套设施基本由政府出资，企业在再生水管网的建设和投资方面缺少动力和相应责任。

1.3　工业园区高难度废水处理存在的主要问题以及相关建议

1.3.1　工业园区高难度废水处理存在的主要问题

（1）工业园区污水集中处理排放标准需进一步统一　我国尚需进一步规范工业园区污水集中处理排放标准，园区通常采用城镇污水处理厂的一级 A 标准作为出水指标。然而，针对如印染等对出水水质有明确排放标准的行业，一旦出现行业标准与城镇一级 A 标准不对应时，园区无法确定该执行哪套标准，从而可能导致污水处理厂出水水质达到一级 A 标准但却不符合行业标准（反之亦然）的"超标"排放情况。

（2）园区企业废水污染物特征底数需进一步厘清　工业园区聚集不同类型企业，排放的污染物情况复杂。传统排污监管仅针对化学需氧量、氨氮等常规指标，特征污染物排放底数不明，易造成下游以常规生物处理工艺为主的园区集中式污水处理厂或所依托的城镇污水处理厂，因进水水质、水量与设计参数不匹配导致运行困难，特征污染物总量难以得到实质上削减，从而引发环境风险。同时，企业生产废水多采用生产废水与生活污水混合收集、集中预处理的形式，易造成污染物的稀释排放或超标排放、偷排漏排等情况。

（3）部分园区企业端排水系统存在监管盲区和运行风险　部分园区企业废水预处理设施运营管理水平参差不齐，个别运行人员不具备相关专业知识，处理设施故障频发，难以保障处理效果。同时，部分企业为降低处理成本，随意停止处理设施的运行，存在超标排放的风险；部分企业预处理设施工艺设计存在缺陷又缺乏专业指导，盲目改造和修补导致事倍功半。

（4）园区废水水质特征与下游集中式污水处理厂处理工艺不匹配　集中式污水处理厂多采用基于活性污泥或生物膜法的传统生物处理工艺，面对具有污染物结构复杂、可生化性低、生物抑制性强、水质水量波动频繁、总氮和总磷浓度高、含盐量大等特征的园区工业废水时，处理工艺的不匹配性凸显，导致处理效率低、运行稳定性差、污泥易流失，风险较高。污水处理厂通常只能依靠不断延伸工艺、超量投加药剂来维持运行，导致成本过高，运行难以为继。

（5）园区集中式污水处理厂应急系统有待进一步完善　部分园区集中式污水处理厂所采用的混凝、过滤等常规深度处理方式，无法应对自身运行异常或企业严重超标污水的冲击，只能被动采用不进水的方式应对，进而影响园区企业正常生产。

1.3.2　工业园区高难度废水处理合理建议

（1）摸清底数，构建动态基础数据库　通过开展生产工艺排污节点的污染物特性摸底排查、预处理设施处理效能评估、在线监控系统完整性评估、事故污水和超标污水企业内部应急贮存能力和处置方式适用性评估等，核算不同生产工艺排污节点的废水量和水质特性，识别需严控的特征污染物，从而构建园区企业端排污动态基础数据库。

（2）从园区整体角度论证企业端排污优化控制策略　通过开展基于园区企业端排污基础数据的集中式污水处理厂工艺适用性评估，探究制约处理工艺稳定运行和特征污染物总量削减的主要因素，以强化预处理效能、提升设施运行稳定性、保障达标排放为导向，有针对性实施处理系统优化和升级改造。

（3）对园区雨水管网和污水管网的完整性进行评估　通过"一企一管"敷设方式、在企业端总排口和部分车间排口有针对性安装在线监控装置、建立企业端厂区雨水排放监控系统等手段，减少园区监管盲区。

（4）建立园区水质分类收集调节和应急缓冲系统　在工艺适用性评估结论基础上，依据水质特征有针对性建立分质收集调节和应急缓冲系统；建立以脱除废水生物毒性和提高可生化性为目标的预处理系统；重构兼具抗冲击能力、运行稳定性和经济性的主处理工艺系统；升级或新增尾水达标排放保障系统。通过规范化在线数据监控、进口水质调控、精细化处理过程联控、尾水深度净化把控等方式，实现污染物总量有效削减，保障园区排污受纳水体环境安全。

（5）依托平台，进行园区水环境精细化管理　通过构建园区水环境数据监控平台、污染防治信息平台等，向园区企业提供数据支撑、技术支撑及审核论证等服务，逐步实现园区水环境的精细化管理。

第2章

工业园区水污染治理的政策与法规

2.1 国外典型工业园区水环境管理政策综述

2.1.1 德国

德国城镇污水处理厂收纳工业废水有着严格的入厂要求和合理的收费办法。德国目前共有污水处理厂 9037 座，只有 6 座用于单独处理工业废水（类似于我国工业集聚区自建的污水集中处理设施），其余工业废水全部依托城市污水处理厂处理。德国针对 57 个不同行业分别制定了严格的工业污水预处理技术标准，规定只有符合条件的工业废水才允许排入污水处理厂。城镇污水处理厂收纳工业废水有严格的入厂条件，需提前查明其行业来源，并建立档案。污水处理价格由乡镇政府、污水处理厂和排污企业共同决定，主要考虑污水处理厂运营成本、维护成本、投资成本，行政管理成本，企业排放的水量、污染物类别及浓度等，但不包含企业的盈利额，比我国大多数污水处理厂单纯按污水量收费更合理。

德国污水处理费平均价格是全世界最高的，高于供水费。在污泥的处置方面，有《污泥条例》对特定重金属（包括汞、镉、铬、铅、铜、镍、锌等）和其他危害物质规定了明确的阈值，处置时需由权威机构鉴定其成分，符合要求的污泥才被允许用到农业和园艺业。

2.1.2 英国

英国实行严格的排污许可证制度，工业企业废水排入城镇污水处理厂需经过多层面的评估论证。英国目前约有 8000 座污水处理厂，无独立的工业污水集中处理设施。所有污水处理厂已彻底私有化，政府只负责经济监管（核心是价格监管）。

英国对工业园区（工业集聚区）环境管理实行严格的排污许可证制度，工业企业将废水接入城镇污水处理厂需经过严格的评估论证才能获得批准，具体规定为（如威尔士地区）：一是请大学或第三方机构进行调研评估，对企业材料进行核实；二是开展风险评估，控制企业偷排的风险；三是测算企业支付的补偿金是否能涵盖治理污染的成本；四是评估许可后是否危害环境，影响可持续发展；五是评估适用的法律依据是否正确；六是网上征求公众意见。在发放许可证后，环保部门每年还要到企业进行调研评估，根据环境承载能力及时调整排污许可。工业污水处理收费按 Mogden 公式进行计算：污水处理费＝基本处理费（含收集、输送费）＋COD 处理费＋SS 处理费＋深度氧化处理费＋污泥处置费。污水处理费按污染单位进行收缴，其结构和详细目录由污水处理公司来制定和公布，但是必须符合法律规定和水务办公室设置的价格上限。英国相关法律针对水污染行为有严厉的处罚，最高处罚为刑期 12 个月或罚款 5 万英镑，情节特别严重的，由皇家法庭执行，可处 5 个月刑期和无上限罚款。

2.1.3 法国

法国政府根据污染物排放量向企业收取排污费，相关费用用于各流域水污染防治相关工程和活动中。法国 71 个工业园区的工业废水处理主要依托城市污水处理厂，已建的 2.1 万多座污水处理厂中，仅有 10 座为独立的工业污水集中处理设施。法国污水处理厂的建设大部分采用了 BOT 模式，属国家所有，实行特许经营。政府根据污染物（包括 SS、COD、TDS、总氮、总磷以及毒性污染物和防腐剂等）的排放量向企业按比例收取排污费。全部排污费先交给法国的 6 个水流域管理局，再投入到水污染防治工程和活动中。污水处理价格由第三方咨询公司计算预测，市政议会讨论确定，每 4~5 年定期复核一次。

2.1.4 意大利

意大利水污染的治理已形成一项专业化、社会化的服务产业，废水的收集、处理、最终处置等都可由第三方提供服务。政府通过在法律上赋予污水处理厂一定的监管权限、制定严格的排放惩治措施、建设完备的在线监测体系，较好地促进了污水处理的产业化发展，有效解决了工业水污染防治问题。意大利高度重视工业集聚区规划，重点污染企业全部建于规划区内。目前，意大利共建有工业集聚区 199 个，大多依托城市污水处理厂处理工业废水。

工业污水在处理时，由企业向污水处理厂提出申请，由污水处理厂对该企业污水的数量、种类及其对污水处理厂运营的影响等因素予以综合考虑后，确定是否接受处理该种工业污水，并确定收费金额。意大利政府负责管网建设，如排水企业地处偏远无污水管网，则有环保企业专门开发车载式设备，上门为其处理污水，或上门收集污水运输到污水处理厂处理。这种市场化的第三方服务模式非常值得我国的工业园区借鉴。

意大利要求大型企业必须安装先进的污染物自动监测系统，实时、全面地反映工业污染排放状况和特征因子，凡是没有安装连续监测系统的企业不允许开工生产。有的地区由第三方环保企业和环保部门共同建设污染监控设施及平台，参与园区的污染监控和环境管理，便于及时掌握污水排放信息和应对突发事故。各企业将主要污染物排放状况清单定期上报国家环保部门和欧盟委员会，没有排放权的排污企业可以通过排污权交易，向有余量的企业购买排污量。

在环境管理方面，各大区环保局每月会对直排环境的污水水质进行监测。如果某企业尾水不能达标排放，则不仅要缴纳罚款，还需要承担法律责任。因此，尽管一些污水的处理价格高达每吨数百欧元，工业企业也会送至污水处理厂处理，很少出现偷排、稀释排放的现象。此外，法律规定污水处理厂有权对上游工业企业排放的污水进行监测控制，对于超标排放的工业企业，污水处理厂会向法院起诉追偿。

2.1.5 瑞典

瑞典不同地区的污水集中处理设施执行差异化的排放标准。瑞典目前共有工业企业约58 万家，99% 为中小型企业（雇员为 9 人或 9 人以下的企业约占 94%），建有 24 个国家级科技产业园。目前，瑞典一般性产业园区主要依托城市污水处理厂处理污水，而化工等重污染产业园则建有独立的工业污水处理厂，各污水处理厂根据所处地区敏感性级别，执行不同的污水排放标准。

瑞典对工业集中区环境管理要求如下：一是所有的建成区必须建设污水收集管网系统；二是进入管网的污水至少需要进行二级处理；三是处理后的尾水水质需满足排放标准；四是污水处理厂尾水如排至"敏感区域"，则需要执行更严格的要求，如耗氧类物质（$BOD_7 \leqslant$ 15mg/L、$COD \leqslant 70mg/L$）、悬浮物（$SS \leqslant 150mg/L$）及总磷（$TP \leqslant 0.3mg/L$）的排放要求适用于全国，总氮（去除率$\geqslant 70\%$）的要求仅适用于挪威边界以西近岸海域。

2.1.6　荷兰

荷兰主要有西部（鹿特丹石化工业区）、北部（生物技术和高性能材料区）和南部（切梅洛特化工园区）3 个工业集群，含多个工业园区。工业园区可整体申请一个排污许可证，园内仅部分重点行业的企业需要单独申请间接排放的排污许可证，部分园区环境管理工作由企业自发成立的环保工作指导委员会具体承担。

荷兰在环境管理方面非常灵活。以切梅洛特化工园区为例，为降低区域总体投资成本，园区管理部门与企业协商后，作为一个整体单位申请一个排污许可证，园区内入驻企业与园区签订环保协议，需要落实责任与义务。园区成立环保工作指导委员会，由帝斯曼集团和沙特基础工业公司等企业的相关人员组成，负责与政府相关部门的沟通联络和对园区内环境的管理，这种模式节省了环保成本，也提高了透明度。园区依托一座 20 万吨/天处理规模的城市污水处理厂对园区每天产生的工业污水进行处理，政府每周对该城镇污水处理厂排水情况进行检查。荷兰《地表水污染防治法》规定的 18 类工业企业（包含化学和石化、表面处理、制革、纸及纸板、丝网印刷等）需要办理排污许可证，其他工业企业可以不办理。企业废水申请接入污水处理厂时都需要向政府提交组合文件，包含：政府认可的企业长期环境计划，说明企业如何在较长时期内提高环保成绩；建立 ISO14001、EMAS 等环境管理体系的相关文件，说明如何规范企业的生产活动；年度环保报告，详细说明企业的环保成绩、成果。

在污水处理费方面，荷兰采用按"排污单位"征收的计算方式，"排污单位"根据耗氧物质和重金属排放量计算而得，每个"排污单位"收费约 32 欧元。

2.1.7　日本

日本工业园区是以建设资源循环型社会为目标，在发挥地区产业优势的基础上，大力培育和引进环保产业，严格控制废物排放，强化循环再生。截至 2006 年底，先后批准建设了 26 个生态工业园区。日本推进生态工业园建设的主要做法是：政府主导、学术支持、民众参与、企业化运作，产（企业）—学（大学和科研院所）—官（政府）—民（国民）紧密协作，共同实施。有如下 5 个方面的特点。

（1）以静脉产业为主体　现有的 26 个生态工业园区都以废弃物再生利用为主要内容。而相关设施有 40 多个，所回收、循环利用的废弃物多达几十种。这些废弃物包括一般废弃物和产业废弃物，如 PET 瓶、废木材、废塑料、废旧家电、办公设备、报废汽车、荧光灯管、废旧纸张、废轮胎和橡胶、建筑混合废物、泡沫聚苯乙烯等。目前，日本生态工业园区也在走动脉产业的循环之路，即类似于我国正在开展的生态工业园区，开展产业与产业、产业与居民之间资源的循环利用，发展环境友好产品和环境服务产业。

（2）完善的法律保障　生态工业园区内利用的废弃物大部分属于个别再生规定的范围。正是由于有了相关法律的支持，日本生态工业园区的废弃物再生利用产业才能有序、规范地发展。尽管日本政府在环境保护方面非常重视，制定了一系列的法律对其进行规范，但对生态工业园区建设进行直接的财政支持和补助的力度不够，生态工业园区都是民间自主投资、自主经营。因此，园区的发展规模尚小，这就造成工业园区经济实力不够雄厚，并且首要目标在于经济利益，对于经济环境或管理的改善都非常敏感，对突发事件的应对能力很弱，抗风险能力不强。

（3）强大的学术支持　在园区内开辟专门的实验研究区域，产、学、政府部门共同研究废弃物处理技术、再利用技术和环境污染物质合理控制技术，为企业开展废弃物再生、循环利用提供技术支持。

（4）园区建设重点突出、特色分明　日本生态工业园区内的产业活动是以废弃物再生利用为主，但从利用的废弃物种类看，园区之间还存在差别，即各园区都有自己的方向。另外，同一类型的废弃物再生事业也可能在不同的生态工业园区实施。日本所规划、建设的生态工业园区是具有地域性的，即首先考虑不同地区建设生态工业园区的产业技术基础，同时也考虑废弃物资源的空间分布特征。

（5）民众广泛参与　生态工业园区是一个多功能载体，除进行常规的产业活动外，还是一个地区环境事业的窗口。例如，北九州生态工业园区内除有各项废弃物再生利用设施外，还开展以下工作：举办以市民为主的环境学习；举办与环境相关的研修、讲座；接待考察团、支援实验研究活动；园区环境综合管理；再生使用技术和再生产品展示、介绍市内环境产业等。

2.1.8　美国

1972年，美国《清洁水法》建立了以国家污染物排放削减制度（NPDES）为核心的点源排放管理体系，要求所有向水体排放污染物的点源均需获得NPDES许可证。公共污水处理厂（Publicly Owned Treatment Works，POTW）是NPDES许可制度管控点源中最大的一类，指"隶属于州政府或市政当局的生活污水或工商业废水处理设施"。由于污水处理厂对工业废水中的非常规污染物和有毒污染物的去除效率较低，《清洁水法》制定了"国家预处理计划"（National Pretreatment Program），要求工业间接排放点源满足预处理标准后才能排放至公共污水处理厂，即对排入污水管网的工业废水中有毒有害污染物进行控制，避免对公共污水处理厂及其受纳水体水质造成不利影响。

1978年，美国环保署（EPA）颁布了国家预处理计划的联邦法规《一般预处理条例》（General Pretreatment Regulations），对预处理计划目标和适用范围、预处理标准和要求、预处理计划编制和授权等进行了详细规定，明确了各级政府、污水处理厂和工业点源在实施预处理计划中的责任。《一般预处理条例》制定了三大目标：防止向公共污水处理厂排放影响其正常运行的污染物；防止向公共污水处理厂排放会穿透处理设施或与处理设施不兼容的污染物；增加市政和工业废水及污泥的回收和再利用机会。

尽管《一般预处理条例》在国家层面设定了统一实施要求且成效显著，但由于要求细致复杂、操作灵活性较低，EPA 最终决定对《一般预处理条例》进行精简和调整，并于 2005 年出台《预处理简化规定》(Pretreatment Streamlining Rule)，简化了部分执行程序和排放要求，合理配置监管资源，确保在对工业间接排放实现有效管控的基础上，减轻法规执行的技术和行政负担，实现成本效益最大化。

2.2 我国国家层面对工业园区环境保护和绿色发展相关政策规定

2.2.1 《关于全面加强生态环境保护 坚决打好污染防治攻坚战的意见》

发布单位：中共中央国务院

发布时间：2018 年 6 月

政策要求：对国家级新区、工业园区、高新区等进行集中整治，限期进行达标改造。

2.2.2 《"十三五"生态环境保护规划》

发布单位：国务院

发布时间：2016 年 12 月

政策要求：完善工业园区污水集中处理设施，实行"清污分流、雨污分流"，实现废水分类收集、分质处理，开展工业园区污水集中处理规范化改造示范；强化直排海污染源和沿海工业园区监管；制定电镀、制革、铅蓄电池等行业工业园区综合整治方案；鼓励产生量大、种类单一的企业和园区配套建设危险废物收集贮存、预处理和处置设施。

2.2.3 《长江经济带生态环境保护规划》

发布单位：环境保护部、国家发展和改革委员会、水利部

发布时间：2017 年 7 月

政策要求：强化工业园区环境风险管控。实施技术、工艺、设备等生态化、循环化改造，加快布局分散的企业向园区集中，按要求设置生态隔离带，建设相应的防护工程。选择典型化工园区开展环境风险预警和防控体系建设试点示范；实行负面清单管理。除在建项目外，严禁在干流及主要支流岸线 1km 范围内布局新建重化工园区，严控在中上游沿岸地区新建石油化工和煤化工项目。严控下游高污染、高排放企业向上游转移。

2.2.4 《关于加强化工园区环境保护工作的意见》

发布单位：环境保护部

发布时间：2012 年 5 月

政策要求：科学规划园区，严格环评制度；严格环境准入，深化项目管理；加快设施建设，加强日常监管；健全管理制度，强化环境管理；完善防控体系，确保环境安全。

2.2.5 《促进化工园区规范发展的指导意见》

发布单位：工业和信息化部

发布时间：2015 年 12 月

政策要求：科学规划布局；加强项目管理；严格安全管理；强化绿色发展；推进两化深度融合；加强组织管理。

2.2.6 《中华人民共和国水污染防治法》

发布单位：全国人民代表大会常务委员会

发布时间：2017 年 6 月修订，2018 年 1 月实施

政策要求：工业集聚区应当采取防渗漏等措施，并建设地下水水质监测井进行监测，防止地下水污染；工业废水全部收集和处理，预处理达到集中处理设施处理工艺要求后方可向集中处理设施排放；有毒有害水污染物的工业废水应当分类收集和处理，不得稀释排放。

2.2.7 《水污染防治行动计划》

发布单位：国务院

发布时间：2015 年 4 月

政策要求：集中治理工业集聚区水污染，集聚区内工业废水必须经预处理达到集中处理要求，工业集聚区应按规定建成污水集中处理设施，并安装自动在线监控装置；工业园区进行必要的防渗处理防止地下水污染；以污水、垃圾处理和工业园区为重点，推行环境污染第三方治理；工业园区配备必要的环境监管力量；研究发布工业集聚区环境友好指数。

2.2.8 《重点流域水污染防治规划（2016—2020 年）》

发布单位：环境保护部、国家发展和改革委员会、水利部

发布时间：2017 年 10 月

政策要求：完善工业园区污水集中处理设施；全国各城市新区、各类园区、成片开发区要全面落实海绵城市建设要求；加大地下水污染调查和基础环境状况调查评估力度；研究制定工业企业、化工园区等环境风险评估方法，以饮用水水源保护区、沿江河湖库和人口密集区工业企业、工业集聚区为重点定期评估环境风险。

2.2.9 《排污许可证申请与核发技术规范 水处理（试行）》

发布单位：生态环境部

发布时间：2018 年 11 月

政策要求：水处理排污单位接纳工业废水需填报纳管协议及纳管单位排污许可证信息；对排污单位进水总管进行监测，水量、COD、氨氮实行在线监测并与地方环境主管部门联网，进水的总磷、总氮按日实施手工监测；严格限制含有毒有害污染物和重金属的工业废水进入城镇污水处理厂，对接纳含有毒有害污染物和重金属的工业废水的城镇污水处理厂，每一股工业废水都应满足其行业污染物排放标准后方可与生活污水进行混合处理。

2.2.10 《关于推进环境污染第三方治理的实施意见》

发布单位：环境保护部

发布时间：2017 年 8 月

政策要求：在环境污染治理公共设施和工业园区污染治理领域，政府作为第三方治理委托方时，因排污单位违反相关法律或合同规定导致环境污染，政府可依据相关法律或合同规定向排污单位追责。

2.3　我国地方层面与工业园区环境保护和绿色发展相关政策规定

2.3.1　江苏省

（1）政策名称：《江苏省开发区条例》

发布时间：2018 年 5 月

政策要求：从规划选设、整合优化、管理体制、服务保障几方面对开发区管理和发展进行规范和指导。

（2）政策名称：《全省沿海化工园区（集中区）整治工作方案》

发布时间：2018 年 6 月

政策要求：以沿海地区南通、连云港、盐城三市辖区内所有化工园区及园区内所有化工生产企业为整治对象，确定了整治工作时间表并制定了沿海化工园区（集中区）整治标准和沿海化工园区（集中区）企业整治标准。

2.3.2　山东省

（1）政策名称：《化工园区认定管理办法》

发布时间：2017 年 11 月

政策要求：明确了化工园区认定标准、认定程序、管理考核，并制定了山东省化工园区评分标准。

（2）政策名称：《山东省新旧动能转换重大工程实施规划》

发布时间：2018 年 2 月

政策要求：完善化工园区产业升级与退出机制，全面推动散、乱、危、小化工企业进园入区，力争到 2022 年进园入区比例达到 40％左右。

2.3.3　湖北省

政策名称：《沿江化工企业关改搬转等湖北长江大保护十大标志性战役相关工作方案》

发布时间：2018 年 6 月

政策要求：2020 年 12 月 31 日前，完成沿江 1km 范围内化工企业关改搬转；2025 年 12 月 31 日前，完成沿江 1～15km 范围内的工企业关改搬转。

2.3.4　安徽省

政策名称：《全省开发区环境污染整治的意见》

发布时间：2018 年 7 月

政策要求：加大开发区企业污染综合整治，全面排查摸底，2018 年 8 月底前，建立准确、真实的问题企业清单。"一区一方案""一企一策"制定整改方案，实行分类整治。

强化开发区环境基础设施建设，完善集中污水处理设施建设，加强园区企业固废运转处理管控，加强大气污染监督，修复自然生态环境。

创新开发区污染防治管理机制，建设开发区污染防治生态保护监测预警平台，严格区域规划环评管理制度，制定产业准入禁止限制目录，建立环保信用评价制度等。

2.3.5　上海市

政策名称：《上海市 2018—2020 年环境保护和建设三年行动计划》

发布时间：2018 年 4 月

政策要求：以工业园区等为重点开展建设用地土壤环境质量监测；研究绿色制道标准，探索不同类型园区差别化产业准入政策。着力构建绿色（生态）制造体系，推进建设绿色园区等；推进环保管家等环境服务业在工业园区示范应用，推进 15 个第三方治理示范项目；到 2020 年，完成全部国家级和 50% 以上市级工业园区"循环化改道"。

2.3.6　天津市

政策名称：《天津市工业园区（集聚区）围城问题治理工作实施方案》

发布时间：2018 年 7 月

政策要求：整合一批工业园区；提升转型一批工业园区；理顺工业园区体制机制。

2.3.7　广西壮族自治区

政策名称：《加快提升县域工业园区发展水平的实施意见》

发布时间：2017 年 7 月

政策要求：完善园区规划编制与管理；加快推进建设特色产业园区；提升工业园区基础设施水平；推进园区服务平台建设；加强园区招商工作；推进工业园区体制机制改革；加强园区环境资源安全监管及环保工作；实施园区分级管理。

2.3.8　广东省

政策名称：《广东省生态环境厅关于进一步加强工业园区环境保护工作的意见（征求意见稿）》

发布时间：2018 年 11 月

政策要求：科学规划，落实园区"三线一单"管控；严格准入，落实规划环评成果；加快设施建设，提升污染治理能力；健全管理制度，强化环境监管；完善风险防控，确保环境安全；加强组织领导，严格责任追究。

2.3.9　四川省

政策名称：《关于推进工业固体废物综合利用工作方案（2017—2020 年）》

发布时间：2017 年 6 月 1 日

政策要求：以冶炼废渣、炉渣、煤矸石、磷石膏、污泥、尾矿等我省大宗工业固废综合利用作为重点，加强分类施策和政策资金引导，选择 30～40 个企业、0～15 个园区，制订工业固废综合利用方案，实施一批工业固废综合利用示范项目，打造工业固废综合利用和高效利用的产业模式，确保实现 2020 年一般工业固废综合利用率比 2015 年提高 8 个百分点，促进环境和经济协调可持续发展。

2.3.10　湖南省

政策名称：《湖南省环境保护工作责任规定（试行）》

发布时间：2015 年

政策要求：严格执行重点污染物排放总量控制制度，完成上级下达的问题减排任务。组织实施本行政区域内大气、水、土壤、噪声和核与辐射等环境污染防治，依法加强工业园区和其他环境第三区环境污染防治，维护环境安全。

2.3.11　辽宁省

政策名称：《辽宁省环境保护条例》

发布时间：2017 年 12 月 1 日

政策要求：省、市、县人民政府及有关部门应当按照循环经济和清洁生产的要求推动工业园区建设。通过合理规划工业布局，引导工业企业入驻工业园区等方式，加强对印染、电镀、危险废物处置等重污染行业的统一规划、统一定点管理。工业园区应当配套污水处理、固体废物收集转运等防治污染设施，并保障其正常运行。

2.3.12　内蒙古自治区

政策名称：《关于进一步加强全区工业园区环境保护工作的通知》（征求意见稿）

发布时间：2018 年 11 月

政策要求：强化规划统领作用，有效发挥环评源头预防功能；严格项目准入，促进绿色发展；扎实推进大气污染防治；强化水污染防治；妥善处置工业固废；有效管控环境风险；强化执法监管，推进能力建设；认真落实各方责任，全方位保障园区环境质量。

2.3.13　新疆维吾尔自治区

（1）政策名称：《关于加强园区环境保护工作的实施意见》

发布时间：2017 年 11 月

政策要求：严格园区设立审核；加强企业污染防治；完善环保基础设施；健全风险防控机制；提升环保监管能力；强化服务保障；认真落实各方责任，全方位保障园区环境质量。

（2）政策名称：《关于促进自治区园区（开发区）转型升级创新发展的指导意见》

发布时间：2015 年 9 月

政策要求：突出规划，引领发展；深化改革，创新发展；因地制宜，错位发展；完善配套，协调发展，集约高效，绿色发展。

2.3.14 甘肃省

政策名称：《关于进一步加强开发区（工业园区）环保相关工作的通知》

发布时间：2016 年 10 月

政策要求：提高认识，高度重视开发区环保工作；靠实责任，抓紧整改存在问题；常抓不懈，全面提升园区绿色发展水平。

2.3.15 宁夏回族自治区

政策名称：《宁夏回族自治区促进国家级经济技术开发区转型升级创新发展的实施意见》

发布时间：2014 年 4 月

政策要求：明确新常态下发展定位；加快体制机制创新；提高开放型经济水平；推动转型升级；坚持绿色集约发展；强化工作责任。

2.3.16 黑龙江省

政策名称：《关于加快工业集聚区污水处理设施建设的通知》

发布时间：2018 年 7 月

政策要求：按照国家政策要求将污水处理设施建设纳入园区发展规划并严格执行，已经限批的工业园区一定要严格执行，在解除限批之前不得新批准建设增加水污染物排放的建设项目；所有涉生产、生活废水企业经过自备污水处理设施处理达标排放、且在线监测系统和环保部门联网的工业园区，视为完成污水处理设施建设；无工业废水排放的工业园区，其生活废水应收集处理或收集后外运处理，不得直排。

2.3.17 云南省

政策名称：《关于加快发展节能环保产业的意见》

发布时间：2015 年 10 月

政策要求：打造节能环保园区。打造节能环保产业基地，依托各级高新技术开发区、经济技术开发区和特色产业园区，进一步整合政府、企业、金融机构、高校及科研机构、中介机构等各种资源，积极吸引国内外企业、科研机构入驻园区，加快节能环保技术研发、成果转化、产品推广应用，打造具有特色优势的产业园区；推进工业园区循环化改造，对省级及以上工业园区开展节能和循环化改造，打造一批节能、循环经济示范园区。出台促进各级工业园区创建生态工业园区的鼓励政策。支持园区统一建设污水处理、固体废物处理等基础设施，对园区污水处理和固体废物集中进行处理；建设废物交换利用、能量分质梯级利用、水分类利用和循环使用、公共服务平台等基础设施，实现园区内项目、企业、产业有效组合和循环链接，大幅度提高园区主要资源产出率、土地产出率、资源循环利用率。按照有关规定，严格控制污染物排放。

2.4 做好工业园区水污染治理工作的现实意义

工业园区内部通常聚集大量的工业企业，使得园区内部的污水排放量特别大，同时，工业生产流程比较复杂，涉及较多的化学原料，产业链比较复杂，容易产生较多的工业污水，增加污水治理难度。通过妥善治理工业园区内部的污水，可以避免出现污染物交叉现象，保护园区周围的生态环境。

此外，通过做好工业园区水污染治理工作，能够满足各大工业企业的可持续、健康发展。对于相关部门来讲，要根据工业园区内部水污染现象，找到水污染现象产生原因，不断优化水污染治理流程，运用新型的防治技术，在增强工业园区水污染治理效果的同时，减少环境污染。

第 **3** 章

工业园区高难度废水处理中心管理措施

3.1 工业园区高难度废水处理中心建设的目的和意义

鉴于工业园区水污染防治管理现状，在工业园区建立的同时，最好的方式是由园区管理委员会、环境部门等多个政府部门通过区域性规划对污染企业进行有效的集中处置。合理建设、规划工业园区、开发区，对产业进行整合，将高难度工业废水的集中处理考虑在内，园区内企业可将高难度废水统一排至该废水处理中心，达到相应标准后进行外排至城镇污水处理厂或者自然水体，或进行深度处理后回用。这不仅防止了可能的点源污染，保证了废水处理效果，取得了良好的环境效益，而且可以很大程度上解决各个企业单独处理高难度废水的经济成本，在保护环境、节约成本、统一监管等方面具有不可替代的现实意义。

（1）有利于提高效率、节省成本，实现经济效益与环境效益"双赢" 工业废水具有排放量大、排放地点集中、污染物种类复杂等特点，如分散处理，经济上不仅不合理且处理效果较差。对企业而言，环保投入也是企业成本的一个重要组成部分，工业废水，尤其是高难度废水的处理对工艺要求较高，需要投入的初始资金及运行费用均较大；而个别企业为减少支出，对工业废水不加处理或少处理，直排工业废水的现象屡见不鲜。而通过区域规划实现工业废水，尤其是高难度废的集中处理，是一条切实可行的措施。不仅可以根治点源污染，而且还可以创造良好的投资环境，实现环境效益与经济效益的"双赢"。

在工业废水处理总量相等的条件下，建设、运营较大规模的污水处理厂的成本会低于建造多个小规模污水处理厂的成本。因此，工业废水集中处理不仅降低了单位水量处理的基建投资，对于废水排放企业而言，利用工业废水处理中心进行集中处理，还直接降低了企业环保的投资成本。既可减少污水处理设施的投资，缩短项目建设周期，又可大大减少环保方面的人力投入，从而集中精力抓生产主营业务，促进清洁生产，更有利于企业开展环境管理体系的认证，提高市场竞争力。对于高难度工业废水处理中心，可引进先进的处理技术、科学的管理方法以及对其生产流程进行再造的过程使其迅速适应外部环境的各种变化，有效地提高了工业废水处理的效率，实现经济效益和社会效益"双赢"。

（2）有利于统一监管，实现工业废水处理的法制化 对每个企业而言，分散的小型工业废水处理工程对企业的环境保护管理要求较高，尤其对于高难度工业废水通常缺乏足够的工艺技术经验，对运行管理缺乏考虑，为运行管理带来了较大隐患，其处理设施运行的监督管理也一直是基层环保部门的一大难题。因此工业废水的分散处理最大的缺点为管理薄弱，而针对该问题最直接、最有效的解决办法是加强管理手段，对工业园区尤其是高难度废水的集中处理和管理，不仅可以使高难度工业废水的处理从企业中分离出来，交给高难度废水处理中心进行处理，避免了企业花大成本自行筹建高难度工业废水的处理流程，也可避免企业乱排废水，同时充分明确了行为主体，便于各个政府部门进行监督和管理，基本上消除分散处理存在的弊端，充分发挥出集中处理的优势。当然这也需要在国家层面建立健全相应的法律制度，可使工业园区废水处理中心的建设，包括其运行管理以及收费等问题都纳入法制化的轨道，从而有效降低工业废水处理的成本，使其逐渐走向规范化、法制化的道路。

（3）有利于保护环境，实现水资源的有效利用　各企业排放的废水经工业园区废水处理中心根据不同水质进行处理，达到不同排放标准，还可以有效地对废水进行深度处理，达到回用的目的，实现污水资源化。因此，工业园区高难度有机废水处理中心的建设是实现经济、社会可持续发展的重要组成部分，是治理水污染工作、有效保护环境和实现水资源有效利用的重要保障。

3.2　工业园区高难度废水处理中心的运行管理规定

3.2.1　人员配置要求及其职责

工业园区高难度废水处理中心的人员配置要求与一般的污水处理厂基本相同，主要包含处理中心经理、生产技术部、化验部、综合办公室等。主要差别是对生产技术部的要求更高，对于各种不同种类的高难度废水的处理工艺进行把控，以确保整个处理中心的达标排放或回用的目标。其具体职责如下。

（1）经理　负责全面工作，包括对外协调、配合工作，对工艺技术、下属各部门的总体把控。

（2）生产技术部　负责整个处理中心的工艺运行和设备管理工作。制定、修订工艺运行参数和设备安全操作规程并监督执行，及时核查进水、出水的水质检测情况，根据水质水量适时调整工艺运行参数并执行。安排生产计划、调度、控制运行成本及管理生产运行报表等。

（3）运行维护部　分为运行班组、维修班组。负责生产运行操作，厂区巡检、故障处理、各种机械设备维修与维护。

（4）化验部　按照实验室管理规定，对实验室安全、试剂管理、检测质量标准等负有全面责任。对进水口、出水口、重点工艺段或生产运行的需要临时增设的工艺段出水进行相关指标检测。以报表形式提交实验数据。

（5）综合办公室　负责处理中心所有日常管理工作。

3.2.2　生产运维管理制度

为保证整个废水处理中心作为一个整体高速、高效地运行，生产运行维护管理至关重要。

（1）生产运行管理　针对工业园区高难度废水的复杂水质，要保证处理中心的达标排放，关于生产运行方面的管理，主要从以下几个方面开展。

首先，根据处理中心的实际运行情况，编制各种高难度废水处理中心的工艺技术操作手册，详细介绍工艺运行操作及注意事项，严格实行岗位责任制，按照操作规程办事。

其次，坚决执行生产运行报表管理制度，根据每天的水质水量、化验室反馈的定时监测数据以及运行水量、加药量、设备运行情况、脱泥量等工艺运行参数，判断工艺单元是否满足处理要求。当进水水质、中间工艺段等任何检测指标发生异常时，工艺运行应当尽快采取工艺调整措施。

再次，定期组织工艺技术培训，使运行人员掌握污水处理厂的处理工艺以及了解工艺控制参数，确保整个工艺处理流程的顺利进行。

最后，定期对运行数据整理和汇总，分析处理中心的动力费、维修费、药剂费等数据，分析运行成本结构，并为运行的节能降耗提出合理化建议。

（2）维护管理　废水处理中心有大量的处理工艺设施（或构筑物）和辅助生产设施。生产工艺设备如格栅拦污机、泵类、搅拌器、风机、投药设备、污泥浓缩机脱水机、混合搅拌设备、空气扩散装置、电动阀门等。这些工艺设备的故障将影响整个污水处理中心的运行甚至停止。所有设备都有它的运行、操作、保养及维修规律，只有按照规定的工况和运转规律，正确地操作和维修保养，才能使设备处于良好的状态。关于处理中心内部各种设施的维修维护的管理，主要从以下几个方面开展。

首先，对处理中心的所有设备资产进行统一管理，以充分发挥固定资产的效益，建立健全设备档案，对生产全过程中的设备进行管理，即从选用、安装、运行、维修直至报废的全过程的管理。

其次，编制设备安全操作规程，张贴于设备附近显眼处。制定全厂设备（包括各类阀门、仪器、设备等）的维护和维修制度，根据设备不同的类别，划分设备养护、维修分级责任制，制定设备维护保养的检查标准，确定其相应的维护保养规程和档案记录，编制大型设备的大、中、小修计划，并按计划及标准切实实施，提高设备的完好率，确保生产安全正常运行。

再次，确保供电系统的安全运行，以保证用电设备的正常运转。

最后，定期组织对维修人员的技能培训，掌握其所辖设备的结构性能、技术规范和有关操作规程，掌握各设备的维修技术，确保能做好各个设备的日常维护，以减少事故的发生，或者在出现问题时能及时解决，保证处理中心的正常运行。

3.2.3　安全管理制度

废水处理中心生产运行管理中最重要的是安全管理，应当坚持"安全第一、预防为主"的原则。安全管理的内容是对生产中的人物、环境因素状态的管理，有效地控制人的不安全行为和设备的不安全状态，消除或避免事故。安全管理工作应该从以下几个方面着手。

首先，成立安全生产管理小组，执行安全生产责任制，明确各级人员的责任，抓好安全生产工作。

其次，编制各个工艺段、各个设备的安全操作规程，使运行人员熟悉主要工艺和设备的安全操作步骤，避免发生不必要的安全事故。

再次，应该建立完善的安全生产管理制度，严格按照制度执行。主要包括运行管理安全制度、安全学习制度、安全检查制度、防火责任制度、化验室管理制度、电气安全管理制度、事故报告制度等。

最后，设置应急预案，有能力及时对出现的问题进行处理。

3.2.4　高难度工业废水的输送与贮存管理

针对工业园区高难度废水的水质复杂、不可随意混合的特点，输送至处理中心主要可采取两种方式：一种为管道输送，每个企业的废水在需要时应进行一定的预处理，在出厂前必须符合处理中心接水标准的要求，排入管网至处理中心；另一种为非管道输送，尤其当水量较小时，水质较复杂时，在得到处理中心的许可后，可采用合适的罐车运输至处理中心。

处理中心根据不同废水性质，划分每种废水特定的贮存场所，再根据工艺需求确定废水的混合调节，进行后续处理，严禁随意混合贮存，以免发生意外反应，出现安全事故，或影响不同处理工艺段的效果。

3.3　工业园区高难度工业废水处理的应急处置预案

为了在发生突发环境事件时，能够及时、有序、高效地实施抢险救援工作，最大限度地减少人员伤亡和财产损失，尽快恢复正常工作秩序，建设单位应按照《企业事业单位突发环境事件应急预案备案管理办法（试行）》（环发〔2015〕4 号）等文件的要求完善全厂突发环境事件应急预案，并进行备案。

3.3.1　突发性环境污染事故的发生风险分析及防范措施

对工业园区高难度废水处理中心的重点危险源进行辨识，制定管理方案，组织制定有针对性的控制措施，认真做好措施落实工作，建立日常监视和测量制度并予以实施，使重大危险源始终处于受控状态。相关危险点位主要包括池体及贮罐区、车间、危险化学品仓库、危险废物仓库等。对于其他危险源的监控由各责任单位进行日常的检查，强化制度执行，利用各种形式、各种途径开展员工安全教育培训，提高员工作业风险意识。

（1）物料泄漏事故的防范措施　泄漏事故的预防是生产和贮运过程中最重要的环节，发生泄漏事故可能引起火灾和爆炸等一系列重大事故。经验表明：设备失灵和人为的操作失误是引发泄漏的主要原因。因此选用较好的设备、精心设计、认真的管理和操作人员的责任心是减少泄漏事故的关键。主要应采取以下措施。

严格执行安全和消防规范。

应经常对各类阀门进行检查和维修，以保证其严密性和灵活性，对压力计、温度计及各种调节器进行定期检查。

对操作人员进行系统教育，严格按操作规程进行操作，严禁违章作业。加强个人防护，作业岗位应配有防护用品，并定期检查维修，保证使用效果。

（2）火灾和爆炸事故的防范措施　设备的安全管理：定期对设备进行安全检测，检测内容、时间、人员应有记录保存。安全检测应根据设备的安全性、危险性设定检测频次。

贮存和输送系统及辅助设施中，在必要的地方安装安全阀和防超压系统。

在过滤器、管道以及其他设备上，设置永久性接地装置；要有防雷装置，特别防止雷击。

应加强火源的管理，严禁烟火带入，对设备需进行维修焊接，应经安全部门确认、准许，并有记录。

(3) 固废事故风险防范措施　一般固废贮存地按照《环境保护图形标志 固体废物贮存（处置）场》（GB 15562.2—1995）中的要求进行，并设置环境保护图形标志。

加强高难度工业废水暂存场所防雨、防渗漏等风险防范措施，严格做到防火、防风、防雨、防晒、防扬散、防渗漏。为防止雨水径流进入贮存、处置场内，避免渗滤液量增加和滑坡，贮存、处置场周边需设置导流槽。

根据《危险废物贮存污染控制标准》中的相关要求，危险废物中含有易燃、有毒性物质，必须进行预处理，使之稳定后贮存，否则，按易燃、易爆危险品贮存；必须将危险废物装入容器内；装载液体、半固体危险废物的容器内须留足够空间，容器顶部与液体表面之间保留 100mm 以上的空间；盛装危险废物的容器上必须粘贴符合标准的标签。按危险固废的管理规定进行建档、转移登记。固体废物清运过程中，应严格按生产工艺操作，严禁跑、冒、滴、漏，一旦发生泄漏，及时清理，妥善包装后送至指定的固废存放点。

(4) 事故废水"三级防控措施"　根据《事故状态下水体污染的预防与控制技术要求》（Q/SY1190—2013），针对废水排放采取三级防控措施来杜绝环境风险事故对环境的造成污染事件，将环境风险事故排水及污染物控制在厂区内，环境风险事故排水及污染物控制在排水系统事故池内。

第一级防控措施：为防止设备破裂而造成贮存液体泄漏至外环境，设置围堰和防火堤，拦截、收集泄漏的物料，防止泄漏物料进入附近水体，污染环境。各围堰总容积不得小于所有贮罐总容量。

第二、三级防控措施：在处理中心内设置事故收集池，并设计相应的切换装置。正常生产运行时，打开雨水管道阀门，收集的雨水直接排入园区雨水管网。事故状态下和下雨初期，打开切换装置，收集的初期雨水和事故消防水排入厂内事故池，切断污染物与外部的通道，将污染物控制在厂区内，防止重大事故泄漏物料和污染消防水造成的环境污染。

为加强水污染事件的风险防范能力，厂内雨水收集沟连接雨水池/事故池的阀门应该常开，各截流阀应有专人进行管理、维护。将水污染环境事件纳入演练范围。

3.3.2　突发性环境污染事故的应急响应流程

(1) 分级响应　企业突发环境污染事件的严重性可分为Ⅰ级（重大）、Ⅱ级（较大）和Ⅲ级（一般）环境事件，依次用红色、橙色和黄色表示。根据事态的发展情况和采取措施的效果，预警级别可以升级、降级或解除。Ⅱ级及以下环境事件由企业相关部门自行处置，Ⅰ级事件由企业及工业园区相关部门负责处理。事件超出本级应急处置能力时，请求上一级应急救援指挥机构处理。

(2) 分级响应程序

① 车间级救援响应　当厂内生产区、装置区有毒有害、易燃易爆等物料发生少量泄漏或废水、废渣因意外泄漏时，岗位操作人员应立即采取相应措施，予以处理。事故得到控制后，向生产主管、值班长、厂部值班人员进行汇报。

② 厂级救援响应　当厂内生产区、装置区有毒有害、易燃易爆等物料发生大量泄漏而未起火或车间发生小范围火灾时，岗位操作人员应立即向生产主管、值班长、厂部值班人员汇报并采取相应措施，厂内安全相关人员应立即赶到现场，参与处置行动，防止事故扩大。

③ 请求外部救援响应　当厂内生产区、装置区有毒有害、易燃易爆等物料发生火灾、爆炸时，立即通知公司应急救援领导小组成员到达现场，启动公司突发环境事件应急预案，

迅速成立应急指挥部，各专业组按各自职责开展应急救援工作。指挥部成员通知各自所在部门，迅速向当地园区环安局等上级领导机关报告事故情况。当事件超出公司内部应急处置能力时，企业应迅速向园区环安局、所在区政府等上级领导机关报告并请求外部增援。当地政府及有关部门介入后，公司内部应急救援组织将服从外部救援队伍的指挥，并协助进行相应职责的应急救援工作。在处理环境影响事故时，当公司突发环境事件应急预案与上级应急预案相抵触时，以上级应急预案为准。

　　具体应急响应流程见图 3-1。

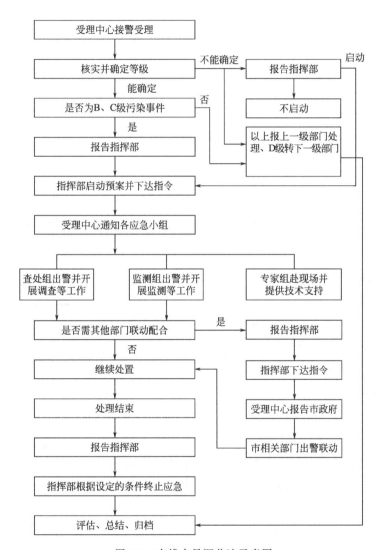

图 3-1　在线水量调节池示意图

3.3.3　突发性环境污染事故的应急检测

　　发生突发应急事件时，如发现物料、危废或未处理的高浓度工业废水等泄漏，厂级应急响应救援措施不能消除对环境的污染时，由专业队伍负责对事故现场进行侦察监测。事故现场的应急监测机构应根据现场事故类型和排放物质特性，确定可能受污染的环境空气、地表水或地下水、土壤的最终检测对象，确定监测方案，及时开展应急监测工作，在尽可能短的时间内，用小型、便携仪器对污染物种类、浓度、污染范围及可能的危害做出判断，以便对事件及时、正确进行处理。

（1）应急监测流程　应急监测流程具体包括如下步骤。

① 明确应急监测方案。

② 明确主要污染物现场及实验室应急监测方法和标准。

③ 明确现场监测与实验室监测采用的仪器、药剂等。

④ 明确可能受影响区域的监测布点和频次。

⑤ 明确根据监测结果对污染物变化趋势进行分析和对污染扩散范围进行预测的方法，适时调整监测方案。

⑥ 明确监测人员的安全防护措施。

⑦ 明确内部、外部应急监测分工。

⑧ 明确应急监测仪器、防护器材、耗材、试剂等日常管理要求。

⑨ 事故结束后，形成应急事故检测报告及分析。

（2）应急监测技术

① 试纸法　使用对污染物有选择性反应的分析试剂制成的专用分析试纸，对污染物进行测试，通过试纸颜色的变化可对污染物进行定性分析。将变色后的试纸与标准色阶比较可以得到定量化的测试结果。商品试纸本身已配有色阶，有的还会配备标准比色板，具体方法如表3-1所示。

表3-1　化学试纸类型

试纸类型	用途	色阶标准
pH试纸	用于测试酸碱度	一般色阶分为11～14,常用的有石蕊试纸、酚酞试纸、硝嗪黄试纸等,不同的试纸有不同色阶颜色标准
砷试纸	用于测试砷和AsH_3	白色变为棕黑色
铬试纸	用于测试六价铬	存在六价铬时,白色试纸呈紫色斑点
锌含量快速检测试纸	用于锌浓度的测定	存在锌离子时,白色试纸呈粉红色,测定浓度范围可达10～250mg/L
铜离子快速测定试纸	用于铜离子浓度的快速测定	存在铜离子时,白色试纸呈黄色或橘色,测定浓度范围可达0～300mg/L
氟化物试纸	用于测氟化物和HF	当存在氟化物时,粉红色试纸变为黄白色
氰化物试纸(Cyantesmo)	用于测氰化物和HCN	当存在氰化物时,淡绿色试纸变为蓝色或白色变为红紫色。试纸对碱性氰化物溶液不反应,对酸性氰化物溶液反应灵敏
KI-淀粉试纸	用于测余氯、余碘、余溴	但存在以上物质时,浅黄色试纸变为蓝色或白色变为红紫色
氨或铵离子试纸	用于测氨或铵离子	当存在氨或铵离子时,白色试纸变为棕黄色或黄色变为橙色
磷酸根快速测定试纸	用于废水中磷酸根的快速测定	当存在磷酸根时,白色测试纸条变为蓝色,测定范围为10～500mg/L

续表

试纸类型	用途	色阶标准
硝酸盐快速测定试纸	用于水中硝酸根快速测定	当存在磷酸根时,白色测试纸条变为粉红色,测定范围为 5~500mg/L
余氯快速测定试纸	用于余氯的快速测定	不同浓度试纸有不同色阶的标准颜色,测定范围可达到 0.5~10mg/L、0.5~10mg/L、25~500mg/L
硫化物检测试纸	用于硫化物的测定	试纸由白色变成粉红色
总硬度快速测定试纸	用于硬度的测定	不同浓度范围有不同颜色的色阶标准,以比色卡色阶为准
大肠杆菌快速检测试纸	废水中大肠杆菌快速测定	当有大肠杆菌存在时,试纸会变黄,并且黄色背景上有红色斑点或片状晕红菌斑

② 检测管法　检测管法对有毒气体或挥发性污染物的现场检测十分方便。检测管法的原理是被测气体通过检测管时造成管内填充物颜色变化程度来测定污染物及其含量,检测管一般附有标准色阶 (图 3-2)。

③ 大气污染检测管法　大气检测管又分为短时检测管、长时检测管和气体快速检测箱。短时检测管多为填充显色型,用于短时间测试,目前已有 160 多种短时检测管,将几种短时检测管组合成组件,可同时测试几种污染

图 3-2　气体检测管

物。长时检测管用于长时间 (8h) 连续监测,长时检测管可用于测定一段时间 (1~8h) 内污染物的平均浓度。气体快速检测箱是将多种气体检测管组装在一种特制的检测箱内,便于携带和现场进行多项目的监测。

④ 水污染检测管法　水污染检测管法又分直接检测试管法、色柱检测法、汽提-气体检测管法、水污染检测箱。直接检测试管法是将显色试剂封入塑料试管里,测定时,将检测管刺一小孔吸入待测水样,变化的颜色与标准色阶比色,对比确定污染物和浓度,如图 3-3 所示。色柱检测法是将一定量水样通过检测管内,水样中的待测离子与管内填装显色试剂反应,产生一定颜色的色柱,色柱长度与被测离子浓度成比例。汽提-气体检测管法是利用液体提取装置与各类气体检测管进行组合,可以简单、快捷测定水样中易挥发性污染物 (如氯代烃、氨、石油类、苯系物等)。水污染检测箱是将多种水质检测管组合在一起形成整套检测设备,可以对水污染现场的多种污染物进行快速检测。

⑤ 紫外-可见分光光度法　紫外-可见分光光度法是利用污染物质本身的分子吸收特性,

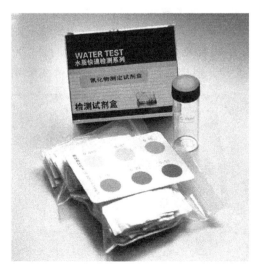

图 3-3　水质检测管

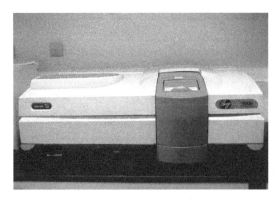

图 3-4 紫外分光光度计

与特定的显色试剂在一定条件下的显色反应而具有的对紫外-可见光的吸收特性进行比色分析的一种方法。便携式分光光度计是常用的分光光度法仪器，其重量轻、携带方便，一台仪器可进行多项目测试，常为浓度直读，可以迅速读出浓度值（图 3-4）。根据光度计的构造，可以分为单参数比色计、滤光分光比色计、分光光度计三种。

⑥ 化学测试组件法　为了同时进行多项目污染物质的测试，可以采用化学测试组件法，化学测试组件法多采用比色方法或容量法（滴定）方法进行分析。化学测试组件法是将粉尘（可以放在塑料、铝箔、试剂管内）中的特定分析试剂加入一定量的样品中，通过颜色的变化，与标准色阶进行比较可以估计待测污染物的浓度。

化学试剂测试组件进行现场测试时，可以采用不同的分析方法，如比色立体柱、比色盘、比色卡、滴定法、计数滴定器、数字式滴定器，前 3 种是比色法，后 3 种是容量法。

⑦ 便携式色谱与质谱分析技术　对一般性污染物的快速检测，检测管法可以发挥较好作用，但对于未知污染物或种类繁多的有机物的应急监测，检测管法已经不能满足现场的定性或定量的监测分析。便携式气相色谱仪和便携式色谱-质谱联用仪在有机污染物的现场监测中可以发挥重要作用。

现场使用的气相色谱仪有便携式和车载式，便携式气相色谱仪带分析的样品可以是气态或液态样品，全部操作程序化，可以做复杂的污染物定性或定量化检测分析。

便携式色谱-质谱联用仪可以分析有毒有害大气污染物，可用于化学品的泄漏检测、有害废物的检测，具有采样、读数、扫描定性、定量与记录功能，现场可以给出大气、水体、土壤中未知的挥发物或半挥发物的检测结果。便携式色谱-质谱联用仪便于在现场进行灾情判断、确认、评估和启动标准处理程序。

便携式离子色谱仪主要用于检测和分析碱金属离子、碱土金属离子、多种阴离子。

⑧ 便携式光学分析仪器　光学分析仪器是采用光谱分析技术对多种环境污染物（尤其是有机污染物）进行分析，根据光谱范围，目前使用的有便携式红外光谱仪、便携式 X 荧光光谱仪、专用光谱/广度分析仪，便携式荧光光度计、便携式浊度分析仪、便携式反光光度计等光学分析仪器，都可以对现场样品中的多元素进行监测或单点分析。光学分析仪器有便携式和车载式。图 3-5 为便携式水质监测仪。

⑨ 便携式电化学分析仪器　电化学传感器是利用有毒有害气体同电解液反应产生电压来识别有毒有害污染物的一种监测仪器，可以检测硫化氢、氮氧化物、氯气、二氧化硫、氢氰酸、氨气、一氧化碳、光气等有害气体。各类电化学传感器既可以单独使

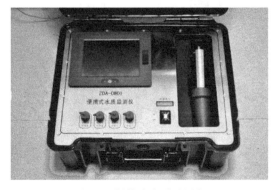

图 3-5　便携式水质监测仪

用，也可以根据需要组合成多参数的电化学气体分析仪器。常见的电化学气体分析仪器主要是各类便携式选择离子分析仪（如离子计、pH 计、pH 测试笔、手提式 DO 仪、手提式电导率分析仪、手提式多参数分析仪、多参数水质分析仪等）。

⑩ 有毒有害气体检测器 对于一般已知污染物类型的检测，检测管法可以发挥较大作用，对于污染物种类较多或未知污染物种类，尤其是有机污染，检测管法已不能满足现场定性和定量的检测分析，高性能便携式气体检测器可以满足这方面检测分析的需要。

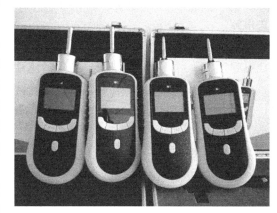

图 3-6 有毒有害气体检测器

有毒有害气体检测器主要有易燃易爆气体检测器、光离子化检测器、金属氧化物半导体传感器、火焰离子化检测器、电化学传感器等（图 3-6）。

3.3.4 突发性环境污染事故的针对性响应

处理中心应做好各项风险防范措施，完善现有的生产设施以及生产管理制度，贮运、生产过程应该严格操作，杜绝风险事故。严格履行风险应急预案，根据内部制定的应急预案，履行最快、最有效的应急自救；当事故超出厂级救援响应能力，应立即报当地相关部门，在上级部门到达之后，要从大局考虑，服从相关部门的领导，共同协商统一部署，将污染事故降低到最小。

（1）生产过程中物料泄漏处理措施

① 当物料泄漏事故发生后，发现人在最短的时间内向应急事故处理领导小组报告，同时通知值班人员派维修人员来现场进行事故排查。

② 有关人员到达现场之后，在保证人身安全的前提下，查找泄漏点，关闭相关的阀门，情况严重时可以关闭总阀门。

③ 关闭阀门之后切换相关管道将废水暂存，同时监视损坏部分的发展趋势。

图 3-7 人员劳保配备

④ 确定抢修方案上报应急事故处理领导小组，获批准后对泄漏点进行抢修。

⑤ 现场处置人员应穿好防护服，防止与污水或其他物料长时间接触（图 3-7）。

（2）危险品/危险废物仓库发生泄漏处理措施 危险品/危险废物仓库均为重点关注对象，一旦发生泄漏，必须立即采取措施。

进入泄漏现场进行处理时，应注意以下安全防护措施。

① 进入现场救援人员必须配备必要的

个人防护器具。

② 如果泄漏物是易燃易爆的，事故中心区应严禁一切火种，切断电源，禁止车辆进入，立即在边界设置警戒线。根据事故发生情况和事故进展，确定事故波及区人员的撤离方向及有关措施。

③ 如果泄漏物是有毒有害的，应使用专用防护服、隔绝式空气面具（为了在事故现场上能做到正确使用，平时应进行严格的适应性训练）。同时立即在事故中心区边界设置警戒线，并根据事故情况和进展，确定事故波及区人员的撤离方向及有关措施。

④ 应急处理时要服从统一指挥，严禁单独行动，要有监护人，必要时用水枪、水炮掩护。

对泄漏源控制主要有以下2个方面。

① 迅速采取关闭阀门、停止作业或改变工艺流程、物料走副线、局部停车、打循环、减负荷运行等措施。

② 堵漏。采用合适的材料和堵漏技术手段堵住泄漏处。

对泄漏物处理主要有以下4个方面。

① 围堤堵截。筑堤堵截泄漏液体或者引流到安全地点。贮罐区发生液体泄漏时，要及时关闭阀门，防止物料沿明沟外流。

② 稀释与覆盖。向有害物气云喷射雾状水，减少气体向周围扩散程度。对于可燃物，也可以在现场施放大量水蒸气或氮气，破坏燃烧条件。对于液体泄漏，为降低物料向大气中的蒸发速度，可用泡沫或其他覆盖物品覆盖外泄的物料，在其表面形成覆盖层，抑制其蒸发。

③ 收容（集）。对大量泄漏，可选择用隔膜泵将泄漏出的物料抽入容器或槽车内；当泄漏量小时，可用木屑、吸附材料、中和材料等吸收中和，并收集到密闭容器中。

④ 废弃。将收集的泄漏物按照国家有关危险废物的处理法规处置。用消防水冲洗剩下的少量物料，冲洗水排入污水系统处理。

（3）火灾、爆炸处理措施　一旦发生易燃液体火灾、爆炸，应立即采取以下措施。

① 迅速报警。

② 由救援的泡沫消防车对着火地点注入泡沫灭火。

③ 对其他原料桶和就近设备，用水在外壁进行喷淋冷却保护，直至火灾扑灭。

④ 立即疏散无关人员并建立警戒区。

⑤ 根据危险目标火灾、爆炸影响范围实施隔离区域。

⑥ 如果二次爆炸难以避免，应当机立断，撤出所有抢险人员至安全区域。

⑦ 抢险人员均应戴正压自给式呼吸器，着防化服。

（4）事故废水处理措施

① 发生环境事故时，泄漏物、车间及贮存区地面冲洗产生的冲洗废水、事故伴生、次生消防水流入雨水收集系统，应立即关闭厂内雨水及污水排口的截流阀，将泄漏物、消防水截流在雨水收集系统内，暂存于厂内初期雨水池和事故应急池。

② 超过厂内污水站处理能力的废水应及时委托有资质单位处置，杜绝以任何形式进入园区的污水管网和雨水管网。

3.4 工业园区高难度废水处理中心的二次污染分析及应对

对化工园区高难度废水的处理过程中，不可避免地会产生各种废渣和废气，其主要成分根据不同种类废水而不同，需进行妥善贮存和管理，严禁随意处置，影响环境。

3.4.1 废渣的处置

处理中心应采用较先进的生产设备、先进的生产工艺，降低材料和能源消耗，减少固体废物产生量。对于整个处理中心来讲，会产生一般工业固体废物以及危险废物。

（1）一般固体废物　根据《一般工业固体废物贮存、处置场污染控制标准》（GB 18599—2020），一般工业固体废物贮存、处置场运行管理要求如下：一般工业固体废物贮存、处置场，禁止危险废物和生活垃圾混入；应建立检查维护制度。定期检查维护堤、坝、挡土墙、导流渠等设施，发现有损坏可能或异常，应及时采取必要措施，以保障正常运行。

（2）危险废物　处理高难度工业废水产生的次生危险废物种类繁多，根据不同种类废水产生的危险废物类别不同，包括（但不限于）废油、污泥、蒸发残渣、废超滤膜、废DTRO膜、废包装袋、废活性炭、废紫外光灯管、废劳保用品、实验室废液等，均需要交给有资质的单位进行特殊处理。在危险废物的管理过程中，需注意以下几点。

① 健全危废管理机制　工业园区高难度废水处理中心需要结合自身实际，细化、研究制定危险废物污染防治责任制度，将危废管理责任落实到各相关部门、各责任人身上，保证危废在不同环节均能得到有效管控。作为固体废物污染防治的责任主体，建立风险管理及应急救援体系，实行环境监测计划、处置过程安全操作规程、人员培训考核制度、档案管理制度、处置全过程管理制度等。

② 手续齐全　严格遵守转移联单管理制度及国家和省有关转移管理的相关规定，做到转移手续规范，与有资质的单位签订处置协议；建立健全台账管理制度，确保贮存危废的类别和数量等无偏差，对危险废物进行规范转移，包括申报、网上转移联单等按照实际要求操作。

③ 规范管理　根据《危险废物收集、贮存、运输技术规范》（HJ 2025—2012）以及次生危险废物类别，采用合适的容器进行包装，并经过周密检查，严防在装载、搬移或运输途中出现渗漏、溢出、抛洒或挥发等情况；根据危废类别对危废贮存场地进行分类，按照《危险废物贮存污染控制标准》的规定进行防渗、防漏、围堰导排等措施，防止对土壤及地下水的污染，按照《环境保护图形标志-固体废物贮存（处置）场》（GB 15562.2—1995）中的要求设置环境保护图形标志管理；所有危险废物及时交给有资质的单位进行处理和处置，不得给环境带来二次污染。

3.4.2 废气的处置

处理中心应通过生产过程控制、产品替代、末端控制，同时结合检测技术，对废气产生进行全面的控制。其中生产过程控制和产品替代与行业和工艺生产过程密切相关，末端控制处理工艺会根据废气污染物种类的不同而不同。在不同种类的高难度工业废水进行处理的不同工艺段，可能会产生氯化氢、硫酸雾、氨气、硫化氢以及各种 VOCs 等有毒有害气体，处理中心应根据车间、收集池等不同场所分别设置废气收集及处理系统，对产生的各种有毒有害气体进行处理达标后，经废气排放口有组织排放。

（1）规范管理　废气排气筒高度应符合国家大气污染物排放标准的有关规定，排气筒均应设置便于采样、监测的采样口和采样监测平台，在排气筒附近地面醒目处设置环保图形标志牌，标明排气筒高度、出口内径、排放污染物种类等。

严格执行安全操作规程和劳动防护制度，建立维检制度，由专人负责定期检查、记录设施情况，定期检修；建立健全岗位责任制，制定正确的操作规程，建立管理台账。

废气净化装置排放口定期进行监测。

（2）处理工艺　处理中心应根据接收的高难度工业废水性质及其处理工艺确定采用的废气处理方法。目前，末端控制处理工艺常用的有吸收法、光催化、吸附法、冷凝法、生物法、燃烧法等。

吸收法可分为化学吸收和物理吸收。化学吸收是利用化学反应而实现吸收，采用最多的是酸碱吸收。物理吸收要求吸收剂应具有与吸收组分有较高的亲和力，低挥发性。如要吸收剂回用，需对饱和的吸收液进行解吸或精馏。目前采用最多的是以水为吸收剂吸收废气中水溶性物质，废水排至污水处理装置。该法常作为废气的预处理，用于除去废气中部分水溶性或酸性碱性物质。

吸附法是通过多孔活性炭或活性碳纤维吸附有机物，饱和后可采用水蒸气/热氮气等对

吸附饱和的活性炭进行再生，再生时排出溶剂和水蒸气凝结水的混合物，经冷凝水分离后回收溶剂，适合 VOCs 等有回收价值的场合，但运行费用较高，需要使用蒸汽、氮气，且会产生一定量的废水。活性炭吸收废气处理装置见图 3-8。

冷凝法是将废气直接导入冷凝器冷凝，冷凝液经分离可回收有价值的有机物。采用冷凝法要求废气中有机物浓度高，一般达到几万甚至几十万毫克每升，对于低浓度有机

图 3-8　活性炭吸收废气处理装置

废气不适用。冷凝式废气处理工艺流程图见图 3-9。

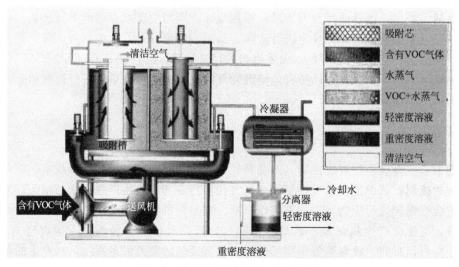

图 3-9　冷凝式废气处理工艺流程图

生物法是基于成熟的生物处理污水技术上发展起来的，具有能耗低、运行费用少等特点。其缺点是污染物在传质和消解过程中需要有足够的停留时间，增大了设备占地，同时，由于微生物具有一定的耐冲击负荷限值，增加了整个处理系统的停启控制。为弥补以上缺点，在传统生物法基础上，衍生出生物洗涤法和生物滴滤法。该法目前在国内污水处理的废气除臭中有不少应用。生物滤池式废气处理装置见图 3-10。

图 3-10　生物滤池式废气处理装置

燃烧法又称热氧化法、热力燃烧法，是利用燃气或燃油等辅助燃料燃烧放出的热量将混合气体加热到一定温度，驻留一定的时间，使可燃的有害物质进行高温分解变为无害物质。常用的燃烧工艺又可分为催化燃烧、直接燃烧和热力燃烧。工艺的特点：工艺简单、去除率高，尤其对于一些复杂组分的废气处理效果较好，但一次性投资较高，适合处理中等浓度废气。燃烧法废气处理装置见图 3-11。

图 3-11　燃烧法废气处理装置

第**4**章

工业园区高难度废水的预处理技术

工业园区废水主要来自化工、食品、冶炼、电镀、纺织印染、矿山、造纸、皮革、制药、石油等工业在生产过程中产生的废水和废液，主要含有随水流失的工业生产用料、中间产物以及生产过程中产生的污染物。

工业园区废水中除了含有 COD、氮、磷、悬浮物等常规污染物外，还含有重金属、油污、难降解有机物等难以被常规生物方法处理的有毒有害污染物。

由于工业园区中工业类型繁多，而每种工业又由多段工艺组成，导致产生的废水性质差异较大，这也是其水质较难处理的原因之一。总结其特点主要有以下 3 点。

① 废水成分复杂，污染物浓度高，盐分高。

② 废水具有一定毒性，对微生物生长有抑制作用，导致其可生化性较差。

③ 废水来水水质水量均不稳定，容易对处理系统造成冲击。

因此，选择适宜的处理工艺，优化运行操作条件，从而提高工业园区废水的处理效果，是一个亟待解决的问题，也是目前的研究热点。

针对工业园区高难度废水的处理流程，一般分为预处理工艺、生化处理工艺、高级催化氧化工艺、膜工艺、蒸发减量化工艺等部分。针对具体的污水可能会应用到不同的单种工艺或者多种工艺组合，这在第 6 章会详细说明。下面针对这 5 部分不同的工艺类型进行简述，以期帮助设计人员决定如何选取最合适的工艺路线。

■ 4.1 高难度废水的预处理工艺简述

在废水生化处理前的处理一般都习惯地叫作预处理。由于生化法处理费用比较低、运行比较稳定，因此一般的工业废水处理都采用生化法，现在很多企业的废水处理也以生化法作为主要的处理手段，但是生化法工艺主体微生物对于来水水质的要求较高，所以在进入生化工艺之前，需要有足够的预处理工艺来确保生化段的进水水质不至于太糟糕，对于废水处理工艺中做预处理有以下 2 个目的。

① 去除来水中的大粒径无机物质，例如树枝木棒、塑料袋等漂浮垃圾，还有大颗粒的无机砂粒等，用以保护后面的水泵等设备的安全稳定运行，这部分主要由格栅和沉砂部分进行。

② 在预处理过程中削减 COD 负荷，以减轻生化池的运行负担，这部分主要由初沉池进行。

下面主要介绍工业园区污水处理常用的预处理工艺，包括格栅、沉砂和初沉 3 种。

4.2　大颗粒杂物的去除——格栅

4.2.1　格栅设备简述

工业园区污水管道在收集污水的过程中，会含有一些大粒度的悬浮物。为了清除污水中这部分较大粒径的悬浮物，保护后续处理设备的正常运转，降低其他处理设备负荷，需要首先设置一个初级筛滤设备——格栅。

格栅由一组平行的金属栅条或筛网、格栅柜和清渣耙三部分组成，安装在污水处理工艺的最前端。

格栅首要作用是将污水中的大块污染物阻拦出来，否则这些大块污染物将堵塞后续单元的机泵或工艺管线。格栅一般安置在污水处理厂（装置）或泵站的进水口，以避免管道、机械设备及其他设备的堵塞。

（1）影响格栅效果的因素　影响格栅效果的因素有栅距、过栅流速和水头损失 3 个工艺参数。

① 栅距　即相邻两根栅条间的距离。栅距大于 40mm 的为粗格栅，栅距在 20～40mm 的为中格栅，栅距小于 20mm 的为细格栅。

一般情况下，粗格栅截流的栅渣并不太多，只有一些非常大的污染物，但它能有效地保护中格栅的正常运转。中格栅对栅渣的截留发挥首要效果，绝大部分栅渣将在中格栅截留下来，细格栅将进一步截留剩下的栅渣。

② 过栅流速　污水在栅前流速一般控制在 0.4～0.8m/s，通过格栅的流速一般控制在 0.6～1.0m/s。过栅流速不能太大，否则将把本该截留下来的软性栅渣冲走。同样过栅流速也不能太小。假设过栅流速低于 0.6m/s，栅前流速将有可能低于 0.4m/s，污水中粒径较大的砂粒将有可能在栅前堆积。

③ 水头损失　污水过栅水头损失与过栅流速有关，一般在 0.2～0.5m。假设过栅水头损失即格栅前后水位差增大，此时有可能是过栅水量增加，或者格栅部分被堵死。如过栅水头损失减小，说明过栅流速下降，此时要注意栅前堆积。

（2）格栅安装需要注意的因素　关于格栅的安装需要注意以下 15 点因素。

① 格栅的栅条间距，应根据水泵能够允许的颗粒物能力来判定。

② 一般污水处理流程中需要设两道格栅，在泵前设一道粗、中格栅，在泵后生化池前设一道细格栅，格栅栅条应符合下列要求：人工清渣的为 25～40mm，机械清渣的为 16～25mm，最大间距 40mm。

③ 如水泵前格栅栅条间距不大于 25mm，污水处理工艺装置前端可不再设置格栅。

④ 栅渣量与地区的特征、格栅占地大小、污水流量以及下水道体系类型等要素有关。在没有具体设计条件时，可选用以下参数：栅条间距 16～25mm，栅渣量取 0.1～0.05m³/（10³m³·d）（栅渣/污水）；栅条间距 30～50mm，栅渣量取 0.03～0.01m³/（10³m³·d）（栅渣/污水）。栅渣的含水率可以取为 80%，密度约为 960kg/m³。

⑤ 每日栅渣量大于 0.2m³ 时应选用机械清渣方式。

⑥ 格栅数量不宜少于 2 台。

⑦ 过栅流速一般选用 0.6～1.0m/s。

⑧ 格栅前渠道内的水流速度一般选用 0.4~0.9m/s。

⑨ 格栅倾角一般选用 45°~70°。人工铲除格栅倾角小省力，但占地面积大。

⑩ 过格栅的水头损失一般选用 0.08~0.15m。

⑪ 格栅间有必要设置工作台，台面应高出栅前最高规划水位 0.5m。工作台上应有安全和冲刷设备。

⑫ 格栅间工作台两边过道宽度不应小于 0.7m。工作台正面过道宽度，在人工清渣时≥1.2m，机械清渣时≥1.5m。

⑬ 机械格栅的动力设备一般宜设在室内。

⑭ 设置格栅设备的构筑物，有必要保持良好通风，用以防止 H_2S 中毒。

⑮ 格栅间内应安设吊运设备，以进行格栅及其他设备的检修和栅渣的日常清除工作。

(3) 格栅的分类方式 不同类型格栅的分类方式有以下 5 种。

① 按格栅栅条间距分类 分为细格栅、中格栅和粗格栅，其区分标准一般如表 4-1 所示。

表 4-1 格栅按照栅条间距的分类标准

格栅种类	粗格栅	中格栅	细格栅
栅条间距	>40mm	15~20mm	4~10mm

注：栅条间距特指两根相邻栅条的中心到中心位置。

② 按清渣方法不同分类 分为人工除渣格栅和机械除渣格栅两种。人工清渣首要是粗格栅，当栅渣量产生超过 $0.2m^3/d$ 时，就要首选机械清渣格栅（图 4-1）。

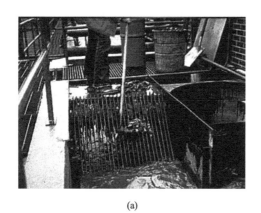

(a)　　　　　　　　　　　　　(b)

图 4-1 人工清渣格栅和机械清渣格栅

(a) 人工清渣格栅；(b) 机械清渣格栅

③ 按栅耙的位置不同分类 可以分为前清渣式格栅和后清渣式格栅。前清渣式格栅要顺水流清渣，后清渣式格栅要逆水流清渣。

④ 按形状不同分类 可以分为平面格栅和曲面格栅（图 4-2）。平面格栅在实践工程中运用较多。

⑤ 按结构特征不同分类 可以分为钢丝绳牵引式、回转式齿耙链条式、高链式、转鼓式、回转链条式、阶梯式、弧形式、移动式伸缩臂式、内回转式。现在运用较多的粗格栅形式有回转式、高链式，细格栅有回转式、弧形和阶梯式。

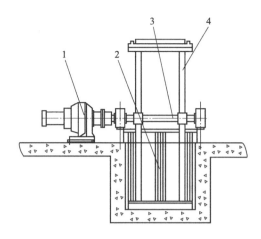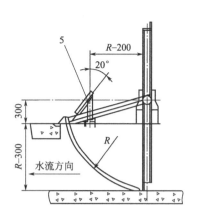

图 4-2　旋臂式弧形格栅除污机及其结构示意图

(R 为弧形栅条的半径)

1—驱动装置；2—弧形栅条；3—主轴；4—齿耙装置；5—卸料机构

下面内容是针对按结构特征不同分类的几种格栅除污机的简单介绍。

4.2.2　钢丝绳牵引式格栅除污机

钢丝绳牵引式格栅除污机（图 4-3）依靠钢绳牵引耙污斗，适用于渠深较大的格栅井，仅耙污斗在工作时短期置于污水中，其余时间运动机件均在井上，便于维护，与链条传动除污机相比，结构简单，重量轻，耗电少，耙污斗容积大，可捞取石块等大颗粒固体物，属于粗格栅类设备，自动化程度高，运行安全可靠，运行平稳，无噪声。

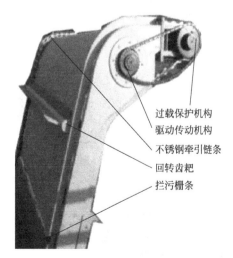

图 4-3　钢丝绳牵引式格栅除污机　　　　图 4-4　回转式齿耙链条式格栅除污机构造示意图

4.2.3　回转式齿耙链条式格栅除污机

回转式齿耙链条式格栅除污机（图 4-4）是一种中、细栅隙类的格栅除污机。其工作原理如下：固定于提升链上的清污耙板在驱动装置的带动下，将水下格栅部分截留的污物捞上，清污耙板依靠二侧提升链同步由栅后至栅前顺时针回转运动，当耙板到机体上部时，由于转向导轨及导轮的作用，一部分污物依靠重力自行落下，剩余黏附在耙板上的污物通过缓冲自净卸污装置进行刮除。

该机放置在取水站、各类泵站、污水处理厂进水口的粗格栅除污机之后，或直接放置在进水口拦截进水渠道中的各种固体漂浮物。

4.2.4　高链式格栅除污机

高链式格栅除污机（图 4-5）适用于泵站及污水处理厂渠道较深的进水口处拦截和去除污水中较大的漂浮物和悬浮物，属于粗格栅类型设备。

图 4-5　高链式格栅除污机

高链式格栅除污机由传动装置、框架、除污耙、撇渣机构、同步链条、栅条等组成。机内两侧各有一圈链条做同步运转，当链条由除污机上部驱动装置带动后，耙架受链条铰结点和导轨的约束做平面运动，当耙板运动到除渣口部位时，除渣装置在重力作用下，把耙板上的污物铲刮到除渣口。

图 4-6　转鼓式格栅除污机

其适用于污水或雨水等水深不超过 2m 的泵站以及污水处理厂，以去除污水中粗大漂浮物，对后续工序起保护作用和减轻负荷作用。该除污机为链传动固定式结构，所有传动件全部在水上，防腐性好，便于维护保养。

4.2.5　转鼓式格栅除污机

转鼓式格栅除污机（图 4-6）集传统机械格栅、输送和螺旋压榨机三者功能为一体。污水从转鼓的端头进入鼓中，通过转鼓侧面的栅缝流出，格栅将水中的悬浮物、漂浮物等截留在转鼓中，转鼓以 4～6r/min 的速度旋转，鼓的上方有尼龙刷和冲洗喷嘴，将栅渣清除，并通过螺旋输送机挤压、脱水后，送至上端料斗后运输。转鼓格栅机被广泛地应用于城市生活污水的预处理。

转鼓式格栅除污机的工作原理如下：设备与水平面呈 35°安装在水渠中，污水从鼓的端头流入鼓中，水通过栅网的栅缝流出，固体垃圾被过滤在栅网筐内，带有耙齿的清洁臂在圆周运动时清理格栅缝隙，耙齿伸入栅网中，将固体取出，当清洁臂处于最高点时，通过水的冲洗及挡渣板的作用，将垃圾从耙齿上清除下来，并掉入垃圾收集装置螺旋输送斗中，在输送过程中通过变螺距的作用被脱水，在最上端压缩区被挤干，而挤压水被回流至水渠，垃圾最后送入集装箱或后继设备，再进行处理。

4.2.6　回转式格栅除污机

回转式格栅除污机（图 4-7）是由一种独特的耙齿装配成一组回转格栅链，在电机减速器的驱动下，耙齿链进行逆水流方向回转运动。当耙齿链运转到设备的上部时，由于槽轮和弯轨的导向，使每组耙齿之间产生相对自清运动，绝大部分固体物质靠重力落下。另一部分则依靠清扫器的反向运动把粘在耙齿上的杂物清扫干净。

图 4-7　回转式格栅除污机和其重要部件——齿耙

4.2.7　阶梯式格栅除污机

阶梯式格栅除污机（图 4-8）由驱动装置、传动机构、机架、动栅片、静栅片等部分组成。阶梯式格栅除污机的工作原理是通过设置于格栅上部的驱动装置，带动两组分布于格栅机架两边的偏心轮和连杆机构，使一组阶梯形栅片相对于另一组固定阶梯形栅片做小圆周运动，将水中的漂浮渣物截留在栅面上，并将渣物从水中逐步上推至栅片顶端排出，实现拦污、清渣的目的（图 4-9）。

由此可见，阶梯式格栅除污机从根本上改变了以往机械格栅的直形或弧形栅条拦渣、移动齿耙做单向直线或曲线运动除渣的模式，而是通过两组阶梯形薄栅片的相对运动来实现拦渣清污过程。

阶梯式格栅除污机拦截面是网板，能有效地降低水中悬浮物、化学耗氧量，减轻后续工序的处理负荷。

不过其也有一定的缺点，主要集中在以下 3 个方面。

① 造价高。

② 必须带冲洗泵，能耗大，浪费水源。

③ 根据垃圾性质等，没法保证垃圾能全部在地面落下，会有部分容易跑到后道。

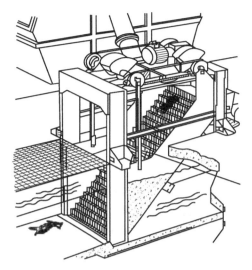

图 4-8　阶梯式格栅除污机结构示意图　　　　图 4-9　阶梯式格栅除污机运行示意图

4.2.8　弧形格栅除污机

弧形格栅除污机（图 4-10）的耙臂在驱动装置带动下绕弧形栅条中心回转，当齿耙进入栅条间隙后，将被栅条拦截的渣沿栅条上移，当齿耙触及撇渣耙后，渣在齿耙和撇渣板相对运动的作用下撇出，并经导渣板卸至输送器，而齿耙在越过撇渣后，在缓冲器的作用下缓慢复位。这种格栅除污机适用于细格栅或较细的中格栅，其结构紧凑，动作简单规范，但是对栅渣的提升高度有限，不适于在较深的格栅井中使用。

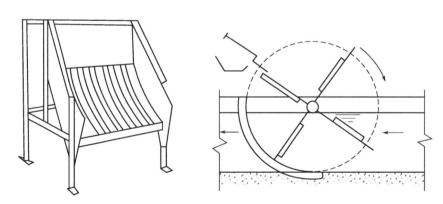

图 4-10　弧形格栅除污机的固定格栅和撇渣装置

4.2.9　移动式伸缩臂格栅除污机

移动式伸缩臂格栅除污机（图 4-11、图 4-12）多在 20 世纪七八十年代采用，但由于该型清污机械结构复杂，操作烦琐，清污效率低，维护保养成本高，现在除部分水电站、泵站清污依然在使用，大多数被淘汰。

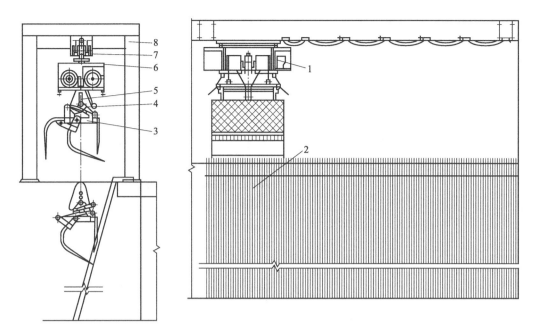

图 4-11　移动式伸缩臂格栅除污机构造原理图
1—驱动装置；2—固定栅条；3—抓斗；4—平衡臂组件；5—限位机构；
6—移动小车；7—横向导轨；8—支架

图 4-12　移动式伸缩臂格栅除污机

4.2.10　回转滤网（内进流）式格栅除污机

回转滤网（内进流）式格栅除污机（图 4-13）的工作原理是将处理水从水管口进入网筒，分布在反方向旋转的滤筒滤网上，固形物被截流分离，顺着筒内螺旋导向板翻滚，由滤筒另一端排出。从滤网滤出的废水在滤筒两侧的防护罩导流作用下从正下方出水槽中流走。

回转滤网（内进流）式格栅除污机的优点主要有以下 3 点。

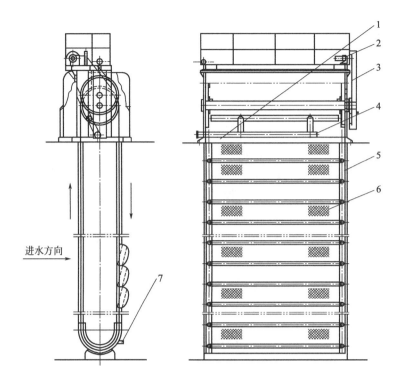

图 4-13　回转滤网（内进流）式格栅除污机构造原理图

1—上部支架；2—驱动装置；3—链传动系统；4—冲洗水系统；5—框架与轨道；
6—链条与滤网；7—链条延伸报警装置

① 拦截网面选择范围多，�形网、冲孔板、编织网等可以根据垃圾性质和大小进行选择。

② 整体制作，放置地方随意，只要接上进出水就可。

③ 垃圾没有压榨，含水率较高。不过也可配置压榨机。

回转滤网（内进流）式格栅除污机的缺点主要有以下 2 点。

① 必须带冲洗泵或者气体冲洗，能耗大。

② 设备是整体放在地面，水源需提升。

4.2.11　粉碎型格栅除污机

粉碎型格栅除污机是一种新型除污设备，主要为解决固体颗粒对环保设备的危害性，未来具备代替传统格栅除污机的潜力。

工作原理是将污水中的中大体积固体颗粒粉碎成 8～10mm 细小颗粒，与污水一起进入后续处理工序，与传统格栅泵站相比，栅渣在水中进行粉碎处理，无须清理废弃物；可避免臭气外泄，保护环境，大量减少占地面积。

常见的粉碎型格栅除污机有以下 6 种：无鼓粉碎型格栅、单鼓粉碎性格栅、双鼓粉碎型格栅、打捞式粉碎型格栅、管道式粉碎型格栅、大型渠道式粉碎型格栅，分别如图 4-14～图 4-19 所示。

图 4-14　无鼓式

图 4-15　单鼓式

图 4-16　双鼓式

图 4-17　打捞式

图 4-18　管道式

图 4-19　大型渠道式

4.3 无机砂粒的去除——沉砂

4.3.1 沉砂池简述

工业园区高难度污水在迁移、流动和汇集过程中不可避免会混入泥砂。污水中的砂如果不预先沉降分离去除，则会影响后续处理设备的运行。最主要的是磨损机泵、堵塞管网，干扰甚至破坏生化处理工艺的正常运行过程。

针对这种较大颗粒的无机砂物质，主要采用沉砂池处理。沉砂池可用于去除污水中粒径大于 0.2mm、密度大于 $2.65t/m^3$ 的砂粒，以保护管道、阀门等设施免受磨损和阻塞。

其工作原理是以重力分离为基础，故应控制沉砂池的进水流速，使密度大的无机颗粒下沉，而有机悬浮颗粒能够随水流带走。沉砂池在典型污水二级处理流程中的位置如图 4-20 所示。

沉砂池设计中，必须按照下列原则。

① 城市污水厂一般均应设置沉砂池，座数或分格数应不少于 2 座（格），并按并联运行

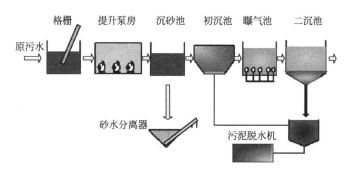

图 4-20　沉砂池在典型污水二级处理流程中的位置示意图

原则考虑。

②设计流量应按分期建设考虑：当污水自流进入时，应按每期的最大设计流量计算；当污水为用提升泵送入时，则应按每期工作水泵的最大组合流量计算；合流制处理系统中，应按降雨时的设计流量计算。

③沉砂池去除的砂粒杂质是以密度为 $2.65t/m^3$、粒径为 $0.2mm$ 以上的颗粒为主。

④城市污水的沉砂量可按每 $1.0 \times 10^5 m^3$ 污水沉砂量为 $30m^3$ 计算，其含水率为 60%，容量为 $1500kg/m^3$。

⑤贮砂斗的容积应按 2 日沉砂量计算，贮砂斗池壁与水平面的倾角不应小于 $55°$，排砂管直径应不小于 $0.3m$。

⑥沉砂池的超高不宜小于 $0.3m$。

⑦除砂一般宜采用机械方法。当采用重力排砂时，沉砂池和晒砂厂应尽量靠近，以缩短排砂管的长度。

沉砂池有平流式、曝气式、多尔和旋流式四种形式。下面针对这四种沉砂池的形式做简单的介绍。

4.3.2　平流式沉砂池

平流式沉砂池（图 4-21）由入流渠、出流渠、闸板、水流部分及沉砂斗组成，它具有截留无机颗粒效果较好、工作稳定、构造简单、排沉砂较方便等优点。

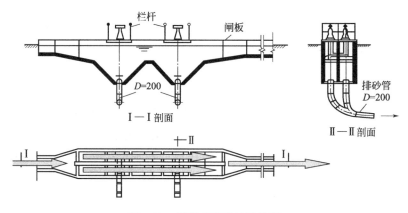

图 4-21　平流式沉砂池结构图

平流式沉砂池有两种排砂方法，一种是重力式排砂，另一种是机械排砂。

重力式排砂一般采取在砂斗加底闸，进行重力排砂，排砂管直径 200mm。图 4-22 为砂斗加贮砂罐及底闸，进行重力排砂。

排砂的一般过程为：砂斗中的沉砂经碟阀进入钢制贮砂罐，贮砂罐中的上清液经旁通水管流回沉砂池，最后，沉砂经碟阀进入运砂车。

这种排砂方法的优点是排砂的含水率低，排砂量容易计算，缺点是沉砂池需要高架或挖小车通道。

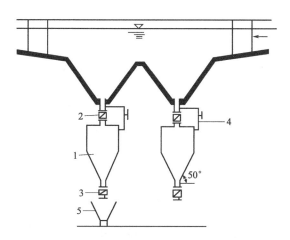

图 4-22　平流式沉砂池重力排砂示意图
1—驻砂罐；2—排砂管；3—排砂阀门；
4—旁通水管；5—运砂车

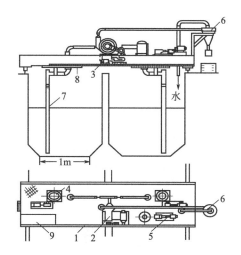

图 4-23　平流式沉砂池机械排砂示意图
1—行走桁架；2—砂泵；3—桁架行走装置；
4—回转装置；5—真空泵；6—旋流分离器；
7—吸砂管；8—齿轮；9—操作台

图 4-23 为机械排砂法的一种单口泵吸式排砂机，适用于平底沉砂池，砂泵、真空泵、吸砂管、旋流分离器均安装在行走桁架上。

桁架沿池长方向往返行走排砂。经旋流分离器分离的水分回流到沉砂池，沉砂可用小车皮带运送器等运至晒砂场或贮砂池。这种排砂方法自动化程度高，排砂含水率低，工作条件好，池高较低。

除此之外，机械排砂法还有链板刮砂法、抓斗排砂法等。中、大型污水处理厂应采用机械排砂。

4.3.3　曝气沉砂池

曝气沉砂池（图 4-24～图 4-27）是一个长形渠道，在池底设置沉砂斗，池底坡度 $i =$ 0.1～0.5，以保证砂粒滑入砂槽，沿集砂斗一侧池壁的整个长度方向上设有曝气装置，距池底 60～90cm 处，压缩空气经空气管和空气扩散板释放到水中，池上设吸砂桥。为了使曝气能起到池内回流作用，可在设置曝气装置的一侧装置挡板。污水在池中做水平运动的同时，由于池一侧的曝气作用，上升的气流带动池内水流呈旋流运动，整个池内水流呈螺旋状往前推进，如图 4-24 和图 4-25 所示。

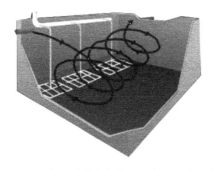

图 4-24　曝气沉砂池在纵向上的水流运动示意图

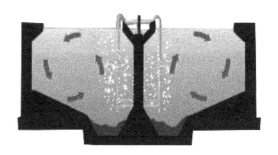

图 4-25　曝气沉砂池在横切面上的水流运动示意图

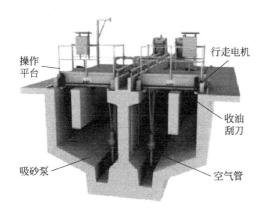

图 4-26　曝气沉砂池的构造示意图

图 4-27　曝气沉砂池实景

普通平流式沉砂池的主要缺点是沉砂中约夹杂有 15% 的有机物（非清洁砂），对被有机物包覆的砂粒，截留效果也不佳，沉砂易于腐化发臭，增加了沉砂后续处理的难度，日益广泛使用的曝气沉砂池，则可以在一定程度上克服这些缺点，能够分离出有机物含量≤15% 的清洁砂。

有关曝气沉砂池的设计，需要注意以下 5 点内容。

① 废水在曝气沉砂池过水断面周边的最大旋转速度为 0.25～0.30m/s，在池内的水平前进流速为 0.08～0.12m/s。如考虑预曝气的作用，可将曝气沉砂池过水断面增大 3～4 倍。

② 最大设计流量时，废水在池内的停留时间应≥2min。如考虑预曝气，则可延长池身，使停留时间为 10～30min。

③ 有效水深取 2～3m，宽深比取 1.0～1.5，长宽比取 5，若池长比池宽大得多时，则应考虑设置横向挡板，池的形状应尽可能不产生偏流或死角。

④ 曝气装置安装在池的一侧，距池底 0.6～0.9m，空气管上应设置调节空气的阀门，曝气穿孔管孔径为 2.5～6.0mm，曝气量为 0.2m³/m³ 或 3～5m³/(m²·h)。

⑤ 曝气沉砂池的进水口应与水在沉砂池内的旋转方向一致，出水口常用淹没式，出水方向与进水方向垂直，并宜考虑设置挡板。

4.3.4　多尔沉砂池

多尔沉砂池（图 4-28）是一个浅的方形水池，水池深度一般<0.9m，在池的一边设有

与池壁平行的进水槽，并在整个池壁上设有整流器，以调节和保持水流的均匀分布，废水经沉砂池使砂粒沉淀，在另一侧的出水堰溢流排出。

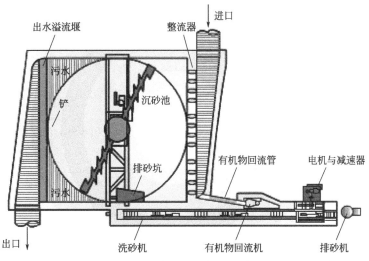

图 4-28　多尔沉砂池构造示意图

沉砂池底的砂粒由刮砂机刮入排砂坑，砂粒用往复式刮砂机械或螺旋式输送器进行淘洗，以除去有机物。刮砂机上装有桨板，用以产生反方向的水流，将从砂上洗下来的有机物带走，回流到沉砂池中，而淘净的砂粒及其他无机杂粒，由排砂机排出。最大设计流速为0.3m/s。多尔沉砂池的面积根据要求去除的砂粒直径和废水温度确定。

多尔沉砂池上部为方形，底部为圆形，其沉砂机理与平流式沉砂池类似。通常以表面水力负荷为设计参数，采用的池深很浅，通常池深<0.9m。多尔沉砂池在国内尚未了解到有用户，有关的资料介绍也不多。

4.3.5　旋流沉砂池

最后再来看一看旋流沉砂池，旋流沉砂常用的有两种形式：钟式沉砂池（图 4-29）和比式沉砂池（图 4-30）。其中钟式沉砂池依靠离心力和重力分离原理，特点是利用汽提提砂的排砂方式除砂（国内较常用）。比式沉砂池依靠涡流分离原理，特点是沉砂效率高，有机物分离效率高（国内比较少见）。

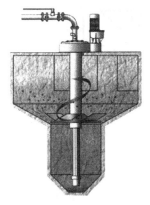

图 4-29　钟式沉砂池构造示意图

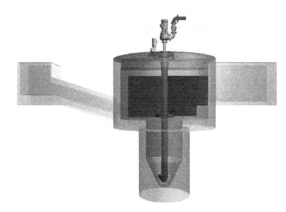

图 4-30　比式沉砂池构造示意图

钟式沉砂池是一种利用机械力控制水流流态与流速，加速砂粒沉淀，并使有机物随水流带走的沉砂装置。如图 4-29 所示，废水由流入口切线方向流入沉砂区，利用电动机及传动装置带动转盘和斜坡式叶片，由于所受离心力的不同，把砂粒甩向池壁，掉入砂斗，有机物则被送回废水中。调整转速，可达到最佳沉砂效果。沉砂用压缩空气经砂提升管、排砂管清洗后排出，清洗水回流至沉砂区。

钟式沉砂池的设计，应该注意以下 6 点。

① 水力表面负荷应控制在 $200\text{m}^3/(\text{m}^2 \cdot \text{h})$ 左右。

② 水力停留时间控制在 20～30s。

③ 进水渠道流速：最大流量的 40％～80％时，控制在 0.6～0.9m/s；流量最小时，大于 0.15m/s；流量最大时，不大于 1.2m/s。

④ 进水渠道直段长度为宽度的 7 倍且不应小于 4.5m。

⑤ 出水渠道宽度为进水渠道的 2 倍。

⑥ 出水渠道与进水渠道夹角大于 270°。

旋流沉砂池一般为混凝土结构，如果在设计时候考虑到占地问题，可以设计成钢制池体，结构紧凑，占地面积小，具体情况视情况而定。图 4-31 为尚未安装的钟式沉砂池实物，图 4-32 为钟式沉砂池构造示意图。

图 4-31　尚未安装的钟式沉砂池实物

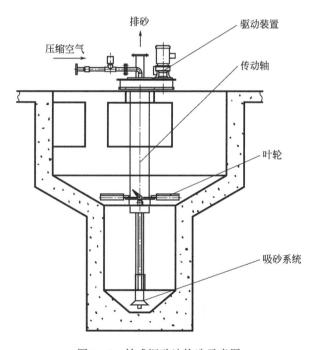

图 4-32　钟式沉砂池构造示意图

4.4　不溶性有机物的去除——初沉

4.4.1　沉淀池简述

废水经过格栅截留大尺寸的漂浮物和悬浮物，并经过沉沙池去除粒径大于 0.2mm、密

度大于 $2.65t/m^3$ 的砂粒后，仍存在许多密度稍小或颗粒尺寸较小的悬浮颗粒，这些颗粒的成分以有机物为主。如果这些物质直接进入生物处理环节会增加曝气池的有机负荷，甚至影响微生物对有机物的氧化分解和硝化的效果，影响二次沉淀池的出水水质。

初次沉淀池是污水处理中第一次沉淀的构筑物，主要用以降低污水中的悬浮固体浓度。用于一级处理的沉淀池，通称初次沉淀池。初次沉淀池与二次沉淀池的区别在于初次沉淀池一般设置在污水处理厂的沉沙池后、曝气池之前，而二次沉淀池一般设置在曝气池之后、深度处理或排放之前（图 4-33）。初次沉淀池是一级污水处理厂的主体构筑物，或作为二级污水处理厂的预处理构筑物设在生物处理构筑物的前面。

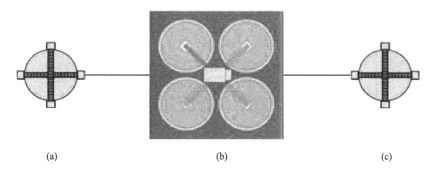

图 4-33　初沉池和二沉池的位置关系
(a) 初沉池；(b) 生反池；(c) 二沉池

初次沉淀池有以下几个主要作用。

① 去除废水中密度较大的固体悬浮颗粒，减轻后续处理设施的负荷。

② 使细小的悬浮颗粒絮凝成较大的颗粒，强化固液分离效果。

③ 对胶体物质有一定的吸附去除作用。

④ 有些废水处理工艺会将部分二次沉淀池的污泥回流到初次沉淀池，通过二沉污泥的生物絮凝作用可吸附更多的溶解性和胶体态有机物，提高初次沉淀池的去除效率。

由于废水在初次沉淀池中的实际流动情况非常复杂，为便于介绍初次沉淀池的工作原理以及分析水中悬浮颗粒在初次沉淀池内的运动规律，水处理业界通常引入一个称为"理想沉淀池"的重要概念。"理想沉淀池"根据不同功能分区，可以划分为进水区、沉淀区、出水区域、污泥区、缓冲区 5 个部分，并做了一些假定。

① 沉淀区过水断面上各点的水流速度均相等，为推流式水平流动。

② 水流中的悬浮颗粒均匀分布在整个过水断面上，悬浮颗粒在沉淀区匀速下沉。

③ 悬浮颗粒沉到池底即认为被除去。

符合上述假定条件的沉淀池即为理想沉淀池。

当然，由于实际沉淀池的沉淀过程中并不可能存在理想沉淀池的情况，诸如短流、异重流、风吹等均会影响颗粒的沉淀效果，所以在实际设计中，往往会根据理想情况再乘以安全系数，方能够保证沉淀池有足够的处理能力。

按照池内水流方向的不同，初次沉淀池可分为平流式沉淀池、竖流式沉淀池、辐流式沉淀池和斜板斜管沉淀池四种类型，下面对于这四种常见的沉淀池形式做简要介绍。

4.4.2 平流式沉淀池

平流式沉淀池的工作原理与平流式沉砂池类似，池形呈长方形，由进水装置、出水装置、沉淀区、缓冲区、污泥区及排泥装置等组成。废水从平流式沉淀池的一端进入，从另一端流出，水流在池内做水平运动，池平面形状呈长方形，可以是单格或多格串联。池的进口端底部设污泥斗，贮存沉积下来的污泥，如图 4-34 所示。

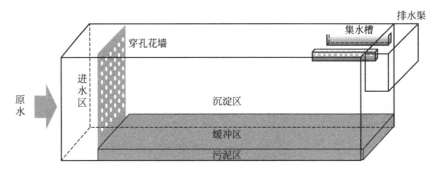

图 4-34　典型的平流式沉淀池的各部位功能示意图

进水区的作用是使入流废水均匀分布在进水截面上，一般做法是采取穿孔花墙（图 4-35、图 4-36）控制入流流速并通过穿孔墙外加挡板布水。穿孔花墙的主要功能是使水流分布均匀，减小紊流区域，减少絮凝体破碎。通常采用穿孔花墙、栅板等布水方式。一般在池底积泥面上 0.3m 至池底范围内不设进水孔。

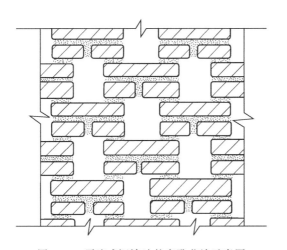

图 4-35　平流式沉淀池的穿孔花墙示意图

图 4-36　平流式沉淀池的穿孔花墙实物图

平流式沉淀池出口区一般采用溢流堰，以防止池内大块漂浮物流出，堰前应加设挡板。溢流堰的设置对池内水流的均匀分布影响极大，为了确保池内水流的均匀，应尽可能减少单位堰长的过流量，以减少池内向出口方向的流速。溢流堰大多采用锯齿形堰，采用钢板制成，易于加工及安装，出水比水平堰均匀。为适应水流的变化或构筑物的不均匀沉降，在堰口处需设置使堰板能上下移动的调整装置。平流式沉淀池的 3 种集水槽形式见图 4-37，3 种出水堰形式见图 4-38，指形集水槽见图 4-39。

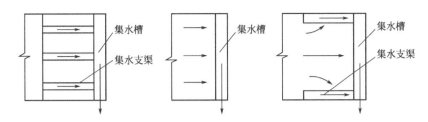

图 4-37　平流式沉淀池的 3 种集水槽形式（集水支槽越多，集水能力越大）

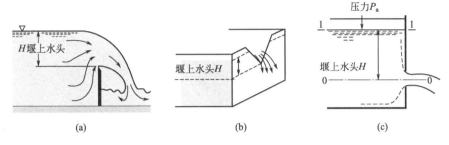

图 4-38　3 种出水堰形式

（a）水平堰；（b）锯齿堰；（c）小孔出流

图 4-39　平流式沉淀池的指形集水槽

影响平流式沉淀池沉淀效果有以下 5 个因素。

① 进水的惯性作用。

② 出水堰产生的水流抽吸。

③ 较冷或较重的进水产生的异重流。

④ 风浪引起的短流。

⑤ 池内存在的导流壁和刮泥设施等。

4.4.3　竖流式沉淀池

竖流式沉淀池（图 4-40）一般由进水管、集水槽、中心管、反射板、出水管和排泥管组成。废水从进水管进入沉淀池的中心管,并从中心管的下部流出,经过反射板的阻拦向四周均匀分布,沿沉淀区的整个断面上升,处理后的废水由四周集水槽收集,然后自出水管排出。集水槽一般采用自由堰或三角形锯齿堰。为了避免漂浮物溢出池外,应在水面设置挡板。

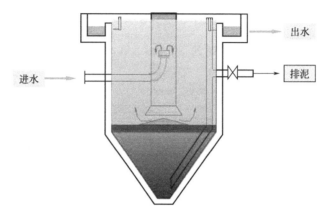

图 4-40 竖流式沉淀池结构示意图

竖流式沉淀池水流运动示意图见图 4-41。竖流式沉淀池水流方向与颗粒沉淀方向相反,其截留速度与水流上升速度相等。当悬浮物发生自由沉淀时,其沉淀效果比在平流式沉淀池低很多;当悬浮物具有絮凝性时,则上升的小颗粒与下沉的大颗粒之间相互接触、碰撞而絮凝,使悬浮物粒径增大,沉速加快;另一方面,沉降速度等于水流上升速度的悬浮物将在池中形成一个悬浮层,对上升的小颗粒形成拦截和过滤的作用,因而沉淀效率将比平流式沉淀池更高。

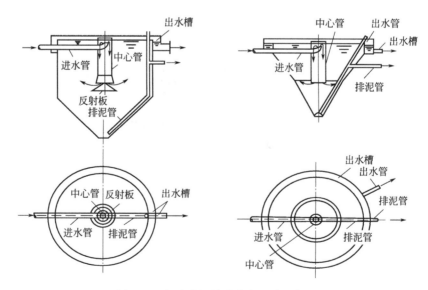

图 4-41 竖流式沉淀池水流运动示意图

竖流式沉淀池的平面可为圆形、正方形或多角形,排泥多采用重力排泥,简单易行,且对进水流量的波动适应能力不强,比较适合于中小污水处理厂。

有关于竖流式沉淀池的设计,应该注意以下 4 点。

① 为保证池内水流的自下而上垂直流动、防止水流呈辐流状态，圆池的直径或方池的边长与沉淀区有效水深的比值一般不大于3，池子的直径一般为4.0~7.0m，最大不超过10m。圆池直径或正方形池边长 $D \leqslant 7m$ 时，沉淀出水沿周边流出；$D \geqslant 7m$ 时，应增加辐射式集水支渠。

② 水流在竖流式沉淀池内的上升流速为0.5~1.0mm/s，沉淀时间为1~1.5h。中心管内的流速一般应大于100mm/s，其下出口处设有喇叭口和反射板。反射板板底距泥面至少0.3m，喇叭口直径及高度均为中心管直径的1.35倍，反射板直径为喇叭口直径的1.3倍，反射板表面与水平面的倾角为17°。

③ 喇叭口下沿距反射板表面的缝隙高度为0.25~0.50m，作为初沉池时缝隙中的水流速度应不大于30mm/s，作为二沉池时缝隙中的水流速度应不大于20mm/s。

④ 锥形贮泥斗的倾角为45°~60°，排泥管直径不能小于200mm，排泥管口与池底的距离小于0.2m，敞口的排泥管上端超出水面不能小于0.4m。浮渣挡板淹没深度0.3~0.4m，高出水面0.1~0.25m，距集水槽0.25~0.50m。

竖流式沉淀池主要部件尺寸设计图见图4-42。

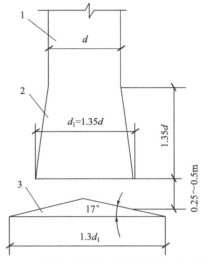

图4-42　竖流式沉淀池主要部件尺寸设计图
1—中央进水管；2—扩散喇叭口；3—反射板

4.4.4　辐流式沉淀池

辐流式沉淀池亦称辐射式沉淀池，一般为较大的圆池，直径一般为20~30m，最大直径可达100m。池的进、出口布置基本上与竖流池相同，进口在中央，出口在周围。但池径与池深之比，辐流池比竖流池大许多倍。水流在池中呈水平方向向四周辐射流，由于过水断面面积不断变大，故池中的水流速度从池中心向池四周逐渐减慢。辐流式沉淀池的运行分为三种：周边进水周边出水式、中心进水周边出水式和周边进水中心出水式。

周边进水周边出水辐流式沉淀池如图4-43所示，进水渠布置在沉淀池四周，上清液经

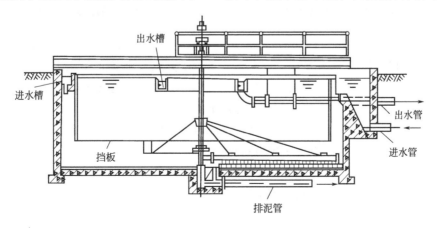

图4-43　周边进水周边出水辐流式沉淀池结构示意图

过设在沉淀池四周或中间的出水堰溢流而出，污泥的排出方式与中心进水辐流式沉淀池相同。

中心进水周边出水辐流式沉淀池如图 4-44 所示，进水管悬吊在桥架下或埋设在池体底板混凝土中，污水的流动途径如下：首先进入池体中心管，然后通过中心管周围的整流板整流后向四周辐射流动，最后上清液经过设在沉淀池四周的出水堰溢流而出，污泥沉降到池底，由刮泥机或刮吸泥机刮到沉淀池中心的集泥斗，再用重力或泵抽吸排出。

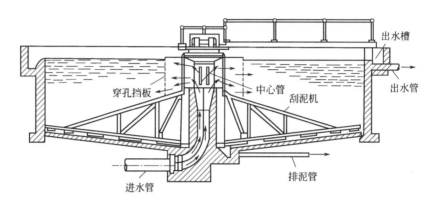

图 4-44　中心进水周边出水辐流式沉淀池结构示意图

中心进水周边出水辐流式沉淀池和周边进水周边出水辐流式沉淀池的出水堰结构区别见图 4-45。

图 4-45　中心进水周边出水和周边进水周边出水辐流式沉淀池的出水堰结构区别

辐流式沉淀池大多采用机械刮泥，尤其是在池直径大于 20m 时，几乎都用机械刮泥。刮泥机将全池的沉积污泥收集到中心泥斗，再借静压力或污泥泵排除。刮泥机一般都采用桁架结构，绕中心旋转，刮泥刀安装在桁架上，可中心驱动或周边驱动。

有关于辐流式沉淀池的设计，需要注意以下 7 点。

① 圆池的直径或方池的边长与有效水深的比值一般采用 6~12，池子的直径一般不小于 16m，最大可达 100m。池底坡度一般为 0.05~0.10。

② 通常采用机械刮泥，再用空气提升或静水头排泥；当池径小于 20m 时，也可采用斗式集泥（一般为四斗）。污泥可用压缩空气提升或用机械泵（潜污泵、螺旋泵等）提升排出，也可以利用静水头将污泥输送到下一级处理系统。

③ 进、出水的布置方式有中心进水周边出水、周边进水中心出水和周边进水周边出水

三种形式。

④ 当池径＜20m 时，一般采用中心传动的刮泥机，其驱动装置设在池子中心走道板上。当池径＞20m 时，一般采用周边传动的刮泥机，其驱动装置设在桁架的外缘。

⑤ 刮泥机的旋转速度一般为 1～3r/h，外周刮泥板的线速度不能超过 3m/min，通常采用 1.5m/min。

⑥ 出水堰前应设置浮渣挡板，浮渣用装在刮泥机桁架一侧的浮渣刮板收集。

⑦ 周边进水的辐流式沉淀池效率较高，与中心进水周边出水的辐流式沉淀池相比，表面负荷可提高 1 倍左右。

4.4.5　斜板斜管沉淀池

从理想沉淀池的特性分析可知，沉淀池的处理效率仅与颗粒沉淀速度和表面负荷有关，与池的深度无关。因此，若将沉淀池分为 n 层浅池，每个浅池的流量和深度减少为原流量和池深的 $1/n$，但每个浅池表面积仍然与沉淀池的表面积相等，因此临界沉速减少为原本的 $1/n$，沉淀效率大大提高，n 个浅池的总处理能力提高为原来的 n 倍（图 4-46）。

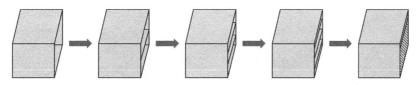

图 4-46　浅池沉淀理论示意图

（当沉淀池中加入 n 层平板时，沉淀处理能力会相应提高 n 倍）

斜板斜管沉淀池就是根据理想沉淀池原理，在沉淀池中加设斜板或蜂窝斜管（图 4-47）以提高沉淀效率的一种新型沉淀池，它由斜板（管）沉淀区、进水配水区、清水出水区、缓冲区和污泥区组成，如图 4-48～图 4-51 所示。

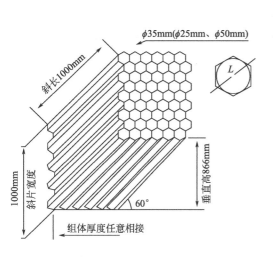

图 4-47　斜管结构示意图

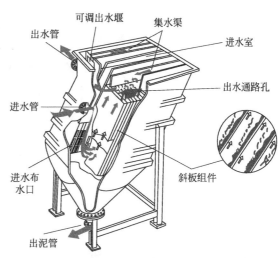

图 4-48　斜板（管）沉淀池的结构示意图

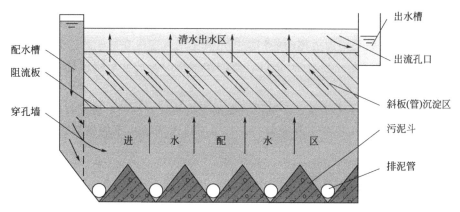

图 4-49　斜板（管）沉淀池功能区域划分示意图

图 4-50　斜板沉淀池实物图

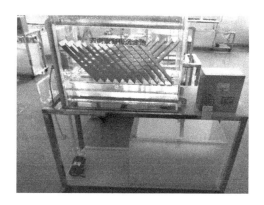

图 4-51　斜板沉淀池模型展示

按水流与污泥的相对运动方向划分，斜板（管）沉淀池有异向流、同向流和侧向流三种形式，如图 4-52 所示，污水处理中主要采用升流式异向流斜板（管）沉淀池。

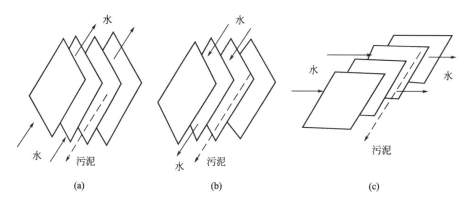

图 4-52　斜板沉淀池的三种运行模式
（a）异向流；（b）同向流；（c）侧向流

斜板沉淀池的设计原则，可以参考以下 7 点进行。

① 斜板垂直净距一般采用 80～120mm，斜管孔径一般为 50～80mm。斜板（管）长度

一般为 1.0～1.2m，倾角一般为 60°。斜板（管）上部水深和底部缓冲层高度一般都是 0.5～1.0m。

② 斜板上端应向沉淀池进水端方向倾斜安装。为防止水流短路，在池壁与斜板的间隙处应装设阻流挡板。

③ 进水方式一般设置配水整流布水装置，常用的有穿孔配水板和缝隙配水板等，整流配水孔流速一般低于 0.15m/s。出水方式一般采用在池面上设置多条集水槽的方式，集水槽的集水方式为孔眼式或三角堰式。

④ 斜板（管）沉淀池一般采用集泥斗收集污泥后靠重力排泥，每日排泥 1～2 次，或根据具体情况增加排泥的频率，甚至连续排泥。

⑤ 初沉池水力停留时间一般不超过 30min，二沉池一般不超过 60min。

⑥ 斜板（管）沉淀池必须设置冲洗斜板（管）的设施，冲洗可以在检修或临时停运时放空沉淀池，用高压水对斜板（管）内积存的污泥彻底冲刷和清洗，防止污泥堵塞斜板（管），影响沉淀效果。

⑦ 升流式斜板（管）沉淀池的表面负荷一般为 3～6m³/(m²·h)，比普通沉淀池的设计表面负荷高约 1 倍，池内水力停留时间一般为 30～60min。

4.5　废水的均质均量化处理——调节

4.5.1　调节池的简述

工业废水在排放过程中，随着生产状况的变化而变化，存在水质的不均匀和水量的不稳定情况。特别当生产上出现事故或雨水特别多时，废水的水质和水量变化更大，这种变化会造成废水处理过程失常，降低了处理效果，而且不能充分发挥处理设备的设计负荷。

为了使处理工艺正常工作，不受废水高峰流量或高峰浓度变化的影响，要求废水在进行处理前有一个较为稳定的水量和均匀的水质，必须进行水质和水量的调节。

调节池指的是用以调节进、出水流量的构筑物，调节池主要有调节水量、均衡水质和预处理三大作用，设置调节池能够带来以下好处。

① 提供对有机物负荷的缓冲能力，防止生物处理系统的急剧变化。

② 控制 pH 值，以减少中和作用中的化学品的用量。

③ 减少对物理化学处理系统的流量波动，使化学品添加速率适合加料设备的定额。

④ 当工厂停产时，仍能对生物处理系统继续输入废水。

⑤ 控制向市政系统的废水排放，以缓解废水负荷分布的变化。

⑥ 防止高浓度有毒物质进入生物处理系统。

工业废水调节池见图 4-53。

关于调节池的分类，一般有如下 4 种：均质调节池（简称均质池）、均量调节池（简称均量池）、均化调节池（简称均化池）和事故池，具体类型详见图 4-54。

图 4-53　工业废水调节池

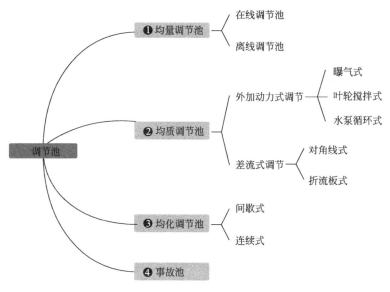

图 4-54 调节池的分类

4.5.2 在线水量均量调节池

在线水量均量调节池（图 4-55）位于进水管路中，所有的来水都会首先进入调节池存留，然后再被抽走，结构比较简单，实质上就是一座变水位的贮水池，其中来水依靠重力自流进入调节池，而出水用泵抽。其水量调节原则如下。

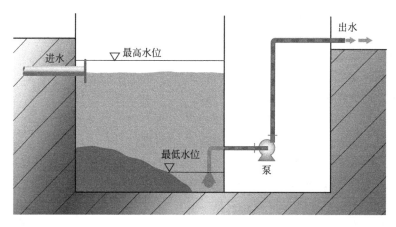

图 4-55 在线水量均量调节池示意图

① 当来水量＞出水量时则水位上升，存水。
② 当来水量＜出水量时则水位下降，排水。

在线水量均量调节池在运行中需要注意的是，调节池中的最高水位不应高于进水管的设计水位，池内有效水深一般为 2～3m；池内最低水位以下为死水区，经常淤泥。

在线水量均量调节池的优点为被调节水量只需要提升 1 次，消耗的动力小；其缺点主要是调节池的高度受进水管高度限制。

4.5.3　离线水量均量调节池

离线水量均量调节池（图 4-56）是将调节池设在处理系统的旁路上，并非全部的污水都需要先进入调节池内，其调节水量的原则如下。

① 当进水量＞处理水量时，水泵将多余的废水打入调节池。

② 当进水量＜处理水量时，从调节池泵水至集水井后送往后续处理工序单元。

离线水量均量调节池的优点主要是调节池的高度不受进水管限制；其缺点主要是进水和出水都需要泵提升，动力消耗大。

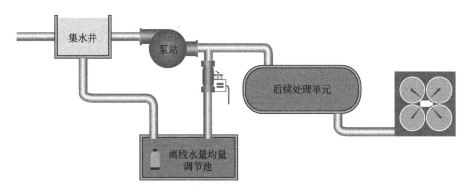

图 4-56　离线水量均量调节池示意图

4.5.4　外加动力式均质调节池

外加动力式均质调节池是对不同时间或不同来源的废水进行机械混合，使流出水质比较均匀的一类调节池。特点是池型、设备简单，均匀化效果好但是能耗较高。主要有以下三种类型：曝气式（图 4-57）、叶轮搅拌式（图 4-58）、水泵循环式（图 4-59）。

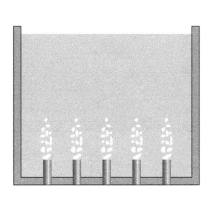

图 4-57　曝气式外加动力均质
调节池示意图

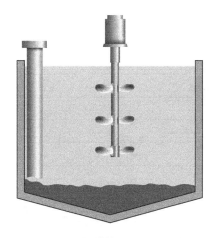

图 4-58　叶轮搅拌式外加动力均质
调节池示意图

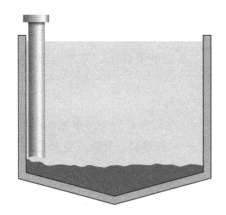

图 4-59　水泵循环式外加动力
均质调节池示意图

4.5.5　差流式均质调节池

差流式均质调节池是指对不同时间或不同来源的废水进行水力混合，使流出水质比较均匀的一类调节池，分为折流板式调节池和对角线式调节池。

（1）折流板式调节池　折流板式调节池是在池内设置许多折流隔墙，控制污水 1/4～1/3 流量从调节池的起端流入，在池内来回折流，延迟时间，充分混合、均衡；剩余的流量通过设在调节池上的配水槽的各投配口等量地投入池内前后各个位置。从而使先后过来的、不同浓度的废水混合，达到自动调节均和的目的，如图 4-60 所示。

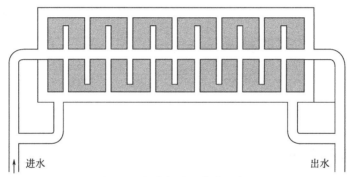

图 4-60　折流板式调节池示意图

（2）对角线式调节池　对角线式调节池的特点是出水槽沿对角线方向设置，污水由左右两侧进入池内，经不同的时间流到出水槽，从而使先后过来的、不同浓度的废水混合，达到自动调节均和的目的，如图 4-61 所示。

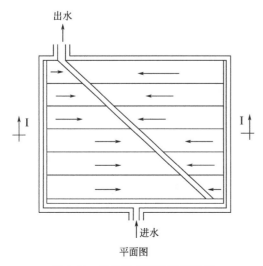

图 4-61　对角线式调节池示意图

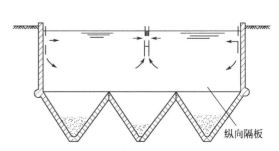

图 4-62　小型调节池的沉渣斗示意图

为了防止污水在池内短路，可以在池内设置若干纵向隔板。污水中的悬浮物会在池内沉淀，对于小型调节池，可考虑设置沉渣斗（图 4-62），通过排渣管定期将污泥排出池外；如果调节池的容积很大，需要设置的沉渣斗过多，这样管理太麻烦，可考虑将调节池做成平底，用压缩空气搅拌，以防止沉淀，空气用量为 $1.5\sim3m^3/(m^2\cdot h)$ 调节池的有效水深采取 $1.5\sim2m$，纵向隔板间距为 $1\sim1.5m$。

4.5.6　均化池

均化池（图 4-63）兼有均量池和均质池的功能，既能对废水水量进行调节，又能对废水水质进行调节。如采用表面曝气或鼓风曝气，除能避免悬浮物沉淀和出现厌氧情况外，还可以有预曝气的作用。

图 4-63　具备调节水质水量功能的均化池　　　　图 4-64　某工厂的事故池

4.5.7　事故池

事故池（图 4-64）是为了容纳生产事故废水或可能严重影响污水处理厂运行的事故废水。

事故池属于一种特殊功能的调节池类型，在化工等容易产生高浓度废水的工厂较为常见。这是因为这些工厂在发生生产事故后，会有大量的生产原料混入废水中，且在短时间内大量排入污水站，这样的废水对于污水处理站来说往往是致命的。

事故池虽然由于其功能归类为调节池的一种，但是事故池是绝对不能和调节池共用的。为了保证在生产事故发生时事故池拥有足够的调节功能，事故池在平时需要保持空池的状态，若将事故池的部分作为污水站调节池使用，反而容易因小失大。

一般事故池的污水都会首先贮存，然后再由水泵逐渐少量的引入污水处理站调节池混合，从而保证污水处理站不会受到影响。

4.6　废水的 pH 调节——中和

4.6.1　中和的原理

废水中和处理法是废水化学处理法之一，是一种利用中和作用处理废水，使之净化的方法。中和法的基本原理是使酸性废水中的 H^+ 与外加的 OH^-，或使碱性废水中的 OH^- 与

外加的 H^+ 相互作用，生成弱解离的水分子，同时生成可溶解或难溶解的其他盐类，从而消除它们的有害作用。

采用此法可以处理并回收利用酸性废水和碱性废水，可以调节酸性或碱性废水的 pH 值，现场如果不需要准确测定时，可采用 pH 试纸，酸碱性对应颜色如图 4-65 所示。

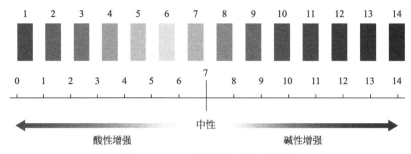

图 4-65   pH 试纸显色对比示意图

酸碱废水的分类原则见表 4-2。

表 4-2   酸碱废水的分类原则

强酸废水	弱酸废水	中性	强碱废水	弱碱废水
pH<4.5	pH=4.5～6.5	pH=6.5～8.5	pH=8.5～10.0	pH>10.0

酸性污水中常见的酸性物质主要有硫酸、盐酸、硝酸、氢氟酸、氢氰酸、磷酸等无机酸及醋酸、甲酸、柠檬酸等有机酸，并常溶解金属盐。常见酸性废水的产生源头有化工厂、化纤厂、电镀厂、煤加工厂、金属酸洗车间等。

碱性污水中常见的碱性物质主要有苛性钠、碳酸钠、硫化钠及胺等。论危害程度，酸性废水对于环境的危害要远远大于碱性废水。常见的碱性废水的产生源头有印染厂、造纸厂、炼油厂、金属加工厂等。

酸碱废水的处理主要原则是：能回用就回用，不能回用首先考虑以废治废，以上方案都行不通才考虑加药中和法。

(1) 酸碱废水回收利用   当废水中有 5%～10% 含量的废酸，需要考虑扩散渗析法回收高浓度酸；当废水中有 3%～5% 含量的废碱，需要考虑蒸发浓缩法回收高浓度碱。

(2) 综合处理   当废水中有低于 5% 的酸，可以采用碱性废水或投药中和；当废水中有低于 3% 的碱，可以采用酸性废水或投药中和。

4.6.2   酸碱废水（渣）中和法

酸碱废水的相互中和可根据下式定量计算：

$$N_a V_a = N_b V_b$$

式中，N_a、N_b 为酸碱的化学计量浓度；V_a、V_b 为酸碱溶液的体积。

中和过程中，酸碱双方的化学计量数恰好相等时称为中和反应的化学计量点。强酸、强碱的中和达到化学计量点时，由于所生成的强酸强碱盐不发生水解，因此化学计量点即中性点，溶液 pH=7.0。但中和的一方若为弱酸或弱碱，由于中和过程中所生成的盐，在水中进行水解，因此，尽管达到化学计量点，但溶液并非中性，而根据生成盐水的水解可能呈现酸性或碱性，pH 值的大小由所生成盐的水解度决定。

　　这种中和方法是将酸性废水和碱性废水共同引入中和池中，并在池内进行混合搅拌。中和结果应该使废水呈中性或弱碱性。根据质量守恒原理计算酸、碱废水的混合比例或流量，并且使实际需要量略大于计算量。

　　当酸、碱废水的流量和浓度经常变化，而且波动很大时，应该设调节池加以调节，中和反应则在中和池进行，其容积应按 1.5～2.0h 的废水量考虑。

　　关于酸碱废水中和的设备选用时，需要注意以下 3 点。

　　① 水质水量变化小、废水缓冲能力大、后续构筑物对 pH 值要求范围宽时，可以不用单独设中和池，而在集水井（或管道、曲径混合槽）内进行连续流式混合反应。

　　② 水质水量变化不大时，废水也有一定缓冲能力，但为了使出水 pH 值更有保证，应单设连续流式中和池，池型如图 4-66、图 4-67 所示。某工厂酸碱中和池实景如图 4-68 所示。

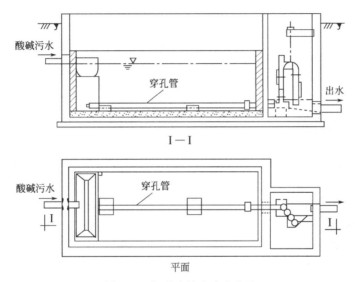

图 4-66　矩形连续流式中和池

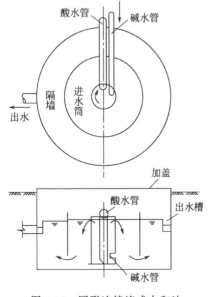

图 4-67　圆形连续流式中和池

图 4-68　某工厂酸碱中和池实景

③ 水质水量变化大、水量小、连续流式中和池无法保证出水 pH 值要求、出水水质要求高、废水含有其他杂质或重金属离子时，较稳妥可靠的做法是采取间歇流式中和池。每池的有效容积可按废水排放周期（如 1 班或 1 昼夜）中的废水量计算。池一般至少设 2 座，以便交替使用。

4.6.3 投药中和法

常用药剂有石灰（CaO）、石灰石（$CaCO_3$）、白云石 $[CaMg(CO_3)_2]$、氢氧化钠、碳酸钠等。其中碳酸钠因价格较酸性废水中和曲线贵，一般较少采用。石灰来源广泛，价格便宜，所以使用较广。

用石灰作中和剂能够处理任何浓度的酸性废水，最常采用的是石灰乳法，氢氧化钙对废水杂质具有混聚作用，因此它适用于含杂质多的酸性废水。石灰投料系统如图 4-69 所示。

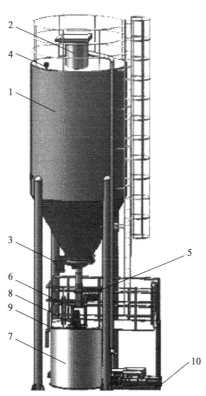

用石灰中和酸的反应如下所示：

$$H_2SO_4 + Ca(OH)_2 \longrightarrow CaSO_4 \downarrow + 2H_2O$$
$$2HNO_3 + Ca(OH)_2 \longrightarrow Ca(NO_3)_2 + 2H_2O$$
$$2HCl + Ca(OH)_2 \longrightarrow CaCl_2 + 2H_2O$$

当废水中含有其他金属盐类如铁、铅、锌、铜等时，也能生成沉淀：

$$ZnSO_4 + Ca(OH)_2 \longrightarrow Zn(OH)_2 \downarrow + CaSO_4 \downarrow$$
$$FeCl_2 + Ca(OH)_2 \longrightarrow CaCl_2 + Fe(OH)_2 \downarrow$$
$$PbCl_2 + Ca(OH)_2 \longrightarrow CaCl_2 + Pb(OH)_2 \downarrow$$

投药中和有干投、湿投两种方法。以石灰为例，干投法设备简单，但反应不易彻底且较慢，投量需为理论值的 1.4～1.5 倍。湿投法设备较多，但反应迅速，投量为理论值的 1.05～1.1 倍即可。

用石灰中和酸性废水时，混合反应时间一般采用 1～2min，但当废水中含重金属盐或其他毒物时，应考虑去除重金属及其他毒物的要求。

当废水水量和浓度较小，且不产生大量沉渣时，中和剂可投加在水泵集水井中，在管道

图 4-69　石灰投料系统示意图

1—石灰料仓；2—仓顶除尘器；3—活化料仓；
4—料位计；5—出料插板阀；6—定量输送机；
7—溶解罐；8—搅拌机；9—液位计；10—投加泵

中反应，即可不设混合反应池，但须满足混合反应时间。当废水量较大时，一般需设单独的混合池。

以石灰中和主要含硫酸的混合酸性废水为例，一般沉淀时间为 1～2h，污泥体积一般为处理废水体积的 3%～5%，但个别情况也有污泥量占到废水体积的 10% 以上的。污泥含水率一般在 95% 左右。

合并混合、反应、沉淀及泥渣分离的池型示例见图 4-70。

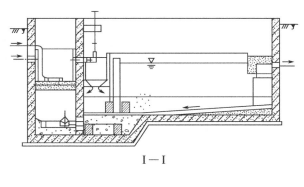

I—I

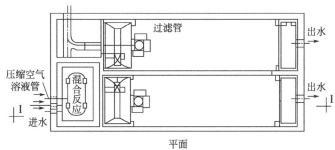

平面

图 4-70 合并混合、反应、沉淀及泥渣分离的池型示例

4.6.4 过滤中和法

过滤中和法适用于含硫酸浓度不大于 2～3g/L 和生成易溶盐的各种酸性废水的中和处理。

一般的过滤填料采用石灰石、白云石、大理石等。用石灰石作滤料时，进水含硫酸浓度应小于 2000mg/L；用白云石作滤料时，应小于 4000mg/L。

过滤中和法的优点是操作管理简单，出水 pH 值较稳定，不影响环境卫生，沉渣少，一般少于废水体积的 0.1%；缺点是进水酸的浓度受到限制。

过滤中和采取的设备主要有 3 种类型：普通中和滤池、升流式膨胀滤池、滚筒式中和滤池。

普通中和滤池为重力式，由于滤速低（小于 1.4mm/s），滤料粒径大（3～8cm），当进水硫酸浓度较大时，极易在滤料表面结垢而且不易冲掉，阻碍中和反应进程。实践表明这种滤料的中和效果较差，目前已很少采用。

升流式膨胀滤池（图 4-71）在水流和产生的 CO_2 气体作用下，滤料互相碰撞摩擦效果好，保证滤料表面不断更新，所以中和效果好。有以下 3 个设计要点。

① 采用高流速（8.3～19.4mm/s）。

② 滤料小粒径（0.5～3mm，平均约 1.5mm）。

③ 水流由下向上流动。

滚筒式中和滤池（图 4-72）用钢板制成，内衬防腐层；滚筒直径 1m 或更大，长度为直径的 6～7 倍；滚筒内壁设置纵向隔条，推动滤料旋转，及时脱除滤料表面形成的沉积层；

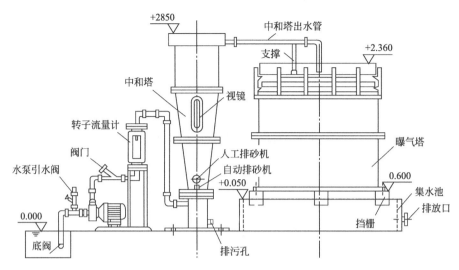

图 4-71　变速升流式膨胀中和滤池构造示意图

滚筒转速约为 10r/min，转轴倾斜角度为 0.5°～1°；滚筒滤料的粒径约为 10mm，装料体积约占转筒体积的 1/2。

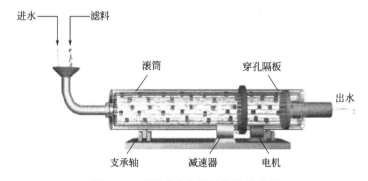

图 4-72　滚筒式中和滤池构造示意图

滚筒式中和滤池的进水酸浓度可以超过允许浓度数倍，过滤滤料的尺寸可以不必很小，也能达到良好的中和效果。滚筒式中和滤池的缺点是负荷率低，仅为 $36m^3/(m^2 \cdot h)$，构造复杂，动力费用较高，运转时噪声较大，设备耐腐蚀要求高。

4.7　废水的除浊处理——混凝

4.7.1　混凝的原理

混凝是指通过某种方法（如投加化学药剂）使水中胶体粒子和微小悬浮物聚集的过程，是水和废水处理工艺中的一种单元操作。混凝工艺在给水工程中的位置见图 4-73。

我们常说的"混凝沉淀"，其实是两个过程，即"混凝"＋"沉淀"，这是两个完全不同的机理。

首先，混凝是指往水中投入混凝剂，混凝剂发生水解作用，通过压缩双电层、吸附架

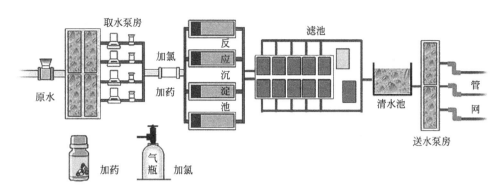

图 4-73　混凝工艺在给水工程中的位置

桥、网捕卷扫等作用，把水中小颗粒悬浮物变成大颗粒的矾花，而不涉及下沉的过程。

其次，沉淀是指水中的悬浮物通过自身的重力作用下降到沉淀池的底部，进而被分离出来，发生沉淀的物质可以是经过混凝作用形成的大矾花，也可以是未经过混凝作用的小颗粒物质。

所以，真正的混凝作用是不包括沉淀过程的，混凝池的设计也是完全区别于沉淀池的。

混凝包括凝聚与絮凝两种过程。把能起凝聚与絮凝作用的药剂统称为混凝剂。凝聚主要指胶体脱稳并生成微小聚集体的过程，絮凝主要指脱稳的胶体或微小悬浮物聚结成大的絮凝体的过程。

水中杂质分类粒径见表 4-3。

表 4-3　水中杂质分类粒径

项目	溶解物	胶体	悬浮物	
颗粒尺寸	0.1～1nm	10～100nm	1～10μm	0.1～1mm
分辨工具	电子显微镜可见	超显微镜可见	显微镜可见	肉眼可见
水的外观	透明	浑浊	浑浊	浑浊

影响混凝效果的主要因素如下。

① 水温：水温对混凝效果有明显的影响。

② pH：对混凝的影响程度，视混凝剂的品种而异。

③ 水中杂质的成分、性质和浓度。

④ 水力条件。

混凝作用主要有以下 4 种机理。

（1）双电层压缩机理　向溶液中投入加电解质，使溶液中离子浓度增高，扩散层的厚度将减小。当两个胶粒互相接近时，由于扩散层厚度减小，ζ 电位降低，因此它们互相排斥的力就减小了，胶粒得以迅速凝聚。胶核构造如图 4-74 所示。

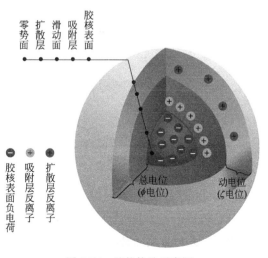

图 4-74　胶核构造示意图

（2）吸附电中和作用机理　吸附电中和作用指胶粒表面对带异号电荷的部分有强烈的吸附作用，由于这种吸附作用中和了它的部分电荷，减少了静电斥力，因而容易与其他颗粒接近而互相吸附。

（3）吸附架桥作用原理　吸附架桥作用主要是指高分子物质与胶粒相互吸附，但胶粒与胶粒本身并不直接接触，而使胶粒凝聚为大的絮凝体，如图 4-75 所示。

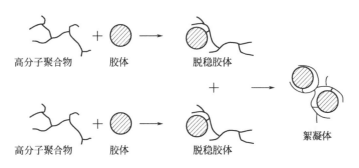

图 4-75　吸附架桥作用示意图

（4）沉淀物网捕机理　当金属盐或金属氧化物和氢氧化物作混凝剂，投加量大得足以迅速形成金属氧化物或金属碳酸盐沉淀物时，水中的胶粒可被这些沉淀物在形成时所网捕，如图 4-76 所示。当沉淀物带正电荷时，沉淀速度可因溶液中存在阳离子而加快，此外，水中胶粒本身可作为这些金属氢氧化物沉淀物形成的核心，所以混凝剂最佳投加量与被除去物质的浓度成反比，即胶粒越多，金属混凝剂投加量越少。

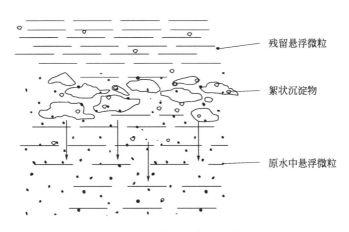

图 4-76　网捕卷扫作用示意图

4.7.2　混凝的常用药剂

常用的混凝剂介绍如下。

（1）硫酸铝 $[Al_2(SO_4)_3 \cdot 18H_2O]$　应用最广的铝盐混凝剂，使用历史最久，目前仍广泛使用。我国常用的是固态硫酸铝（精制和粗制）。适用于 pH＝6.5～7.5，水温低时水解困难，形成的矾花松散，不及铁盐。

（2）聚合铝（聚合氯化铝 PAC 和聚合硫酸铝 PAS）　聚合氯化铝又称碱式氯化铝或羟基氯化铝，性能优于硫酸铝，使用最多，对水质适应性强，絮凝体形成快，颗粒大而重，投量少。

（3）三氯化铁　是铁盐混凝剂中最常用的一种。其特点如下所示。

① 适用的 pH 值范围较宽。

② 形成的絮凝体比铝盐絮凝体密实。

③ 处理低温低浊水的效果优于硫酸铝。

④ 三氯化铁腐蚀性较强。

（4）硫酸亚铁　硫酸亚铁一般与氧化剂如氯气同时使用，以便将二价铁氧化成三价铁。

（5）聚合铁　聚合铁包括聚合硫酸铁与聚合氯化铁，目前常用的是聚合硫酸铁，它的混凝效果优于三氯化铁，它的腐蚀性远比三氯化铁小。

（6）聚丙烯酰胺（PAM）　目前被认为是最有效的高分子絮凝剂之一，在废水处理中常被用作助凝剂，与铝盐或铁盐配合使用。PAM 与常用混凝剂配合使用时，应按一定的顺序先后投加，以发挥两种药剂的最大效果；固体产品不易溶解，宜在有机械搅拌的溶解槽内配制成 0.1%～0.2% 的溶液再进行投加，稀释后的溶液保存期不宜超过 1～2 周；有极微弱的毒性，用于生活饮用水净化时，应注意控制投加量。

4.7.3　常用混凝设备

（1）水泵混合　把药投加在水泵吸水口或管上，利用水泵叶轮的高速旋转以达到快速混合的目的。优点：混合效果好，节省动力，大、中、小型水厂均可用，常用于取水泵房靠近水厂处理构筑物的场合，两者间距不大于 150m。

图 4-77　管式静态混合器内部结构图

（2）机械混合　在池内安装搅拌装置，搅拌器可以是桨板式（适于容积较小的混合池）、螺旋桨式或透平式。机械混合的优点是混合效果好，不受水量影响，适用于各种规模的水厂。缺点是增加机械设备，增加维修工作。

（3）管道混合　利用管中紊动的水流达到混合的目的，常用的有管式静态混合器和扩散混合器。管式静态混合器（图 4-77）构造简单，无活动部件，安装方便，水头损失稍大，但混合效果好，快速而均匀，缺点是当流量小时效果下降。扩散混合器在管式孔板混合器前加一个锥形帽，锥形帽夹角 90°，水流和药剂对冲锥形帽扩散形成剧烈紊流，快速混合。

4.7.4　常用混凝构筑物

（1）隔板絮凝池　隔板絮凝池是水流在隔板间按一定流速流动，通过速度梯度促使颗粒碰撞凝聚的设施，有往复式（图 4-78）和回转式（图 4-79）两种。

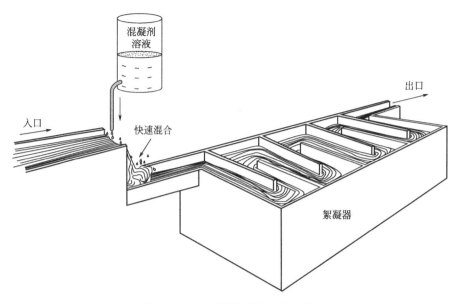

图 4-78　往复式隔板絮凝池原理图

（2）折板絮凝池　通常采用竖流式，它将隔板絮
凝池的平板隔板改成一定角度的折板，有同波折板
（图 4-80）和异波折板（图 4-81）两种。与隔板式相
比水流条件大大改善，即有效能量消耗比例提高，故
絮凝时间可以缩短，池子体积减小，但安装维修较困
难，折板费用较高。

（3）机械式絮凝池　利用电动机经减速装置驱动
搅拌器对水进行搅拌，以增加颗粒碰撞机会。搅拌器
有浆板式和叶轮式，按搅拌轴的安装位置分为水平轴
（图 4-82）和垂直轴（图 4-83）两种。机械絮凝池的
优点是调节容易，能适应水质与水量的变化，水头损
失较小，效果好，大、中、小水厂均可，但维修较为
烦琐。

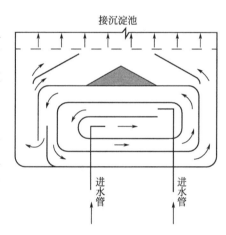

图 4-79　回转式隔板絮凝池原理图

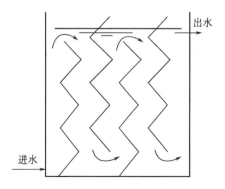

图 4-80　同波折板絮凝池原理图

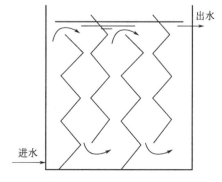

图 4-81　异波折板絮凝池原理图

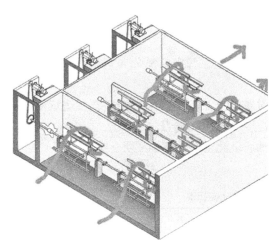

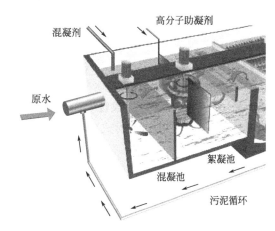

图 4-82　水平轴机械搅拌絮凝池原理图　　　　图 4-83　垂直轴机械搅拌絮凝池原理图

（4）网格絮凝池　网格（栅条）絮凝池（图 4-84）设计成多格竖井回流式。每个竖井安装若干层网格或栅条，水流通过网格或栅条时相继收缩、扩大，形成微涡旋，造成颗粒凝聚。优点是絮凝效果好，水头损失小，絮凝时间短，属新高效池型。

图 4-84　网格絮凝池

4.8　废水的除油处理——隔油/气浮

4.8.1　废水除油的原理

工业生产过程中经常会排出含油废水，含油废水中所含的油类物质包括天然石油、石油产品、焦油及其分馏物，以及食用动植物油和脂肪类。从对水体的污染来说，主要是石油和焦油。

不同工业部门排出的废水所含油类物质的浓度差异很大，如炼油过程中产生的废水，含油量为 150~1000mg/L，焦化厂废水中焦油含量为 500~800mg/L，煤气发生站废水中的焦油含量可达 2000~3000mg/L。

含油废水的危害主要表现在对土壤、植物和水体的严重影响。

① 含油废水能浸入土壤孔隙间形成油膜，产生堵塞作用，致使空气、水分不能渗入土中，不利于农作物的生长，甚至使农作物枯死。

② 含油废水排入水体后将在水面上产生油膜，阻碍空气中的氧分向水体迁移，会使水生生物因处于严重缺氧状态而死亡。

③ 含油废水排入城市污水管道，对管道、附属设备及城市污水处理厂都会造成不良影响，采用生物处理法时一般规定石油和焦油的含量不超过 50mg/L。

油类在废水中的存在形式可分为浮油、分散油、乳化油和溶解油 4 类，分类标准如表 4-4 所示。

表 4-4　废水中油类物质的分类标准

油的种类	浮油	分散油	乳化油	溶解油
粒径/μm	≥100	10～100	0.1～2	<1

含油废水中含量最多的是浮油和分散油，静置一段时间后会缓慢自动浮上水面形成油膜或油层，以炼油厂废水为例，浮油和分散油可占含油量的 60%～80%。

乳化油是指含油废水中长期静置也难以从废水中分离出来，必须先经过破乳处理转化为浮油然后才能加以分离的油类物质。这种状态的油类物质由于油滴表面有一层由乳化剂形成的稳定薄膜，阻碍了油滴合并，因此一般不能用静沉法从废水中分离出来。

溶解油是指废水中以分子状态溶解于水中，只能通过化学或生化方法才能将其分解去除的油类物质。溶解油在水中的溶解度非常低，通常每升只有几毫克。溶解油的油珠粒径比乳化油还小，有的可小到几纳米，是溶于水的油微粒。

常用含油废水处理系统有平流式隔油池、平行板式隔油池、倾斜板式隔油池、气浮除油等。

4.8.2　平流式隔油池

废水中油珠的直径大于 150μm 时，宜采用平流式隔油池（图 4-85）。典型的平流式隔油

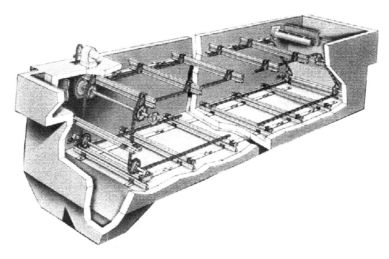

图 4-85　平流式隔油池结构示意图

池与平流式沉淀池在构造上基本相同。废水从池子的一端流入，以较低的水平流速流经池子，流动过程中，密度小于水的油粒上升到水面，密度大于水的颗粒杂质沉于池底，水从池子的另一端流出。

在隔油池的出水端设置集油管，集油管一般用直径 200～300mm 的钢管制成，沿长度在管壁的一侧开弧宽为 60°或 90°的槽口。集油管可以绕轴线转动。排油时将集油管的开槽方向转向水平面以下以收集浮油，并将浮油导出池外。为了能及时排油及排除底泥，对于大型隔油池，还应设置刮油刮泥机。刮油刮泥机的刮板移动速度应与池中流速相近，以减少对水流的影响。

收集在排泥斗中的污泥由设在池底的排泥管借助静水压力排走，隔油池的池底构造与沉淀池相同。

平流式隔油池的特点是构造简单，便于运行管理，油水分离效果稳定。平流式隔油池可以去除的最小油滴直径为 100～150μm，相应的上升速度不高于 0.9mm/s。平流式隔油池的设计与平流式沉淀池基本相似，按停留时间设计时，一般采用 2h。

平流式隔油池的主要工艺参数如下。

① 隔油池应不少于 2 格，每格应能单独工作。

② 表面负荷设计时，一般采用 $1.2m^3/(m^2 \cdot h)$。

③ 废水在池内的停留时间宜为 1.5～2h。

④ 废水在池内的水平流速宜为 2～5mm/s。

⑤ 单格池宽不宜大于 6m（多取 4.5m）；当采用人工清除浮油时，每格宽度不宜超过 3m；长宽比不宜小于 4。

⑥ 为了保证较好的水力条件，有效水深不宜大于 2.2m，一般采用 1.5～2m，池超高宜为 0.3～0.5m，有效水深与隔油池有效长度之比一般采取 1/10 左右。

⑦ 隔油池进水间及出口处应设置集油管，水型隔油池可安装集油杯。

⑧ 隔油池水面上的油层高度不宜大于 0.25m。

⑨ 池内宜设刮油、刮泥机，刮板移动速度不宜大于 2m/min。

⑩ 排泥管直径不宜小于 200mm，管端可接压力水进行冲洗。隔油池盖板宜采用阻燃材料制成。为了排泥顺畅，排泥管的直径不宜小于 200mm，坡度大于或等于 1%，并且在排泥管的起始端应设置压力水冲洗设施。刮油刮泥机的刮板移动速度一般不大于 50mm/s，以免搅动造成紊流，影响油水分离处理效果，进水含油量为 300～1000mg/L，出水含油量约为 100mg/L。

4.8.3　平行板式隔油池

平行板式隔油池（图 4-86）是平流式隔油池的改良型，在平流式隔油池内沿水流方向安装数量较多的倾斜平板，这不仅增加了有效分离面积，也提高了整流效果。

4.8.4　斜板式隔油池

在平流式或竖流式沉淀池中，设置斜板（管）使单位池积中沉淀面积增加，提高了沉淀效率；由于颗粒沉降距离缩小，使沉淀时间大大缩短，沉淀池体积减小。斜板式隔油池

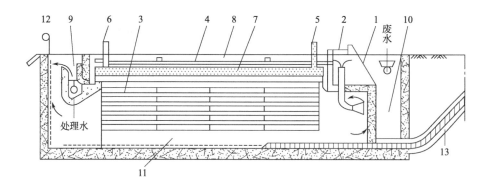

图 4-86　平行板式隔油池结构示意图

1—格栅；2—浮渣箱；3—平行板；4—盖子；5—通气孔；6—通气孔及溢流管；7—油层；
8—净水；9—净水溢流管；10—沉砂室；11—泥渣室；12—卷扬机；13—吸泥软管

（图 4-87）可分离油滴的最小直径约为 $60\mu m$，相应的上升速度约为 0.2mm/s。含油废水在斜板式隔油池中的停留时间一般不大于 30min，为平流式隔油池的 1/4～1/2。斜板隔油池设置气水搅动设施，对板体进行清污是十分必要的。一般先用空气吹扫，风压不小于 0.025MPa，再用水冲，水压不小于 0.2MPa。处理效果：进水含油量小于 400mg/L，出水含油量为 50mg/L。

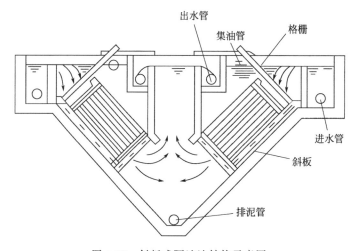

图 4-87　斜板式隔油池结构示意图

　　实践表明，斜板式隔油池的油水分离效率高，停留时间短，一般≤30min，占地面积小，目前我国一些新建的含油废水处理站多采用这种形式的隔油池，其中波纹斜板大多数由聚酯玻璃钢制成。

　　斜板式隔油池的主要工艺设计参数如下。

　　① 表面水力负荷宜为 0.6～0.8m³/(m²·h)，相当于平流隔油池的 4～6 倍。

　　② 斜板净距宜采用 40mm；斜管内切圆直径宜为 25～40mm，倾角不宜小于 45°。

　　③ 斜板（斜管）斜长宜采用 1～1.5m。

　　④ 污水在斜板间的流速一般为 3～7mm/s。通过布水栅的流速一般为 10～20mm/s。

　　⑤ 污水在斜板体内的停留时间一般为 5～10min。

⑥ 池内应设收油、清洗斜板和排泥等设施。

⑦ 斜板材料应耐腐蚀、不沾油（通常采用不饱和聚酯玻璃钢）。

⑧ 板组间及板组与池壁间应严密封堵，防止短路。

⑨ 穿孔板的开孔率为 5%～6%，孔径在 12mm 左右。

4.8.5 涡凹气浮除油

利用高度分散的微小气泡作为载体黏附于废水中的悬浮污染物，使其浮力大于重力和阻力，从而使污染物上浮至水面，形成泡沫，然后用刮渣设备自水面刮除泡沫，实现固液或液液分离的过程称为气浮。

水中悬浮固体颗粒能否气泡黏附主要取决于颗粒表面的性质。颗粒表面易被水湿润，该颗粒属亲水性；如不易被水湿润，属疏水性。

亲水性与疏水性可用气、液、固三相接触时形成的接触角大小来解释。在气、液、固三相接触时，固、液界面张力线和气液张力线之间的夹角称为湿润接触角，以 θ 表示。假设气、液、固体颗粒分别用1、2、3表示，在气、液、固相接触时，三个界面张力总是平衡的，根据气固两相不同的湿润接触角大小，有如下结论。

（1）颗粒为疏水性 如 $\theta<90°$，为亲水性颗粒，不易于气泡黏附。

（2）颗粒为亲水性 如 $\theta>90°$，为疏水性颗粒，易于气泡黏附，如图4-88、图4-89所示。

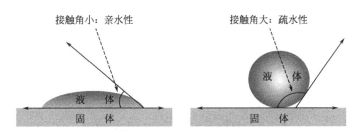

图 4-88 固体疏水性判断方法

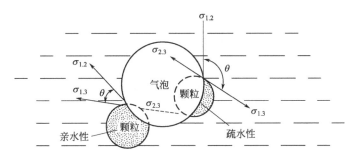

图 4-89 气固湿润接触角判断方法

（$\sigma_{1,2}$ 为气液接触点气泡外切线；$\sigma_{1,3}$ 为气液接触点固体外切线；

$\sigma_{2,3}$ 为气液接触点固体内切线；θ 为气液接触角）

气浮是一种去除油脂的常用方法。气浮除油的溶气压力在 0.34～4.8MPa，气固混合物上升到池表面，即被撇出。澄清的液体从气浮池的底部流出，部分回流加压式气浮除油设备需要回流部分上清液,全部加压式则无须回流。

为提高除油效果,气浮前可先投加混凝剂,混凝剂一般为硫酸铝或聚电解质。投加絮凝剂后形成的絮体的上升速度为 3.3～10.2mm/min,数值取决于絮体大小及组成。

散气气浮又称涡凹气浮(图 4-90),是一种常用的除油气浮法,因为其不需要曝气装置、气压罐等特点而广为应用,其本质属于叶轮气浮。叶轮(图 4-91)高速旋转时在固定的盖板下形成负压,从进气管中吸入空气,进入水中的空气与循环水流被叶轮充分搅拌,成为细小的气泡甩出导向叶片,经过整流板消能后气泡垂直上升。悬浮杂质随气泡上升至表面形成浮渣,由旋转刮板慢慢地刮出槽外。

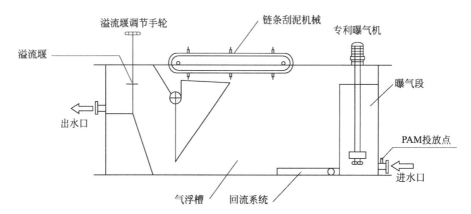

图 4-90 散气气浮(涡凹气浮)原理图

图 4-91 散气气浮法的散气叶轮

第**5**章

工业园区高难度废水的生化处理技术

5.1 高难度废水的生化处理工艺简述

对于污水处理，如有可能，都要优先采取生化法，因为其运行足够便宜。工业园区废水也不例外，虽然其水质一般都不容易采取生化工艺，但是针对一部分水质较好的废水，仍旧是存在采用生化法工艺进行处理的可能的。

生物处理的原理是通过生物作用，尤其是微生物的作用，完成有机物的分解和生物体的合成，将有机污染物转变成无害的气体产物（CO_2）、液体产物（H_2O）以及富含有机物的固体产物（微生物群体或称生物污泥）；多余的生物污泥在沉淀池中经沉淀池固液分离，从净化后的污水中除去。常用的污水生化处理有以下两种工艺。

（1）污水厌氧生物处理法 污水厌氧生物处理法又称"厌氧消化"，是利用厌氧微生物以降解污水中的有机污染物，使污水净化的方法。其机理是在厌氧细菌的作用下将污泥中的有机物分解，最后产生甲烷和二氧化碳等气体。

完全厌氧消化过程可分为以下三个阶段。

① 污泥中的固态有机化合物借助于从厌氧菌分泌出的细胞外水解酶得到溶解，并通过细胞壁进入细胞，在水解酶的催化下，将多糖、蛋白质、脂肪分别水解为单糖、氨基酸、脂肪酸等。

② 在产酸菌的作用下，将第一阶段的产物进一步降解为较简单的挥发性有机酸，如乙酸、丙酸、丁酸等。

③ 在甲烷菌的作用下，将第二阶段产生的挥发酸转化成甲烷和二氧化碳。

影响因素有温度、pH 值、养料、有机毒物、厌氧环境等。厌氧生物处理的优点：处理过程消耗的能量少，有机物的去除率高，沉淀的污泥少且易脱水，可杀死病原菌，不需投加氮、磷等营养物质。但是，厌氧菌繁殖较慢，对毒物敏感，对环境条件要求严格，最终产物尚需需氧生物处理。近年来，常应用于高浓度有机污水生化处理。

（2）污水好氧生物处理法 污水需氧生物处理法是利用需氧微生物（主要是好氧细菌）分解污水中的有机污染物，使污水无害化的污水生化处理方法。

其机理是，当污水同微生物接触后，水中的可溶性有机物透过细菌的细胞壁和细胞膜而被吸收进入菌体内；胶体和悬浮性有机物则被吸附在菌体表面，由细菌的外酶分解为溶解性的物质后也进入菌体内。这些有机物在菌体内通过分解代谢过程被氧化降解，产生的能量供细菌生命活动的需要；一部分氧化中间产物通过合成代谢成为新的细胞物质，使细菌得以生长繁殖。处理的最终产物是二氧化碳、水、氨、硫酸盐和磷酸盐等稳定的无机物。处理时，要供给微生物以充足的氧和各种必要的营养源如碳、氮、磷以及钾、镁、钙、硫、钠等元素；同时应控制微生物的生存条件，如 pH 值宜为 6.5～9，水温宜为 10～35℃等。主要方法有活性污泥法、生物膜法、氧化塘法等。

但是值得注意的是，对于化工园区的废水来说，由于其高盐、高浓度的特性，往往对于生化工艺具有很强的挑战性，并非所有的生化工艺都可以应用于化工园区的废水处理中来，本章节仅限于对工业废水具备较好耐受能力的若干工艺，包括 SBR 法、MBR 法、MBBR 法、BAF 法、生物转盘等工艺，详见如下所述。

5.2 难降解工业废水的好氧生化工艺

5.2.1 序批式活性污泥法

序批式活性污泥法（sequencing batch activated process）是活性污泥法的一种，又被命名为序列式序批反应器法，在序批式反应器（sequencing batch reactor，SBR）中完成污废水中污染物的去除。图 5-1 为银川市第一污水处理厂鸟瞰图，该厂采用的工艺即为 SBR 工艺。

图 5-1 银川市第一污水处理厂鸟瞰图

（1）SBR 法的运行工况 SBR 法的运行工况是以序批操作为主要特征的。所谓序批式有两种含义：一是运行操作在空间上按序批方式运行。由于多数情况下污水都是连续排放的且流量波动很大，这时 SBR 处理系统至少需要两个反应器交替运行，污水按序列连续进入不同反应器，它们运行时的相对关系是有次序的，也是序批的。

二是对于每一个 SBR 来说，运行操作在时间上也是按次序排列的、序批的，SBR 工艺一个完整的、典型的运行周期分 5 个阶段，依次为进水、反应、沉淀、排水和闲置，所有的操作都在一个反应器中完成，如图 5-2 所示。

① 进水阶段 运行周期从废水进入反应器开始。进水时间由设计人员确定，取决于多种因素包括设备特点和处理目标等。进水阶段的主要作用在于确定反应器的水力特征。如果进水阶段时间短，其特征就像是瞬时工艺负荷，系统类似于多级串联构型的连续流处理工

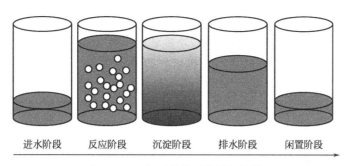

图 5-2　SBR 工艺的正常运行流程

艺，所有微生物短时间内接触高浓度的有机物及其他组分，随后各组分的浓度随着时间逐渐降低；如果进水阶段时间长，瞬时负荷就小，系统性能类似于完全混合式连续流处理工艺，微生物接触到的是浓度比较低且相对稳定的废水。

② 反应阶段　进水阶段之后是反应阶段，微生物主要在这一阶段与废水各组分进行反应。实际上，这些反应（即微生物的生长和基质的利用过程）在进水阶段也在进行，随着污水流入，微生物对污染物的利用也即开始。所以进水阶段应该被看作"进水＋反应"阶段，反应在进水阶段结束后继续进行。完成一定程度的处理目标需要一定的反应过程。如果进水阶段短，单独的反应阶段就长；反之，如果进水阶段长，要求相应的单独反应阶段就短，甚至没有。由于这两个阶段对系统性能影响不同，所以需要单独解释。

在进水阶段和反应阶段所建立的环境条件决定着发生反应的性质。例如，如果进水阶段和反应阶段都是好氧的，则只能发生碳氧化和硝化反应。此时 SBR 的性能介于传统活性污泥法和完全混合活性污泥法之间，取决于进水阶段的长短。如果只进行混合而不曝气，在硝态氮存在的条件下就会发生反硝化反应。如果反应阶段发生硝化，产生硝酸盐，并且在周期结束时仍留在反应器中，那么在进水阶段和反应阶段初期增加一个只混合而不曝气的间隙，就可以使 SBR 法类似于连续流 AO 系统。如果在反应阶段后期增加一个只混合而不曝气的间隙，SBR 法就变得与 Berdenpho 工艺类似。另一方面，如果 SBR 法在比较短的 SRT 下运行，没有硝酸盐产生，在进水阶段和反应阶段只搅拌而不曝气，就可以筛选出聚磷菌，SBR 法就变得与 Phoredox 或 $A_p O$ 连续系统类似。这几个例子清楚地表明，SBR 法可以通过调整设计和运行方式来模拟多种不同的连续处理工艺。

③ 沉淀阶段　反应阶段完成之后，停止混合和曝气，使生物污泥沉淀，完成泥水分离。与连续处理工艺相同，沉淀有两个作用：澄清出水达到排放要求和保留微生物以控制 SRT。剩余污泥可以在沉淀阶段结束时排出，类似于传统的连续处理工艺；或者剩余污泥可以在反应阶段结束时排出。

④ 排水阶段　不管剩余污泥在什么阶段排出，经过有效沉淀后的上清液作为出水在排放阶段被排出，留在反应器中的混合液用于下一个循环。如果为了向进水阶段的反硝化提供硝酸盐而保留了相对于进水大得多的液体和微生物，那么所保留的这部分就类似于连续流处理中的污泥回流和内循环工艺。

⑤ 闲置阶段　闲置阶段主要是提高每个运行周期的灵活性。闲置阶段对于多池 SBR 系统尤其重要，它可以协同几个 SBR 装置进行反应，以达到最佳处理效果。闲置阶段是否进行混合和曝气取决于整个工艺的目的。闲置阶段的长短可以根据系统的需要而变化。闲置阶段之后就是新的进水阶段，新一轮循环就启动了。

在一个运行周期中，各个阶段的运行时间、反应器内混合液体积的变化以及运行状态等都可以根据具体污水性质、出水质量与运行功能要求等灵活掌握。比如在进水阶段，可按只进水不曝气（搅拌或不搅拌）方式进行，也可按边进水边曝气方式运行，前者称限制性曝气，后者称非限制性曝气。

在反应阶段，可以始终曝气，为了生物脱氮也可曝气不搅拌，或者曝气搅拌交替进行。其剩余污泥量可以在闲置阶段排放，也可在排水阶段或反应阶段后期排放。

可见对于某一单一 SBR 来说，不存在空间上控制的障碍，在时间上 SBR 也可灵活地调整程序控制器，控制系统和风机的开关，进行有效的变换，达到多种功能。这种灵活性是序批式反应器有别于连续流反应器的独特优点。

（2）SBR 法的分类　关于 SBR 法的分类，主要有以下 4 种：按进水方式分、按反应器形式分、按污泥负荷分、按进水阶段是否曝气分。

① 按进水方式分　按进水方式可分为序批进水式和连续进水式。序批进水方式由于沉淀阶段和排水阶段不进水，所以较易保证出水的水质，但需几个反应池组合起来运行，以处理连续流入污水处理厂的污废水。连续进水方式虽可采用一个反应池连续地处理废水，但由于在沉淀阶段和排水阶段污水的流入，会引起活性污泥上浮或与处理水相混合，所以可能使处理水质变差。如果在沉淀阶段和排水阶段减少进水水量，可减少其影响。

② 按反应器的形式分　按反应器形式可分为完全混合序批反应器与循环式水渠型反应器。

③ 按污泥负荷分　按污泥负荷可分为高负荷和低负荷两种。高负荷方式与普通活性污泥法相当，低负荷与氧化沟或延时曝气相当。高负荷（以 BOD_5 计）一般为 $0.1\sim0.4kg/(kg \cdot d)$，低负荷（以 BOD_5 计）为 $0.03\sim0.05kg/(kg \cdot d)$。

④ 按进水阶段是否曝气分　按进水阶段曝气与否可分为限制曝气、非限制曝气和半限制曝气。其中限制曝气在进水阶段不曝气，多用于处理易降解有机污水，如生活污水，限制曝气的反应时间较短；非限制曝气在进水同时进行曝气，多用于处理较难降解的有机废水，非限制曝气的反应时间较长；半限制曝气在进水一定时间后开始曝气，多用于处理城市污水。关于 SBR 曝气装置的介绍如表 5-1 和图 5-3～图 5-6 所示。

表 5-1　SBR 的曝气方式分类

曝气方式	微孔曝气器及可变微孔曝气器	中粗气泡曝气器	自吸式射流曝气器	喷射式混合搅拌曝气器
设备特点	微孔曝气器对压缩空气中的含尘量有一定的要求	氧传输能力在6%～12%，池内服务面积3～9m²/个	通过和水泵链接，接入压缩空气管道，实现水流喷射而出产生细气泡，将氧气溶于水中，从而达到曝气的效果	氧传输能力可达 10%～15%，动力效率（以 O_2 计）3～6kg/(kW · h)，服务面积 9m²/个，比较省电，比通常曝气装置节能 20%～50%

图 5-3　可变微孔曝气器

图 5-4　中粗气泡曝气器

图 5-5　自吸式射流曝气　　　　　　　　图 5-6　喷射式混合搅拌曝气

（3）SBR 法的工艺　　SBR 工艺区别于其他活性污泥法的最重要的标志就是滗水器，可以说滗水器的性能好坏直接影响着 SBR 装置的运行稳定性。滗水器要能够适应水位的变化，且只排出上层澄清水，不得扰动池内处于静置状态的已经净化的水，另外还要能够防止浮渣随出水而溢走、恶化出水水质，排水堰应处于淹没状态，最重要的是排水应均匀。

SBR 最常用的是旋转式滗水器（图 5-7），通常由浮动堰、排水管以及油压缸或转动接头加钢绳卷动装置组成。堰设有能防止浮渣流入的设施，利用油压缸或钢绳卷动装置升降堰，以便排出净化水（通过排水管向外排放）。排水工序完毕后，再由活塞缸油压活塞或卷拉钢绳，将排水堰提出水面。滗水流量为 25～32L/（m·s），滗水高度范围为 1.0～2.3m，滗水保护高 0.3～1.0m。

图 5-7　旋转式滗水器　　　　　　　　　图 5-8　虹吸式滗水器

虹吸式滗水器是一种应用广泛的滗水器（图 5-8），它由一个虹吸管，通过连接管，与若干个连有多个进水短支管的横管相连接。当水位上升时，空气被压入淹没的存水弯（虹吸管），使与出水管连接的水柱的平衡破坏，这样，澄清水进入淹没堰，至新的存水弯水柱建立，重新起水封作用，而使出水终止。虹吸滗水器一般滗水负荷为 1.5～2.0L/（m·s），滗水范围 0.5～1.0m，滗水保护高 0.3m。该类滗水器的真空破坏阀为主要部件，但易检修，造价低，效果好。由于位置固定，故池深不宜太大。

（4）SBR 法的优点　　作为一种适合于工业废水处理的活性污泥法，SBR 法具备以下优点。

① 工艺简单，节省费用　　原则上 SBR 法的主体工艺设备，只有一个间歇反应器（SBR）。

它与普通活性污泥法工艺流程相比，不需要二次沉淀池、回流污泥及其设备，一般情况下不必设调节池，多数情况下可省去初次沉淀。

② 理想的推流过程使生化反应推力大、效率高　这是 SBR 法最大的优点之一。SBR 法反应器中的底物和微生物浓度是变化的，而且不连续，因此，它的运行是典型的非稳定状态。而在其连续曝气的反应阶段，也属非稳定状态，但其底物（与有机物或 BOD 等价）和微生物（MLSS 表示）浓度的变化是连续的。这期间，虽然反应器内的混合液呈完全混合状态，但是其底物与微生物浓度的变化在时间上是一个推流过程，并且呈现出理想的推流状态。

在连续流反应器中，有完全混合式与推流式两种极端的流态。在连续流完全混合式曝气池中的底物浓度等于出水底物浓度，底物流入曝气池的速度即为底物降解速率。根据生化反应动力学，由于曝气池中的底物浓度很低，其生化反应推动力也很小，反应速率与去除有机物效率都低。在理想的推流式曝气池中，污水与回流污泥形成的混合液从池首端进入，呈推流状态沿曝气池流动，至池末端流出，此间在曝气池的各断面上只有横向混合，不存在纵向的“返混”。作为生化反应推动力的底物浓度，从进水的最高逐渐降解至出水时的最低浓度，整个反应过程底物浓度没被稀释，尽可能地保持了最大的推动力。

③ 运行方式灵活，脱氮除磷效果好　SBR 法为了不同的净化目的，可以通过不同的控制手段，灵活地运行。由于在时间上的灵活控制，为其实现脱氮除磷提供了极有利的条件。它不仅很容易实现好氧、缺氧与厌氧状态交替的环境条件，而且很容易在好氧条件下增大曝气量、反应时间与污泥龄，来强化硝化反应与脱磷菌过量摄取磷过程的顺利完成；也可以在缺氧条件下方便地投加原污水（或甲醇等）或提高污泥浓度等方式，提供有机碳源作为电子供体使反硝化过程更快地完成；还可以在进水阶段通过搅拌维持厌氧状态，促进脱磷菌充分地释放磷。

应指出，上述复杂的脱氮除磷过程只有在 A^2O 工艺中才能完成，而 SBR 法的单一反应器一个运行周期即可完成。具体操作过程、运行状态与功能如下：进水阶段搅拌（厌氧状态释放磷）→反应阶段曝气（好氧状态降解有机物、硝化与摄取磷）、排泥（除磷）、搅拌与投加少量有机碳源（缺氧状态反硝化脱氮）、再曝气（好氧状态去除剩余的有机物）→排水阶段→闲置阶段，然后进水再进入另一个运行周期。

如果原污水中的 P∶BOD_5 值太高，用普通厌氧/好氧法难以提高除磷率时，可以根据 Phostrip 法除磷的原理在 SBR 法中实现，只增加一个混凝沉淀池即可。可见，SBR 法很容易满足脱氮除磷的工艺要求，在时间上控制的灵活性又能大大提高脱氮除磷的效果。

④ 防止污泥膨胀的最好工艺　污泥膨胀多为丝状性膨胀，在活性污泥法中间歇式最不易发生膨胀，完全混合式最容易引起膨胀。按照发生膨胀难易程度的排列顺序是：间歇式、传统推流式、阶段曝气式和完全混合式，同时发现其降解有机物（对易降解污水）速率或效率的高低，也遵循这个排列顺序。SBR 法能有效地控制丝状菌的过量繁殖，可从以下四个方面说明。

a. 底物浓度梯度（F/M 梯度）大，是控制膨胀的重要因素。完全混合式基本没有梯度，非常易膨胀；推流式曝气池的梯度较大，不易膨胀；而 SBR 法反应阶段在时间上的理想推流状态，使 F/M 梯度也达到理想的最大，因此，它比普通推流式还不易膨胀。研究进一步证实，缩短 SBR 法的进水时间，反应前底物浓度更高，其后的梯度更大，SVI 值更低，更不易膨胀。

b. 缺氧好氧状态并存。绝大多数丝状菌，如球衣菌属等都是专性好氧菌，而活性污泥中的细菌有半数以上是兼性菌。与普通活性污泥法不同的是，SBR 法中进水与反应阶段的缺氧（或厌氧）与好氧状态的交替，能抑制专性好氧丝状菌的过量繁殖，而对多数微生物不会产生不利影响。正因为如此，SBR 法中限制曝气比非限制曝气更不易膨胀。

c. 反应器中底物浓度较大。丝状菌比絮凝菌胶团的比表面积大，摄取低浓度底物的能力强，所以在低底物浓度的环境中（如完全混合式曝气池）往往占优势。在 SBR 法的整个反应阶段，不仅底物浓度较高、梯度也大，只有在反应进入沉淀阶段前夕，其底物浓度才与完全混合式曝气池的相同。因此，所以说 SBR 法没有利于丝状菌竞争的环境。

d. 泥龄短、比增长速率大。一般丝状菌的比增长速率比其他细菌小，在稳定状态下，污泥龄的倒数数值等于污泥比增长速率，故污泥龄长的完全混合法易于繁殖丝状菌。由于 SBR 法具有理想推流状态与快速降解有机物的特点，使它在污泥龄短的条件下就能满足出水质量要求，而污泥龄短又使剩余污泥的排放速率大于丝状菌的增长速率，丝状菌无法大量繁殖。

⑤ SBR 工艺耐冲击负荷、处理能力强　完全混合式曝气池比推流式曝气池的耐冲击负荷以及处理有毒或高浓度有机废水的能力强。SBR 法虽然对于时间来说是一个理想的推流过程，但是就反应器本身的混合状态仍属典型的完全混合式，因此具有耐冲击负荷和反应推动力大的优点。而且由于 SBR 法在沉淀阶段属于静止沉淀，加之污泥沉降性能好与不需要污泥回流，进而使反应器中维持较高的 MLSS 浓度。在同样条件下，较高的 MLSS 浓度能降低 F/M，显然具有更强的耐冲击负荷和处理有毒或高浓度有机废水的能力。若采用边进水、边曝气的非限制曝气运行方式，更能大幅度增加 SBR 法承受废水的毒性和高有机物浓度。

⑥ 沉淀效果好　在沉淀阶段，反应器内无水流的干扰属于理想静态沉淀，无异重流或短流现象，污泥也不会被冲走，所以泥水分离效果好，出水悬浮物相对少，污泥浓缩得好，也可缩短沉淀时间。

⑦ 对于来水冲击耐受性好　由于 SBR 法序批运行的特点，它特别适合于废水流量变化大甚至序批排放的工业废水处理，在流量很小或无废水排入时，可延长进水时间或闲置时间，节省运行费用。

⑧ 具有较高的氧转移推动力　在进水和反应初期，反应器内溶解氧（DO）浓度很低。根据活性污泥法动力学，在 DO 浓度很低的条件下，利用游离氧作为最终电子受体的污泥产率较低。此外在缺氧时反硝化以 NO_3^- 作为电子受体进行无氧呼吸时其污泥产率更低。这就减少了剩余污泥量及其处理费用。还有 DO 浓度低时，反应阶段氧的浓度梯度大、氧转移效率高。

⑨ 生物活性高　SBR 法中微生物的 RNA 含量是传统活性污泥法中的 3~4 倍，因 RNA 含量是评价微生物活性最重要的指标，所以这也是 SBR 法降解有机物效率高的一个重要原因。

⑩ 工艺灵活　SBR 法可以根据进水水质和水量，灵活地改变曝气时间以至于一个运行周期所需要的时间，保证处理效果和效率，也可降低反应器内的有效水深，节省曝气费用。此外，SBR 系统本身也适合于组件式的构造方式，有利于废水处理厂的扩建与改建。

（5）SBR 法存在的问题　世界上没有任何一个工艺是完美的，SBR 法同样如此，对于其存在的主要问题大致可以归纳如下。

① SBR 反应器容积利用率比较低。

② 控制设备较复杂，运行维护要求高。

③ 变水位运行，水头损失大，与后续处理工段难协调。

④ 不宜大规模化。

⑤ 缺乏适合 SBR 特点的实用设计方法、规范经验和认识。

5.2.2 膜生物反应器法

膜生物反应器（membrane bio-reactor，MBR），是一种由活性污泥法与膜分离技术相结合的新型水处理技术。膜的种类繁多，按分离机理进行分类，有反应膜、离子交换膜、渗透膜等；按膜的性质分类，有天然膜（生物膜）和合成膜（有机膜和无机膜）；按膜的结构形式分类，有平板型、管型、螺旋型及中空纤维型等。

（1）MBR 的特点　与许多传统的生物水处理工艺相比，MBR 具有以下主要特点。

① 出水水质优质稳定　由于膜的高效分离作用，分离效果远好于传统沉淀池，处理出水极其清澈，悬浮物和浊度接近于零，细菌和病毒被大幅度去除，出水水质优于建设部颁发的《生活杂用水水质标准》（CJ 25.1—89），可以直接作为非饮用市政杂用水进行回用。

同时，膜分离也使微生物被完全被截流在生物反应器内，使得系统内能够维持较高的微生物浓度，不但提高了反应装置对污染物的整体去除效率，保证了良好的出水水质，同时反应器对进水负荷（水质及水量）的各种变化具有很好的适应性，耐冲击负荷，能够稳定获得优质的出水水质。

② 剩余污泥产量少　该工艺可以在高容积负荷、低污泥负荷下运行，剩余污泥产量低（理论上可以实现零污泥排放），降低了污泥处理费用。

③ 占地面积小，不受设置场合限制　生物反应器内能维持高浓度的微生物量，处理装置容积负荷高，占地面积大大节省；该工艺流程简单、结构紧凑、占地面积小，不受设置场所限制，适合于任何场合，可做成地面式、半地下式和地下式。

④ 可去除氨氮及难降解有机物　由于微生物被完全截流在生物反应器内，从而有利于增殖缓慢的微生物如硝化细菌的截留生长，系统硝化效率得以提高。同时，可增长一些难降解的有机物在系统中的水力停留时间，有利于难降解有机物降解效率的提高。

⑤ 操作管理方便，易于实现自动控制　该工艺实现了水力停留时间（HRT）与污泥停留时间（SRT）的完全分离，运行控制更加灵活稳定，是污水处理中容易实现装备化的新技术，可实现微机自动控制，从而使操作管理更为方便。

⑥ 易于从传统工艺进行改造　该工艺可以作为传统污水处理工艺的深度处理单元，在城市二级污水处理厂出水深度处理（从而实现城市污水的大量回用）等领域有着广阔的应用前景。

（2）MBR 的不足　膜生物反应器也存在一些不足。主要表现在以下 3 个方面。

① 膜造价高，使膜生物反应器的基建投资高于传统污水处理工艺。

② 膜污染容易出现，给操作管理带来不便。

③ 能耗高：首先 MBR 泥水分离过程必须保持一定的膜驱动压力，其次是 MBR 池中 MLSS 浓度非常高，要保持足够的传氧速率，必须加大曝气强度，还有为了加大膜通量、减轻膜污染，必须增大流速，冲刷膜表面，造成 MBR 的能耗要比传统的生物处理工艺高。

（3）MBR 的分类　膜生物反应器主要由膜分离组件及生物反应器两部分组成。通常提到的膜生物反应器实际上是三类反应器的总称：曝气膜生物反应器（aeration membrane bioreactor，AMBR），萃取膜生物反应器（extractive membrane bioreactor，EMBR），固液分离型膜生物反应器（solid/liquid separation membrane bioreactor，SLSMBR，简称 MBR）。

固液分离型膜生物反应器是在水处理领域中研究得最为广泛深入的一类膜生物反应器，是一种用膜分离过程取代传统活性污泥法中二次沉淀池的水处理技术，与传统活性污泥法工艺对比详见图 5-9、图 5-10。

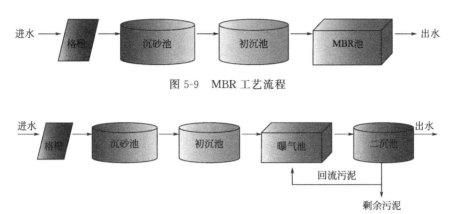

图 5-9　MBR 工艺流程

图 5-10　传统活性污泥法工艺流程

在传统的废水生物处理技术中，泥水分离是在二沉池中靠重力作用完成的，其分离效率依赖于活性污泥的沉降性能，沉降性越好，泥水分离效率越高。而污泥的沉降性取决于曝气池的运行状况，改善污泥沉降性必须严格控制曝气池的操作条件，这限制了该方法的适用范围。由于二沉池固液分离的要求，曝气池的污泥不能维持较高浓度，一般在 1.5～3.5g/L，从而限制了生化反应速率。

水力停留时间（HRT）与污泥龄（SRT）相互依赖，提高容积负荷与降低污泥负荷往往形成矛盾。系统在运行过程中还产生了大量的剩余污泥，其处置费用占污水处理厂运行费用的 25%～40%。传统活性污泥处理系统还容易出现污泥膨胀现象，出水中含有悬浮固体，出水水质恶化。

针对上述问题，MBR 将膜分离技术与传统生物处理技术有机结合，MBR 实现污泥停留时间和水力停留时间的分离，大大提高了固液分离效率，并且由于曝气池中活性污泥浓度的增大和污泥中特效菌，特别是优势菌群的出现，提高了生化反应速率。同时，通过降低 F/M 减少剩余污泥产生量，甚至为零，从而基本解决了传统活性污泥法存在的许多突出问题。

（4）MBR 的工艺　MBR 工艺的分类，可以根据膜组件与生物反应器组合方式、膜组件形式、膜材料、压力驱动形式、生物反应器形式来分，详情见表 5-2。

表 5-2　MBR 工艺的分类标准

分类依据	种类
膜组件与生物反应器组合方式	分置式、一体式、复合式
膜组件	管式、板框式、中空纤维式等
膜材料	有机膜、无机膜
压力驱动形式	外压式、抽吸式
生物反应器	好氧、厌氧

常见的分类方式为分置式、一体式以及复合式三种基本类型，详见表5-3。

表 5-3 分置式、一体式和复合式 MBR 工艺

分类形式	原理图	介绍
分置式	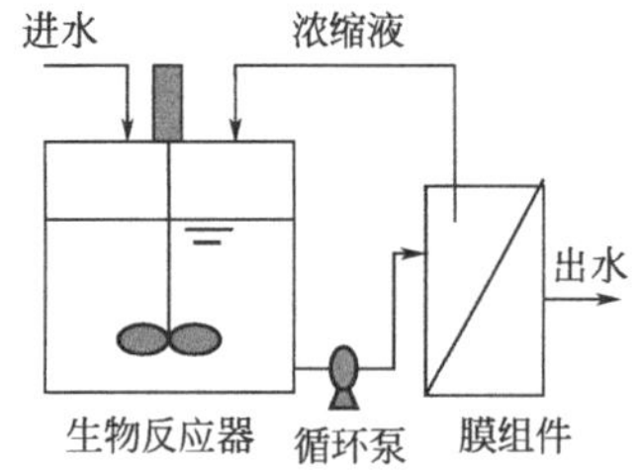 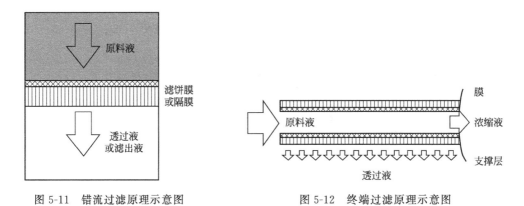	膜组件和生物反应器分开设置。生物反应器中的混合液经循环泵增压后打至膜组件的过滤端,在压力作用下混合液中的液体透过膜,成为系统处理水
一体式	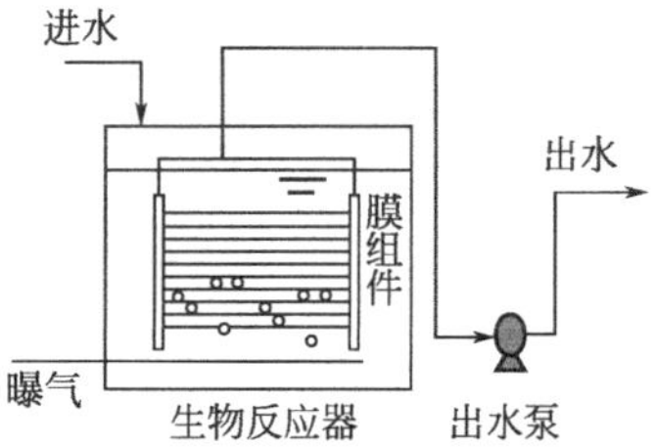	膜组件置于生物反应器内部,进水进入膜生物反应器,其中的大部分污染物被混合液中的活性污泥去除,再在负压作用下由膜过滤出水
复合式	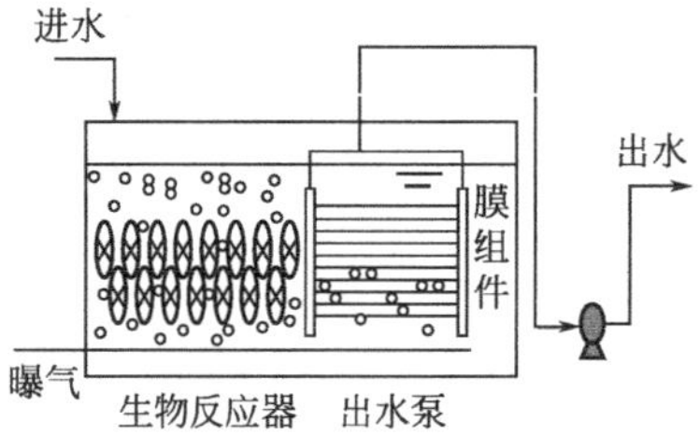	形式上也属于一体式膜生物反应器,所不同的是在生物反应器内加装填料,从而形成复合式膜生物反应器,改变了反应器的某些性状

膜生物反应器普遍采用超滤膜和微滤膜，微滤膜可截留胶体物质和悬浮物，超滤膜可截留进水中的大分子物质。超滤膜和微滤膜均属于压力推动型膜，这种膜在过滤液体时可以以两种模式运行：终端过滤（或全流过滤）和错流过滤，如图 5-11 和图 5-12 所示。过滤过程中被截留的微粒沉积在膜表面，即形成滤饼层，滤饼层也具有筛分的作用。

图 5-11 错流过滤原理示意图

图 5-12 终端过滤原理示意图

终端过滤的微粒基本全部沉积在膜表面，随着膜过滤的进行，滤饼层也不断增厚，膜的渗透阻力不断增加，膜通量则不断降低，进而形成膜污染。

　　错流过滤工艺中，污染物在膜表面的沉积持续进行，直到滤饼层与膜表面的黏附力与液流通过膜表面产生的冲刷力达到平衡，即认为达到稳定运行。

　　MBR 在运行过程中会存在浓差极化现象，浓差极化（CP）是指膜与溶液界面上，溶质在一定的浓度边界层内（或液膜内）累积的趋势。截留物在膜附近累积会使其在该区域的浓度高于溶液浓度。

　　对错流方式而言，通量越高，边界区域积累的溶质越多，因而浓度梯度越大，反向扩散越快，膜通量的增加也会带来溶质累积速率的增加，发生浓差极化现象，同时微溶溶质易于在膜表面析出，形成低渗透性的凝胶层（图 5-13）。因为使膜两侧的浓度梯度增加，浓差极化甚至会促使待截留物通过膜。

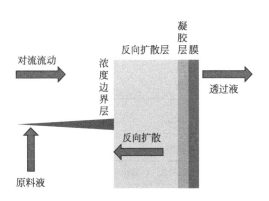

图 5-13　MBR 浓差极化原理示意图

图 5-14　中空纤维膜

　　因此，实际操作中希望增加湍流度和在较低通量下运行来控制浓差极化，浓差极化现象仅适用于截留组分小于 0.1pm 粒径的超滤过程，而对于大于 0.1m 的颗粒，浓差极化现象影响较小。

　　中空纤维膜（图 5-14）具有的装填密度远远高于其他膜构型，特别是其单位膜面积的制造费用相对较低。因此，国内外 MBR 工艺中中空纤维膜应用比较广泛。除此之外，板式膜（图 5-15）也有较成熟的商业化产品和较广泛的工程应用经验，随着膜技术和 MBR 工艺的不断发展，管式膜（图 5-16）也逐渐被应用于 MBR 工艺中。其中内置式 MBR 反应器大多选用中空纤维膜或板式膜，而外置式 MBR 反应器则倾向于选用管式膜。

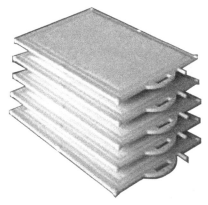

图 5-15　板式膜

图 5-16　管式膜

MBR 膜材料的选用，可以参照表 5-4 进行。

表 5-4　分置式、一体式和复合式 MBR 工艺

膜材料	构型	孔径/μm	膜工艺
陶瓷	管式	0.1	微滤
聚醚砜	管式	0.1	微滤
聚偏氟乙烯	管式	0.03	超滤
聚乙烯	板式	0.4	微滤
聚醚砜	板式	0.038	超滤
聚偏氟乙烯	板式	0.08	超滤
聚乙烯	中空纤维	0.4	微滤
聚乙烯	中空纤维	0.2	微滤
聚偏氟乙烯	中空纤维	0.1	微滤
聚偏氟乙烯	中空纤维	0.04	超滤
聚醚砜	中空纤维	0.05	超滤

管式膜、板式膜和中空纤维膜特点比较如表 5-5 所示。

表 5-5　管式膜、板式膜和中空纤维膜特点比较

分类形式	原理图	装填密度/(m²/m³)	投资	污染趋势	清洗	膜可否更换	适用规模
管式膜	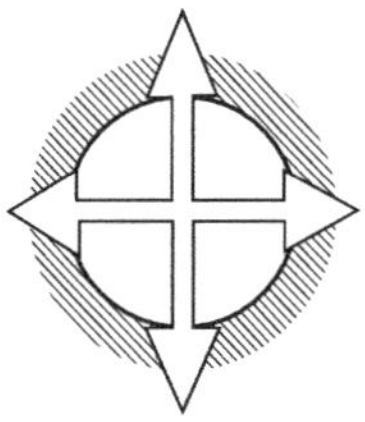	<100	高	低	容易	可/不可	中小
板式膜	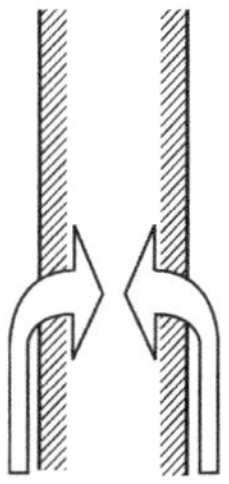	<400	中	中	中等	可	小
中空纤维膜	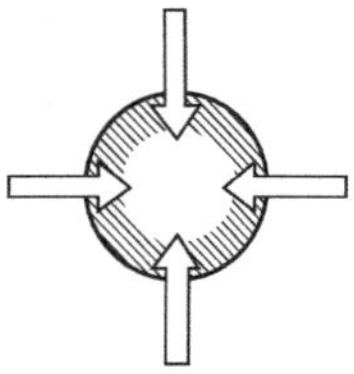	16000～30000	低	高	困难	不可	大

MBR 膜在长时间运行后，需要定期清洗，以恢复其通量，反洗方式通常有两种：在线反洗和离线清洗。在线反洗将膜组件直接放置在膜过滤池内，从产水侧直接注入次氯酸钠水

溶液等清洗剂进行清洗。在线清洗系统的主要设备有在线清洗泵、加药箱、加药泵等，如图 5-17 所示。离线清洗是将膜组件从膜池中取出，浸入化学溶液中进行浸泡清洗，除去膜污染物的过程。离线清洗设备包括浸泡清洗池、吊装设备等浸泡清洗池。

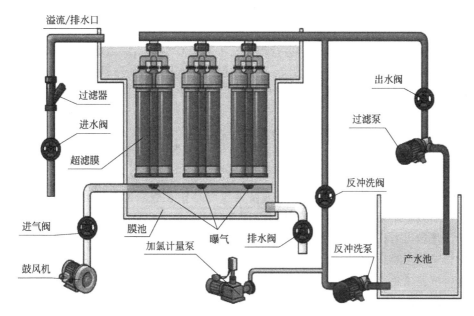

图 5-17　MBR 的在线反洗流程示意图

膜生物反应器工艺中，膜分离的操作条件类似于传统膜分离，主要控制因素有进水水质、膜面流速、温度、操作压力、pH 值、MLSS 等。下面针对 MBR 工艺控制要点进行逐一讲解。

① 温度　膜生物反应器系统宜在 15～35℃下运行。通常，温度上升，膜通量增大，这主要是因为温度升高后降低了活性污泥混合液的黏度，从而降低了渗透阻力。进水水温低于 8℃时，活性污泥的活性受到一定的影响，此时要适当降低出水量，保证污水中有机物在反应池内得到充分的降解，从而确保出水水质，减缓膜堵塞。

② 进水水质　控制油类物质、硅类物质等进入膜系统。这些物质会对膜组件产生不可逆的伤害，最终导致膜堵塞。此时，即使用药液清洗也很难恢复压差，需要更换膜。

③ 预处理　在膜系统进水前加装间隙为 1～2mm 的膜格栅，膜丝极易被生活污水中毛发、垃圾、树叶等细小物质缠绕，最终导致膜孔堵塞。

④ 膜通量　合理的膜通量可以减缓膜污染速率。一般生活污水设计通量为 15～18L/(m²·h)，瞬时通量计算公式=瞬时流量/膜面积。系统运行过程中，尽量将运行通量控制在 15～18L/(m²·h)。

⑤ 跨膜压差　膜系统合理的运行跨膜压差在 -30～-15kPa，在控制活性污泥混合液特性基本不变的情况下，膜通量随着压力的增加而增加；但当压力达到一定值，即浓差极化使膜表面溶质浓度达到极限浓度时，继续增大压力几乎不能提高膜通量，反而使膜污堵加剧。浸没式 MBR 的跨膜压差不宜超过 -50kPa，当超过时，膜组件需要进行离线化学清洗。跨膜压差（TMP）根据以下公式计算：

$$TMP = P_1 - (H_1 - H_2) \times 10$$

式中，TMP 为跨膜压差，kPa；P_1 为压力传感器或负压表显示负压，kPa；H_1 为膜池运行液位，m；H_2 为压力传感器安装高度，m。

⑥ 膜吹扫曝气量　合理的吹扫风量可以降低污泥附着在膜丝表面，避免膜堵塞。现场一个膜组件所需风量在 $7\sim8m^3/min$。也可以根据经验，风机启动时，膜池液面泛起水泡在 15cm 左右即可。

⑦ 运行程序　MBR 工艺常规的运行程序，一般抽真空时间依据引水罐内液位。真空泵的启停由引水罐的液位进行控制。MBR 工艺运行可按照"过滤-停歇-过滤"的经典运行模式进行，过滤和停歇的时间比例为 9∶1 或 8∶2，建议现场"过滤-停歇"6 次后进行常规性反洗一次；建议每一周进行一次碱洗＋空曝 60s 的维护性操作，具体可结合项目情况确定维护性碱洗操作频次；建议每两周进行一次维护性酸洗操作（具体操作步骤为：先加药 300s，然后浸泡 1800s，然后反洗 60s，最后空曝 60s），或者结合项目情况确定维护性酸洗操作频次。

⑧ 膜面流速　膜面流速与压力对膜通量的影响是相互关联的。压力较低时膜面流速对膜通量影响不大，压力较高时膜面流速对膜通量影响很大。随着膜面流速的增加，膜通量也增加，尤其是当压力比较高的时候。这是因为膜面流速的提高一方面可以增加水流的剪切力，减少污染物在膜表面的沉积；另一方面流速增大可以提高对流传质系数，减少边界层的厚度，减小浓差极化的影响。

另外，膜面流速对膜面沉积层的影响程度还与料液中污泥浓度有关，在污泥浓度较低时，膜渗透速率与膜面流速呈线性增加。但当污泥浓度较高时，膜面流速增加到一定的数值后，对沉积层的影响减弱，膜通量增加的速度减小。对于外置式 MBR，运行条件尽可能控制在低压、高流速，膜面流速宜保持在 $3\sim5m/s$。这样做不仅有利于保持较高的水通量，而且有利于膜的保养和维护，减少膜的清洗和更换。

⑨ MLSS　MBR 系统膜池污泥浓度宜控制在 $6000\sim8000mg/L$。经验值可以通过 30min 沉降比来看，SV_{30} 控制在 50%～60%。一般来说，在一定的膜面流速下，当料液中污泥浓度增加时，由于污泥浓度过高，污泥易在膜表面沉积形成厚的污泥层，导致过滤阻力增加，使膜通量下降。

但是，料液中污泥浓度也不能太低，否则污染物质降解速率低，同时活性污泥对溶解性有机物的吸附和降解能力减弱，使得混合液上清液中溶解性有机物浓度增加，易被膜表面吸附，导致过滤阻力增加，膜通量下降。

因此，应当维持料液中适中的污泥浓度，过高或过低都会使水通量减小，污泥浓度最低不能低于 3000mg/L。

⑩ pH 值　膜生物反应池进水 pH 值宜为 6～9。

⑪ 浊度　正常出水浊度低于 1NTU，采取在线监测的形式。

5.2.3　移动式生物床法

移动式生物床（moving bed biofilm reactor，MBBR），属于投料活性污泥法的一种，所谓投料式活性污泥法，即在传统的活性污泥法系统中投加某些物质，其对活性污泥产生显著影响，如改变系统内生物相以及微生物的存在方式，改变基质的分配与传质状况，增加系统的生物固体总量，提高系统综合净化能力等。最为常见的为固定生物膜活性污泥法（IFAS）和移动床生物膜法（MBBR）。

　　通过向反应器中投加一定数量的悬浮载体，由于填料密度接近水，所以在曝气的时候，与水呈完全混合状态，载体在水中的碰撞和剪切作用，使空气气泡更加细小，增加了氧气的利用率。另外，每个载体内外均具有不同的生物种类，内部厌氧菌或兼氧菌，外部好养菌，使硝化反应和反硝化反应同时存在，从而提高了处理效果。

　　MBBR 与 IFAS 主要的区别在于 MBBR 工艺不包括污泥回流过程（图 5-18）。两种工艺都可作为现有活性污泥工艺的改造。这些系统主要用于溶解性有机物和氮的去除。MBBR 出水必须经过预先沉淀，并且要后接沉淀池。下面重点讲述 MBBR 工艺。

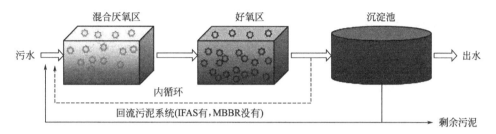

图 5-18　IFAS 和 MBBR 的典型工艺流程图

　　MBBR 的基本设计思想是能够连续运行，不发生堵塞，无须反冲洗，水头损失较小并且具有较大的比表面积。这可以通过生物膜生长在较小的载体单元上，载体在反应器中随水流自由移动来实现（图 5-19）。在好氧反应器中，通过曝气推动载体移动；在缺氧/厌氧反应器中，通过机械搅拌使载体移动。为防止反应器中填料的流失，可在反应器出口处设一个多孔滤筛（图 5-20）。

图 5-19　MBBR 悬浮填料载体

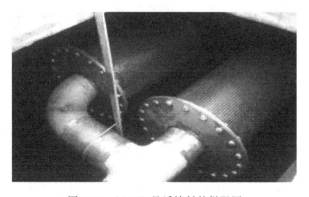

图 5-20　MBBR 悬浮填料的拦阻网

　　MBBR 一般为长方体形或圆柱形结构。长方体形的反应器沿池长方向用隔板均匀分为几格或不分格。从总体上看，水流在反应器中呈推流态，而在每格中，由于曝气流化，水流呈完全混合态（图 5-21）。池内填充密度接近于水、比表面积大的聚乙烯或聚丙烯悬浮填料，反应器内的生物膜附着表面可达 $500m^2/m^3$，实际比表面积（填料的内表面）达 $350m^2/m^3$。穿孔曝气管在一侧曝气，使填料在池内循环流动。圆柱体形结构的反应器底部设有微孔曝气头。另外，有的反应器不仅在池底安装了曝气装置，还安装了搅拌装置。这些搅拌装置可以使反应器方便灵活地应用于缺氧状态下（图 5-22）。有时为了防止曝气带来的汽提作用和挥发作用，可以在反应器上方加一个盖子。

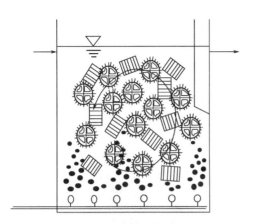

图 5-21　好氧 MBBR 利用曝气搅拌

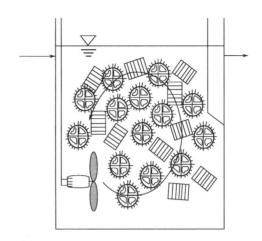

图 5-22　厌氧 MBBR 利用搅拌机搅拌

厌氧反应池中采用香蕉形叶片的潜水搅拌器（图 5-23）。在均匀而慢速搅拌下，生物填料和水体产生回旋水流状态，达到均匀混合的目的。搅拌器的安装位置和角度可以调节，达到理想的流态。生物填料不会在搅拌过程中受到损坏。

MBBR 填料的判别，一般通过以下 4 个方面进行。

图 5-23　厌氧 MBBR 搅拌机

（1）生物膜的附着性　生物膜的附着能力是评价填料优劣的最重要指标。生物附着量＝受保护的表面积（与填料的设计运行状态构有关）×单位表面积的生物附着量（与填料的性能有关）。

（2）填料表面性能　一般认为表面粗糙度大，挂膜速度快。一般微生物带负电荷，填料表面为正电荷适宜微生物生长。微生物为亲水性粒子，填料亲水性好适合微生物生长挂膜状态。

（3）填料水力学性能　填料占用的体积，孔隙率高好，影响水流、气流的流态，流化性能与填料的密度有关。填料的密度应为 $0.97 \sim 1.03 t/m^3$，较小的曝气或搅拌即可实现流化。

（4）挂膜成熟判别　肉眼判断，生物膜均匀分布载体表面，越靠近载体表面越致密，反之越松散，同时载体颜色变深，标志着载体挂膜进入了成熟期。镜检判断的话，生物膜结构致密，微生物种类多样化，固着型纤毛虫、钟虫、累枝虫等数量居多，有少量轮虫、游泳型纤毛虫出现标志着生物膜的成熟。

MBBR 影响因素控制，需要从以下 4 个方面进行。

① 生物膜反应器系统宜在 15～35℃下运行。

② 反应池各段 DO 的控制范围为：厌氧段在 0.2mg/L 以下，缺氧段在 0.2～0.5mg/L，好氧段溶解氧浓度宜不小于 2mg/L。

③ MBBR 好氧区（池）污泥浓度宜控制在 3000～20000mg/L。应当维持料液中适中的污泥浓度，过高或过低都会使水通量减小。

④ MBBR 反应池进水 pH 值宜为 6～9。

自 MBBR 反应器诞生至今，由于该工艺集中了生物滤池、固定床和流化床的优点，引起了世界各国专家学者的广泛兴趣，特别是它建造简单、操作方便、有机物去除效率高、除磷除氮能力强，尤其适合中小型企业污水的深度处理和有机污水的处理。

5.2.4　曝气生物滤池

曝气生物滤池（biological aerated filter，BAF），属于生物膜工艺的一种，生物膜法是对污水土地处理的模拟和强化，主要用于从污水中去除溶解性有机污染物，是一种被广泛采用的生物处理方法。生物膜法的主要优点是对水质、水量变化的适应性较强，较适合于工业园区污水处理，生物膜工艺的共同特点是微生物附着在介质"滤料"表面上，形成生物膜，污水与生物膜接触后，溶解的有机污染物被微生物吸附转化为 H_2O、CO_2、NH_3 和微生物细胞物质，污水得到净化，所需氧气一般来自大气。

（1）生物膜的构造原理　生物膜自填料向外依次可分为厌氧层、好氧层、附着水层和运动水层。其中各层都是一个微反应区间，生物膜首先吸附附着水层中的有机污染物，由好氧层的好氧菌将其分解，再进入厌氧层进行厌氧分解反应，流动水层则将老化的生物膜冲刷掉以生长新的生物膜。整个生物膜系统就这样往复循环，以达到净化污水的作用。

如图 5-24 所示，将一小块滤料放大后可以看到，由于生物膜的吸附作用，在它的表面往往附着一层薄薄的水层，附着于水中的有机物被生物膜所氧化，其浓度要比滤池进水中的有机物的浓度低得多，因此当废水进入滤池、在滤料表面流动时，有机物就会从运动着的废水中转移到附着的水中去，并进一步被生物膜所吸附。同时，空气中的氧也将经过废水而进入生物膜。生物膜上的微生物在氧的参加下对有机物进行分解和机体新陈代谢，产生了包括二氧化碳等的无机物，它们又沿着相反的方向从生物膜经过附着水排到流动着的废水及空气中去。

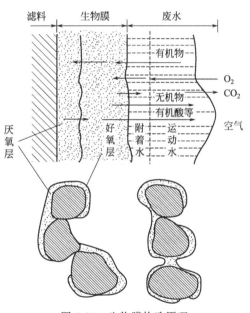

图 5-24　生物膜构造原理

生物滤池中废水的净化过程是很复杂的，它包括废水中复杂的传质过程、氧的扩散和吸收、有机物分解和微生物新陈代谢等各种过程。在这些过程综合作用下，废水中有机物的含量大大减少，因此得到净化。

（2）BAF 的工艺　和活性污泥法相比，生物膜法有以下优点：生物量高、耐冲击能力强、不怕污泥膨胀。但是也有不及活性污泥法之处，如处理出水不及活性污泥法、规模小、不能除磷等。

生物膜工艺和活性污泥法相比，最大的特点之一就是有无填料载体以供微生物附着生长，再有一点就是有关于二沉池的设置以及污泥回流位置，活性污泥法污泥回流位置是在生化反应池，而生物膜法的污泥回流位置是在初沉池，回流的目的是为了增强初沉池的沉降性能，强化初沉池的悬浮有机物去除率，详见图 5-25、图 5-26 所示。

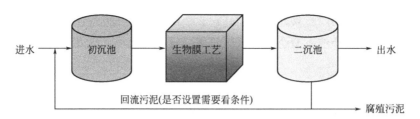

图 5-25　生物膜工艺（带初沉池、二沉池及污泥回流）

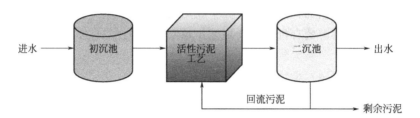

图 5-26　活性污泥工艺（带初沉池、二沉池及污泥回流）

曝气生物滤池是一种采用颗粒滤料固定生物膜的好氧或缺氧生物反应器，该工艺集生物

图 5-27　BAF 装置结构图

接触氧化与悬浮物滤床截留功能于一体，是国际上兴起的污水处理新技术（图 5-27）。

它可广泛应用于城市污水、小区生活污水、生活杂排水和食品加工水、酿造等有机废水处理，具有去除 SS、COD_{Cr}、BOD、硝化与反硝化、脱氮除磷、其最大特点是集生物氧化和截留悬浮固定于一体，并节省了后续二次沉淀池。

该工艺有机物容积负荷高、水力负荷大、水力停留时间短、出水水质高，因而所需占地面积小、基建投资少、能耗及运行成本低。曝气生物滤池具备以下 8 个特点。

① 采用气水平行上向流，使得气水进行极好均分，防止了气泡在滤料层中凝结核气堵现象，氧的利用率高，能耗低。

② 与下向流过滤相反，上向流过滤维持在整个滤池高度上的正压条件，可以更好地避免形成沟流或短流，从而避免通过形成沟流来影响过滤工艺而形成的气阱。

③ 上向流形成了对工艺有好处的半柱推条件，即使采用高过滤速度和负荷，仍能保证 BAF 工艺的持久稳定性和有效性。

④ 采用气水平行上向流，使空间过滤能被更好的运用，空气能将固体物质带入滤床深处，在滤池中能得到高负荷、均匀的固体物质，从而延长了反冲洗周期，减少清洗时间和清洗时用的气水量。

⑤ 滤料层对气泡的切割作用使气泡在滤池中的停留时间延长，提高了氧的利用率。

⑥ 由于滤池极好的截污能力，使得 BAF 后面不需再设二次沉淀池。

BAF 处理工艺可以用于改善微污染水源原水水质，当下中国多数城市污水处理厂采用此工艺处理城市居民生活废水。

（3）BAF 的反应池　BAF 反应池的池体构造包括以下几部分：池体、滤料、承托层、布水系统、布气系统、反冲洗系统、出水系统，详见图 5-28 所示。

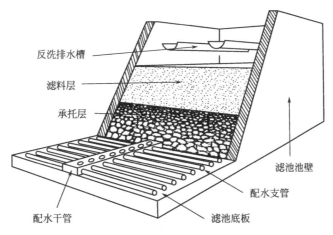

反洗排水槽

滤料层

承托层

滤池池壁

配水支管

配水干管

滤池底板

图 5-28　曝气生物滤池的不同功能分区示意图

　①池体　池体的作用是容纳被处理水和围挡滤料，并承托滤料和曝气装置，其形状有圆形、正方形和矩形三种，结构形式有钢制设备（处理水量小）和钢筋混凝土结构（处理水量大）等。为保证反冲洗效果，单池面积不宜太大（≤100m²）。

　②滤料　滤料是生物滤池的主体，对生物滤池的净化功能有直接影响。因此滤料需具备质坚、高强、耐腐蚀、抗冰冻，较高的比表面积，较大孔隙率，且能就地取材，便于加工、运输等条件。材质可用轻质陶粒、炉渣、石英砂、焦炭、沸石等（图 5-29～图 5-31、表 5-6），以球形陶粒为佳。粒径为 3～6mm，滤层厚度为 2.5～4.5m。

图 5-29　沸石填料

图 5-30　陶粒填料

图 5-31　石英砂填料

表 5-6　曝气生物滤池常用滤料分类介绍

滤料种类	比表面积/(m²/g)	总孔体积/(cm³/g)
陶粒	3.99~4.11	0.103
石英砂	0.76	0.0165
炉渣	0.91	0.0488
焦炭	1.27	0.063
沸石	0.46	0.0259

③ 承托层　作用是支撑滤料，防止滤料流失和堵塞滤头，同时还要保持反冲洗稳定进行。为保证承托层的稳定和配水的均匀性，要求材质具有良好的机械强度和化学稳定性，其形状尽量接近球形，常用材质为卵石（图 5-32）。

图 5-32　承托层常用鹅卵石材料

④ 布水系统　布水系统包括滤池最下部的配水室和滤板上的配水滤头。对于上流式滤池，配水室的作用是使某一短时段内进入滤池的污水快速均匀混合，依靠承托滤板和滤头的阻力作用，使污水在滤板下均匀、均质分布，并通过滤板上的滤头均匀流入滤料层；除了滤池正常运行布水外，也可作为定期对滤池进行反冲洗时布水用。对于下流式滤池，该布水系统主要用作滤池反冲洗布水和收集净化水用。

配水室包括缓冲配水区和承托板。缓冲配水区初步混匀污水，然后依靠承托板的阻力作用使污水在滤板下均匀、均质分布，并通过滤板上的滤头将污水均匀送入滤料层。缓冲配水区在水气联合反冲洗时起到均匀配气作用。

⑤ 布气系统　包括工艺布气系统（充氧曝气）和进行气水联合反冲洗时的供气系统（反冲洗曝气）。工艺布气系统保持曝气生物滤池中充足的溶解氧并维持滤池内生物膜高活性。曝气生物滤池一般采用鼓风曝气形式，空气扩散系统一般有穿孔管空气扩散系统和专用空气扩散系统两种。

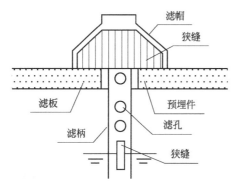

图 5-33　常用长柄滤头安装示意图

图 5-34　滤头和滤板安装实景图

⑥ 反冲洗系统　由反冲洗供水系统和反冲洗供气系统组成。采用气反冲洗，目的是去除滤池运行过程中截留下的各种颗粒、胶体污染物及老化脱落的微生物膜。

联合反冲洗系统的配水配气是通过滤板及固定其上的长柄滤头实现（图 5-33、图 5-34）。

反冲洗时，反冲洗进气与滤板下形成气垫层，随后空气便从长柄滤头上端的进气孔进入，反冲洗水则由长柄滤头下端进水孔进入。

反冲洗过程一般分为三步：气洗、气水同时反洗、水洗。气洗的目的是松动滤料层，使滤料层膨胀。气洗强度一般为 $10\sim15L/(m^2 \cdot s)$，时间为 5min。气水同时反洗的目的是将滤料上截留的悬浮物和老化的生物膜冲洗出去，水洗强度为 $5.0 \sim 8.5L/(m^2 \cdot s)$，时间为 $5\sim8min$。水洗的目的是将滤料上表面的悬浮物和老化的生物膜冲洗出去，时间为 $5\sim8min$。

⑦ 出水系统 分为周边堰出水或单侧堰出水两种。在大中型污水处理厂一般采用单侧堰出水，并将出水堰口出设计成 60°斜坡，以降低出水流速。在出水堰口设置栅形稳流板以拦截反冲洗时被出水带出的滤料。

典型 BAF 的反冲洗和出水系统结构示意图见图 5-35。

图 5-35 典型 BAF 的反冲洗和出水系统结构示意图

BAF 的一般工艺流程，污水经格栅去除粗大漂浮、悬浮物后，进入初沉池或水解酸化池（强化预处理池）进行沉砂、除油和沉淀同时去除部分 SS、COD、BOD 等物质，经预处理的污水进入第一级 BAF-C/N 滤池（或 DN 沉淀池），绝大部分 COD、BOD 在此进行降解，部分氨氮进行硝化（或反硝化），接着污水进入第二级 BAF-N 滤池（或 C/N 滤池），进行氨氮的彻底硝化及 COD、BOD 进一步降解，同时进行化学除磷[1]。

在一、二级 BAF 底部进行供氧滤池运行一段时间后需对滤池进行反冲洗，反冲洗采用气水联合反冲洗，反冲洗污水通过排水缓冲池返回初沉池或水解酸化池，与原污水混合初沉池或水解酸化池的剩余污泥进行脱水处理，泥饼外运处置。若选用 DN 滤池＋C/N 滤池的脱氮工艺，则需将 C/N 滤池的出水回流。

（4）BAF 设计应注意的因素 BAF 工艺设计时需要注意以下因素。

① 过滤速度 $2\sim8m/h$（反硝化时＞10m/h）。

② 反冲洗空气速度 $60\sim90m/h$。

● 不同 BAF 单元可满足以下各种用途的要求：BAF-C，用于去除 COD_{Cr}、BOD_5、SS 等；BAF-C/N，同时去除有机污染物并硝化；BAF-N，用于硝化，去除 NH_3-N；BAF-DN，用于反硝化，去除 TN，可前置或后置；BAF-DN＋P，同时用于反硝化及化学除磷。——编者注

③ 固体负荷能力 4~7kg/(m³·d)。

④ BOD 有机负荷 2~6kg/(m³·d)。

⑤ COD 有机负荷 4~12kg/(m³·d)。

⑥ 系统氧效率 30%~35%。

⑦ 城市污水处理吨水造价 800~1000 元。

⑧ 硝化（10℃）0.6~1.0kg/(m³·d)。

⑨ 脱氮（10℃）1.5~2.5kg/(m³·d)。

⑩ 反冲洗水量 5~6L/(m²·s)。

⑪ 产泥量 0.6~0.7kg/(kg·d)（以去除 BOD 计）。

⑫ 城市污水处理吨水电耗 0.2~0.25kW·h。

BAF 可广泛用于水体富营养化、生活污水、市政污水、生活杂排水、食品加工、酿造、化工、制药、印染等可生化的污水和废水处理。

5.2.5 生物转盘

生物转盘（rotating biological contactor，RBC），是一种生物膜法污水处理技术，20 世纪 60 年代由联邦德国开创，是在生物滤池的基础上发展起来的，亦称为浸没式生物滤池（图 5-36）。

图 5-36 运行中的生物转盘

（1）RBC 的结构　生物转盘是由水槽和部分浸没于污水中的旋转盘体组成的生物处理构筑物，主要包括旋转圆盘（盘体）、接触反应槽、转轴及驱动装置等，必要时还可在氧化槽上方设置保护罩起遮风挡雨及保温作用，如图 5-37 所示。

盘片浸入废水中时，盘片上的生物膜对废水中的有机物进行吸附，当其露出水面时，空气中的氧就溶入盘片界面的水层中；盘片上生物膜也经历生长、增厚、老化、脱落的过程，脱落原因是水对盘面的剪切作用，脱落的生物膜转入污泥进入二沉池中，如图 5-38 所示。

该工艺具有系统设计灵活、安装便捷、

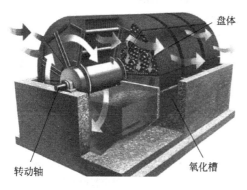

图 5-37 生物转盘的构造示意图

盘体

转动轴　　　　　　氧化槽

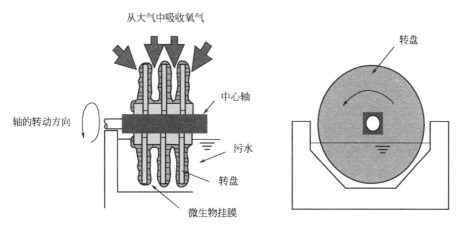

图 5-38 生物转盘的工作原理

操作简单、系统可靠、操作和运行费用低等优点；不需要曝气，也无须污泥回流，节约能源，同时在较短的接触时间就可得到较高的净化效果，现已广泛应用于各种生活污水和工业污水的处理。其净化有机物的机理与生物滤池基本相同，但构造形式却与生物滤池不同。

生物转盘的盘体由装在水平轴上的一系列间距很近的圆盘所组成，其中一部分浸没在氧化槽的污水中，另一部分暴露在空气中。作为生物载体填料，转盘的形状有平板、凹凸板、波纹板、蜂窝、网状板或组合板等，组成的转盘外缘形状有网形、多角形和圆筒形（图 5-39）。

盘片串联成组，固定在转轴上并随转轴旋转，对盘片材质的要求是质轻高强，耐腐蚀，易于加工，价格低廉。盘片的直径一般为 2～3m，盘片厚度 1～15mm。常用的转盘材质有聚丙烯、聚乙烯、聚氯乙烯、聚苯乙烯和不饱和树脂玻璃钢等。转盘的盘片间必须有一定的间距，以保证

图 5-39 挂膜的生物转盘

转盘中心部位的通气效果，标准盘间距为 30mm，若为多级转盘，则进水端盘片间距 25～35mm，出水端一般为 10～20mm，具体可根据工艺需要进行调节。

生物转盘的氧化槽一般做成与盘体外形基本吻合的半圆形，槽底设有排泥和放空管与闸门，槽的两侧设有进出水设备。常用进出水设备为三角堰。对于多级转盘，氧化槽分为若干格，格与格之间设有导流槽。大型氧化槽一般用钢筋混凝土制成．中小型氧化槽多用钢板焊制。

对于生物转盘来说，转动轴也是较为重要的组件，起支撑盘体并带动其旋转的作用，转动轴两端固定安装在氧化槽两端的支座上。一般采用实心钢轴或无缝钢管，其长度应控制在 0.5～7.0m。转动轴不能太长，否则往往由于同心度加工不良，容易扭曲变形，发生磨断或扭断。

转轴中心应高出槽内水面至少 150mm，转盘面积的 20%～40%浸没在槽内的污水中。在电动机驱动下，经减速传动装置带动转轴进行缓慢的旋转，转速一般为 0.8～3.0r/min。

生物转盘的驱动装置包括动力设备和减速装置两部分。动力设备分为电力机械传动、空气传动和水力传动等，国内多采用电力机械传动或空气传动。电力机械传动以电动机为动力，用链条传动或直接传动。对于大型转盘，一般一台转盘设一套驱动装置；对于中、小型转盘，可由一套驱动装置带动一组（3～4级）转盘工作。空气传动兼有充氧作用，动力消耗较省。

生物转盘是用转动的盘片代替固定的滤料，工作时，转盘浸入或部分浸入充满污水的接触反应槽内，在驱动装置的驱动下，转轴带动转盘一起以一定的线速度不停地转动。转盘交替地与污水和空气接触，经过一段时间的转动后，盘片上将附着一层生物膜。在转入污水中时，生物膜吸附污水中的有机污染物，并吸收生物膜外水膜中的溶解氧，对有机物进行分解，微生物在这一过程中得以自身繁殖；转盘转出反应槽时，与空气接触，空气不断地溶解到水膜中去，增加其溶解氧。在这一过程中，在转盘上附着的生物膜与污水以及空气之间，除进行有机物（BOD、COD）与 O_2 的传递外，还有其他物质，如 CO_2、NH_3 等的传递，形成一个连续的吸附、氧化分解、吸氧的过程，使污水不断得到净化（图 5-40）。

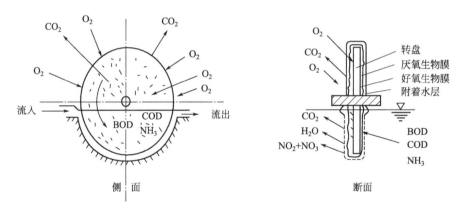

图 5-40　生物转盘净化反应过程与物质传递示意图

（2）RBC 的优点　生物转盘工艺作为一种特殊的生物膜工艺，具备以下 4 个优点。

① 转盘中生物膜生长的表面积大，又不会发生如生物滤池中滤料堵塞的现象，即使堵塞也很容易清洗，生物转盘没有污泥膨胀的可能，因此允许进水有机物浓度较高，适宜于处理较高浓度的有机污水。

② 污水在生物转盘中的停留时间比活性污泥法及生物滤池长，生物转盘能够承受冲击负荷的能力比活性污泥法和生物滤池都高。即使在长时间超负荷工作引起工作效率降低后，恢复转盘的正常工作也很快。

③ 污泥龄长，在转盘上能够增殖世代时间很长的微生物，如硝化菌、反硝化菌等，因此，生物转盘具有硝化、反硝化的功能。

④ 生物转盘的流态，从一个生物转盘单元来看是完全混合型的，在转盘不断转动的条件下，接触氧化槽内的污水能够得到良好的混合，但多级生物转盘又应作为推流式，因此，生物转盘的流态，应按完全混合-推流来考虑。

（3）RBC 的缺点　生物转盘也有其缺点。

① 制作盘片的材料价格较高，使生物转盘的建造费用高。

② 由于盘片材料的限制，使转盘的直径还不宜做得太大；当水量较大时，将需要很多盘片，并且转盘水深较浅占地面积相对较大。因此，生物转盘仅适宜处理水量较小的有机污水。

（4）RBC 运行的要求　生物转盘的运行管理与控制应符合下列要求。

① 按设计要求控制转盘的转速，并通过日常监测，要严格控制污水的 pH 值、温度、营养成分等指标，尽量不要发生剧烈变化。

② 反应槽内 pH 值必须保持在 6.5～8.5 范围内；进水 pH 值一般要求调整在 6～9 范围内，经长期驯化后范围可略扩大，超过这一范围处理效率将明显下降。硝化转盘对 pH 值和碱度的要求比较严格，硝化时 pH 值应尽可能控制在 8.4 左右，进水碱度至少应为进水 NH_3-N 浓度的 7.1 倍，以使反应完全进行而不影响微生物的活性。

③ 反应槽中混合液的溶解氧值，在不同级上有所变化，用来去除 BOD 的转盘，第一级 DO 为 0.5～1.0mg/L，后几级可增高至 1.0～3.0mg/L，常为 2.0～3.0mg/L，最后一级达 4.0～8.0mg/L。此外混合液 DO 值随水质浓度和水力负荷变化而发生相应变化。

④ 注意对生物转盘的观察。沉砂池或初沉池中固体物质去除不佳，会使悬浮固体在反应槽内积累并堵塞进水通道，产生腐败，发出臭气，影响系统的运行，应用泵将它们抽出，并检验固体物的类型，针对产生的原因加以解决。

⑤ 二沉池中污泥不回流，应定期排除二沉池中的污泥，通常每隔 4h 排一次，使之不发生腐化。

⑥ 为了保证生物转盘正常运行，应对所有设备定期进行检查维修。在生物转盘运行过程中，经常遇到检修或停电等发生，需停止运行 1 天以上时，为防止因转盘上半部和下半部的生物膜干湿程度不同而破坏转盘的重量平衡，要把反应槽中的污水全部放空或用人工营养液循环，保持膜的活性。

5.2.6　生物流化床

生物流化床是指充氧的废水自下而上地通过细滤料床，利用布满生物膜的滤料进行高效生物处理的装置。载体颗粒小，总表面积大，单位容积内的生物量大，载体处于流化状态，强化了生物膜与污水之间的接触，加快了污水与生物膜之间的相对运动，加速有机物从污水向微生物细胞的传递过程。由于载体不停地在流动，还能够有效防止堵塞现象。按使载体流化的动力来源，生物流化床可分为液流动力流化床、气流动力流化床和机械搅动流化床等，也可分为两相流化床和三相流化床。

（1）两相流化床　两相流化床的基本工艺流程如图 5-41 所示。两相流化床是以液流（污水）为动力使载体流化，在流化床内只有污水（液相）与载体（固相）相接触，而在单独的充氧设备内对污水进行

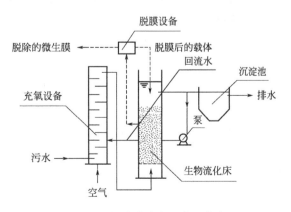

图 5-41　两相流化床的基本工艺流程

充氧，因此称为两相流化床。两相流化床工艺由流化床、充氧设备、固液分离设备等组成。

流化床主要由床体、载体、布水装置、脱膜装置等组成。床体平面多呈圆形，一般由钢板焊制，有时也可以采用钢筋混凝土浇砌。常用的载体有石英砂、无烟煤、焦炭、颗粒活性炭、聚苯乙烯球。载体在床内的装填高度为 0.7m 左右。布水装置位于滤床底部，它起布水和承托载体颗粒作用。脱膜对于生物流化床工艺也至关重要，有时单靠滤床内载体之间的相互摩擦还不能使老化生物膜脱落，因此应考虑设专门的脱膜装置。目前应用的主要有叶轮搅拌器、振动筛和刷形脱膜机等。

在好氧两相流化床中，充氧设备是必不可少的。原污水必须先经过充氧使溶解氧达到一定程度后方可进入流化床。污水中溶解氧的含量因使用的氧源和充氧设备的不同而异。

流化床的固液分离设备通常采用沉淀池，其主要作用是澄清出水。

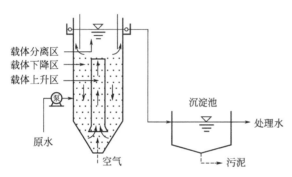

图 5-42　三相流化床的基本工艺流程

（2）三相流化床　三相流化床是以气体为动力使载体流化，在反应器内存在有液相、气相和固相三相相互接触，即污水（液）、载体（固）及空气（气）三相同步进入床体，见图 5-42。流化床由三部分组成，在床体中心设输送混合管，其外侧为载体下降区，其上部则为载体分离区。空气由输送混合管的底部进入，在管内形成气、液、固混合体，

空气起到提升的作用，混合液上升，气、液、固三相间产生强烈的混合与搅拌作用，载体之间也产生强烈的摩擦作用，外层生物膜脱落。

三相流化床工艺一般不采用处理水回流措施，但当原污水浓度较高时，可考虑处理水回流，稀释原污水。本工艺的技术关键之一，是防止气泡在床内并合形成大气泡，影响充氧效果，对此，可采用减压释放充氧，采用射流曝气充氧也有一定效果。

实际运行经验表明，三相生物流化床可高速去除有机污染物，COD 容积负荷率可高达 $5kg/(m^3 \cdot d)$，处理水 BOD_5 可保证在 20mg/L 以下，占地较少，在同一进水水量和水质条件下，达到同一处理水质要求时设备占地面积仅为活性污泥法的 20% 以下。

与好氧的两相流化床相比，由于空气直接从床体底部引入流化床，故不需另外的充氧设备，进水构造也没有两相流化床复杂；又由于反应器内空气的搅动，载体之间的摩擦较强烈，不需另设专门的脱膜装置。

三相好氧生物流化床是以生物膜法为基础，吸取了化工操作中的流态化技术，形成了一种高效的废水处理工艺，是生物膜法的重要突破。其基本特征是以砂、陶粒、活性炭、焦炭等颗粒状物质作为载体，为微生物生长提供巨大的表面积，一般可达到 $2000 \sim 3000 m^2/m^3$，废水或废水和空气的混合液由下而上以一定的速度通过床层时使载体流化，生物栖息于载体表面，形成由薄薄的生物膜所覆盖的生物粒子，生物固体浓度可达普通活性污泥的 $5 \sim 10$ 倍。由于生物载体、废水、空气三相间的密切接触，大大改善了传质状态，使有机物去除速率增快，所需反应器容积减小。

多管气提生物流化床是内循环三相流化床的一种，是在外循环床的基础上发展起来的，

将升流区和降流区组合在一起，使反应器结构更紧凑（图 5-43）。迄今为止，已应用于石化废水、生活污水、淀粉废水、含酚废水、制药废水、针织废水、煤气化废水、含铜废水、丙烯酸废水等多种废水处理，取得了不少喜人的成果，显示了内循环流化床反应器的优越性。

图 5-43　多管气提生物流化床

多管气提生物流化床不仅保持了传统三相生物流化床所具有的反应器内混合性能好、传质速率快、污泥浓度大、有机物负荷高的优点，同时具有以下新特点。

① 可控制生物膜厚度的过度增长　在传统三相生物流化床中，气速和液速均不能很大，如果大大地超过载体的终端沉降速度，则由于载体只作单项上流运动，生物粒子将大量进入沉淀分离区，因此极易带出反应器外。为了防止载体的流失，反应器内流体的剪切力不能有效地控制过度增长的生物膜。而在循环式流化床中，由于气、液、固在升流区和降流区之间循环流动，循环速度很大，载体却不易被带出反应器外，在一般情况下，循环速率远大于载体终端造成的剪切作用，可有效地控制生物膜厚度，以避免过厚的生物膜引起的堵塞。

② 载体流失量少　由于循环式流化床的紊动剪切及摩擦可使过厚的生物膜自行脱落，因此可防止载体的大量流失。

③ 载体流化性能好　传统三相生物流化床为保证载体的充分流化，在不进行回流的情况下必须采用较大的高径比，即反应器的直径必须较小，高度较大，而循环式生物流化床只要升流筒直径合适（过小会引起气泡聚合），并保证一定的表观气速，就可实现良好的载体分流。同时，载体在升流区和降流区之间循环流动，所受到的摩擦、剪切力基本相同，不存在传统三相流化床中的载体分层现象，载体流化具有良好的均匀性，这对生物膜的良好生长十分有利。

④ 氧的转移效率高　传统三相生物流化床气体全部从反应器顶部溢出，而在循环式流化床中，液体在升流管和降流管之间循环流动，循环液体将升流管中的一些小气泡夹带进入降流管，只有部分气体从顶部溢出，使气液接触时间延长，故充氧效率高。

5.3　难降解工业废水的厌氧生化工艺

厌氧工艺经百余年的发展已从一代的厌氧消化池发展到二代的厌氧滤器（AF）、厌氧流化床（AFB）、上流式厌氧污泥床（UASB）以及三代的膨胀颗粒污泥床反应器（EGSB 和 IC）这几种反应器形式，在已开发的厌氧反应器中三代的 EGSB 和 IC 反应器是一种尤为深入、技术先进的厌氧反应器。它是在二代 UASB 反应器的基础上发展起来的高效反应器，尤其适用于中等浓度（COD 在 10000mg/L 以下）有机废水的处理。

相对于其他类型的反应器，EGSB/IC 反应器具有以下突出的优点。

① 具有较高的有机负荷，水力负荷能满足要求。

② 污泥颗粒化后使反应器耐不利条件的冲击能力增强。

③ 具有较高的上升流速尤其是颗粒污泥反应器，由于颗粒污泥的密度较小，在适度的水力负荷范围内，可以靠反应器内产生的气体来实现污泥与基质的充分混合及接触，大大提高反应器的效率。

④ 在反应器上部设置了气-固-液三相分离器，对沉降良好的污泥或颗粒污泥可以自行分离沉降并返回反应器主体，不须附设沉淀分离装置、辅助脱气装置及回流污泥设备，简化了工艺，节约了投资和运行费用。

下面章节对 UASB、IC 和 EGSB 工艺进行简要介绍。

5.3.1 上流式厌氧污泥床

上流式厌氧污泥床反应器是一种处理污水的厌氧生物方法，又叫升流式厌氧污泥床，英文缩写为 UASB（up-flow anaerobic sludge bed/blanket）（图 5-44）。

图 5-44 UASB 反应器

图 5-45 UASB 反应器结构示意图

（1）UASB 的结构 UASB 构造上的特点是集生物反应与沉淀于一体，是一种结构紧凑的厌氧反应器（图 5-45）。反应器主要由下列几个部分组成。

① 进水配水系统 其主要功能是将进入反应器的原废水均匀地分配到反应器整个横断面，并均匀上升，起到水力搅拌的作用。这都是反应器高效运行的关键环节。

② 反应区 是 UASB 的主要部位，包括颗粒污泥区和悬浮污泥区。在反应区存留大量厌氧污泥，具有良好凝聚和沉淀性能，在池底部形成颗粒污泥层（图 5-46）。废水从污泥床底部流入，与颗粒污泥混合接触，污泥中微生物分解有机物，同时产生的微小沼气气泡不断放出。微小气泡上升过程中不断合并，逐渐形成较大的气泡。在颗粒污泥层上部由于沼气的搅动，形成一个污泥浓度较小的悬浮污泥层。

图 5-46 厌氧颗粒污泥实物照片

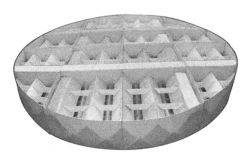

图 5-47 UASB 的三相分离器

③ 三相分离器　由沉淀区、回流缝和气封组成，其功能是将气体（沼气）、固体（污泥）和液体（废水）等三相进行分离（图 5-47）。沼气进入气室，污泥在沉淀区进行沉淀，并经回流缝回流到反应区。经沉淀澄清后的废水作为处理水排出反应器。三相分离器的分离效果将直接影响反应器的处理效果。

④ 气室　也称集气罩，其功能是收集产生的沼气，并将其导出气室送往沼气柜。

⑤ 处理水排出系统　将沉淀区水面上的处理水，均匀地加以收集，并将其排出反应器。

⑥ 排泥系统和浮渣清除系统　在反应器内根据需要还要设置排泥系统和浮渣清除系统。

UASB 的工作原理如下：污水自下而上通过 UASB 反应器，在其底部有一个高浓度、高活性的污泥床，污水中的大部分有机污染物在此间经过厌氧发酵降解为甲烷和二氧化碳。因水流和气泡的搅动，污泥床之上有一个污泥悬浮层。反应器上部有设有三相分离器，用以分离消化气、消化液和污泥颗粒。消化气自反应器顶部导出；污泥颗粒自动滑落沉降至反应器底部的污泥床；消化液从澄清区出水（图 5-48）。

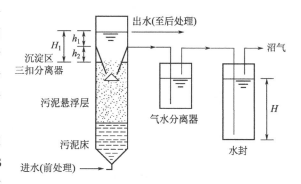

图 5-48　UASB 反应器工艺系统组成
（H 为水封高度；H_1 为沉淀区高度；
h_1 为清水位高度；h_2 为气室高度）

UASB 负荷能力很大，适用于高浓度有机废水的处理。运行良好的 UASB 有很高的有机污染物去除率，不需要搅拌，能适应较大幅度的负荷冲击、温度和 pH 值变化。

（2）UASB 反应器中参与反应的微生物　UASB 反应器中的厌氧反应过程与其他厌氧生物处理工艺一样，包括水解、酸化、产乙酸和产甲烷等。通过不同的微生物参与底物的转化过程而将底物转化为最终产物——沼气、水等无机物。在厌氧消化反应过程中参与反应的厌氧微生物主要有以下几种。

① 水解-发酵（酸化）细菌　它们将复杂结构的底物水解发酵成各种有机酸、乙醇、糖类、氢和二氧化碳。

② 乙酸化细菌　它们将第一步水解发酵的产物转化为氢、乙酸和二氧化碳。

③ 产甲烷菌　它们将简单的底物如乙酸、甲醇和二氧化碳、氢等转化为甲烷。

（3）UASB 反应器的特点　UASB 反应器与其他类型的厌氧反应器相较有下述优点。

① 污泥床内生物量多，折合浓度计算可达 20～30g/L。

② 容积负荷率（以 COD 计）高，在中温发酵条件下，一般可达 10kg/(m³·d) 左右，甚至能够高达 15～40kg/(m³·d)，废水在反应器内的水力停留时间较短，因此所需池容大大缩小。

③ 设备简单，运行方便，无须设沉淀池和污泥回流装置，不需要充填填料，也不需在反应区内设机械搅拌装置，造价相对较低，便于管理，且不存在堵塞问题。

5.3.2　内循环厌氧反应器

内循环（IC，internal circulation）厌氧反应器是新一代高效厌氧反应器，即内循环厌氧反应器，其结构类似于由 2 层 UASB 反应器串联而成。其由上下两个反应室组成。废水在反应器中自下而上流动，污染物被细菌吸附并降解，净化过的水从反应器上部流出。

IC 厌氧反应器是一种高效的多级内循环反应器，适用于有机高浓度废水，如玉米淀粉废水、柠檬酸废水、啤酒废水、土豆加工废水、酒精废水。

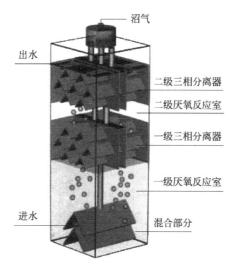

图 5-49　IC 厌氧反应器结构示意图

（1）IC 厌氧反应器的结构　IC 厌氧反应器按功能划分，IC 反应器由下而上共分为 6 个区：混合部分、一级厌氧反应室、一级三相分离器、二级厌氧反应室、二级三相分离器和气液分离区（图 5-49）。

① 混合部分　反应器底部进水、颗粒污泥和气液分离区回流的泥水混合物有效地在此区混合。

② 一级厌氧反应室　混合部分形成的泥水混合物进入该区，在高浓度污泥作用下，大部分有机物转化为沼气。混合液上升流和沼气的剧烈扰动使该反应区内污泥呈膨胀和流化状态，加强了泥水表面接触，污泥由此而保持着高的活性。随着沼气产量的增多，一部分泥水混合物被沼气提升至顶部的气液分离区。

③ 一级三相分离器　被提升的混合物中的沼气在此与泥水分离并导出处理系统，泥水混合物则沿着回流管返回到最下端的混合部分，与反应器底部的污泥和进水充分混合，实现了混合液的内部循环。

④ 二级厌氧反应室　经第一厌氧区处理后的废水，除一部分被沼气提升外，其余的都通过三相分离器进入第二厌氧区。该区污泥浓度较低，且废水中大部分有机物已在第一厌氧区被降解，因此沼气产生量较少。沼气通过沼气管导入气液分离区，对第二厌氧区的扰动很小，这为污泥的停留提供了有利条件。

⑤ 二级三相分离器　针对二级厌氧反应室内的气、液、固三相物质进行二次分离，沼气在此与泥水分离并导出处理系统，泥水混合物则沿着回流管返回混合区。

⑥ 气液分离区　第二厌氧区的泥水混合物在气液分离区进行固液分离，上清液由出水管排走，沉淀的颗粒污泥返回第二厌氧区污泥床。

UASB 与 IC 在运行上最大的差别表现在抗冲击负荷方面，IC 可以通过内循环自动稀释进水，有效保证了第一反应室的进水浓度的稳定性。其次是它仅需要较短的停留时间，对可生化性好的废水的确是优点。IC 同样有其缺点，那就是在污水可生化性不是太好的情况下，由于水力停留时间比较短，去除率远没有 UASB 高，增加了耗氧的负担。另外，IC 由于气体内循环，特别是对进水水质不太稳定，导致 IC 出水水量极不稳定，出水水质也相对不稳定，有时可能还会出现短暂不出水现象，对后序处理工艺是有影响的。UASB 比 IC 突出的优点就是去除率高，出水水质相对稳定。但 IC 优点还是很多的，特别是对于高 SS 进水，比 UASB 有明显优势，由于 IC 上升流速很大，SS 不会在反应器内大量积累，污泥可以保持较高活性。对于有毒废水也是如此。

从 IC 反应器工作原理中可见，反应器通过 2 层三相分离器来实现高 SRT 和 HRT 值，获得高污泥浓度，通过大量沼气和内循环的剧烈扰动，使泥水充分接触，获得良好的传质效果。

（2）IC 厌氧反应器的优势　IC 厌氧反应器的构造及其工作原理决定了其在控制厌氧处理影响因素方面比其他反应器更具优势，主要集中在以下 9 个方面。

① 容积负荷高　IC 反应器内污泥浓度高，微生物量大，且存在内循环，传质效果好，进水有机负荷可超过普通厌氧反应器的 3 倍以上。

② 节省投资和占地面积　IC 反应器容积负荷率高出普通 UASB 反应器 3 倍左右，其体积相当于普通反应器的 1/4～1/3，大大降低了反应器的基建投资；而且 IC 反应器高径比很大（一般为 4～8），所以占地面积少。

③ 抗冲击负荷能力强　处理低浓度废水（COD=2000～3000mg/L）时，反应器内循环流量可达进水量的 2～3 倍；处理 COD 在 10000～15000mg/L 的高浓度废水时，内循环流量可达进水量的 10～20 倍。大量的循环水和进水充分混合，使原水中的有害物质得到充分稀释，大大降低了毒物对厌氧消化过程的影响。

④ 抗低温能力强　温度对厌氧消化的影响主要是对消化速率的影响。IC 反应器由于含有大量的微生物，温度对厌氧消化的影响变得不再显著和严重。通常 IC 反应器厌氧消化可在常温条件（20～25℃）下进行，这样减少了消化保温的困难，节省了能量。

⑤ 具有缓冲 pH 值的能力　内循环流量相当于第 1 厌氧区的出水回流，可利用 COD 转化的碱度，对 pH 值起缓冲作用，使反应器内 pH 值保持最佳状态，同时还可减少进水的投碱量。

⑥ 内部自动循环，不必外加动力　普通厌氧反应器的回流是通过外部加压实现的，而 IC 反应器以自身产生的沼气作为提升的动力来实现混合液内循环，不必设泵强制循环，节省了动力消耗。

⑦ 出水稳定性好　利用二级 UASB 串联分级厌氧处理，可以补偿厌氧过程中 K_s 较高产生的不利影响，且反应器分级会降低出水 VFA 浓度，延长生物停留时间，使反应进行稳定。

⑧ 启动周期短　IC 反应器内污泥活性高，生物增殖快，为反应器快速启动提供有利条件。IC 反应器启动周期一般为 1～2 个月，而普通 UASB 启动周期长达 4～6 个月。

⑨ 沼气利用价值高　反应器产生的生物气纯度高，CH_4 为 70%～80%，CO_2 为 20%～30%，其他有机物为 1%～5%，可作为燃料加以利用。

5.3.3　膨胀颗粒污泥床反应器

（1）EGSB 反应器的优势　膨胀颗粒污泥床（EGSB）反应器（图 5-50）是在 UASB 反应器的基础上发展起

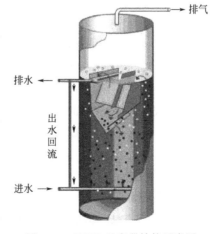

图 5-50　EGSB 反应器结构示意图

来的第三代厌氧生物反应器。从某种意义上说，是对 UASB 反应器进行了以下 3 方面改进。

① 通过改进进水布水系统，提高液体表面上升流速及产生沼气的搅动等因素。

② 设计较大的高径比。

③ 增加出水再循环来提高反应器内液体上升流速。

这些改进使反应器内的液体上升流速远远高于 UASB 反应器，高的液体上升流速消除了死区，获得更好的泥水混合效果。在 UASB 反应器内，污泥床或多或少像是静止床，而在 EGSB 反应器内却是完全混合的。能克服 UASB 反应器中的短流、混合效果差及污泥流失等不足，同时使颗粒污泥床充分膨胀，加强污水和微生物之间的接触。由于这种独特的技术优势，使 EGSB 适用于多种有机污水的处理，且能获得较高的负荷率，所产生的气体也更多。

EGSB 反应器主要是由进水系统、反应区、三相分离器和沉淀区等部分组成。污水从底部配水系统进入反应器，根据载体流态化原理，很高的上升流速使废水与 EGSB 反应器中的颗粒污泥充分接触。当有机废水及其所产生的沼气自下而上地流过颗粒污泥床层时，污泥床层与液体间会出现相对运动，导致床层不同高度呈现出不同的工作状态；在反应器内的底物、各类中间产物以及各类微生物间的相互作用，通过一系列复杂的生物化学反应，形成一个复杂的微生物生态系统，有机物被降解，同时产生气体。在此条件下，一方面可保证进水基质与污泥颗粒的充分接触和混合，加速生化反应进程；另一方面有利于减轻或消除静态床（如 UASB）中常见的底部负荷过重的状况，从而增加了反应器对有机负荷的承受能力。

三相分离器的作用首先是使混合液脱气，生成的沼气进入气室后排出反应器，脱气后的混合液在沉淀区进一步进行固液分离，污泥沉淀后返回反应区，澄清的出水流出反应器。为了维持较大的上升流速，保障颗粒污泥床充分膨胀，EGSB 反应器增加了出水再循环部分。使反应器内部的液体上升流速远远高于 UASB 反应器，强化了污水与微生物之间的接触，提高了处理效率。

(2) EGSB 反应器与 UASB 和 AFB 的比较　EGSB 反应器在结构及运行特点上集 UASB 和 AFB 的特点于一体，具有大颗粒污泥、高水力负荷、高有机负荷等明显优势，均有保留较高污泥量，获得较高有机负荷，保持反应器高处理效率的可能性和运行性。该工艺还具备区别于 UASB 和 AFB 的特点。

① 与 UASB 反应器相比，EGSB 反应器高径比大，**液体上升流速（4～10m/h）和 COD 有机负荷 [40kg/(m³·d)] 更高**，比 UASB 反应器更适合中低浓度污水的处理。

② 污泥在反应器内呈膨胀流化状态，污泥均是颗粒状的，活性高，沉淀性能良好。

③ 与 UASB 反应器的混合方式不同，由于较高的液体上升流速和气体搅动，使泥水的混合更充分；抗冲击负荷能力强，运行稳定性好。内循环的形成使得反应器污泥膨胀床区的实际水量远大于进水量，循环回流水稀释了进水，大大提高了反应器的抗冲击负荷能力和缓冲 pH 值变化的能力。

④ 反应器底部污泥所承受的静水压力较高，颗粒污泥粒径较大，强度较好。

⑤ 反应器内没有形成颗粒状的絮状污泥，易被出水带出反应器。

⑥ 对 SS 和胶体物质的去除效果差。

5.3.4　厌氧氨氧化

厌氧氨氧化（anaerobic ammonia oxidation，ANAMMOX）是指在厌氧条件下，以亚硝酸氮为电子受体、氨氮为电子供体的微生物反应，最终产物为氮气。

与传统硝化反硝化生物脱氮技术相比，厌氧氨氧化技术理论上可以节约 62.5% 的曝气量，无须外加碳源，污泥产量很少，还可以减少温室气体的排放，是一种节能降耗的新型生物脱氮技术，受到水处理工作者的广泛关注，其简要反应式如下：

$$NH_4^+ + NO_2^- \longrightarrow N_2 \uparrow + 2H_2O \quad (\Delta G = -358kJ/mol)$$

由上式可知，较传统全程硝化反硝化工艺，硝化和反硝化过程均缩短了一个步骤，理论上无须碳源，并且产生更少的剩余污泥（自养菌生长缓慢），排放更少的 CO_2（自养菌以 CO_2 作为碳源），是一种更具可持续特征的脱氮工艺。

1977 年，奥地利的理论化学家 Broda 根据化学反应热力学标准吉布斯自由能变化（表 5-7），做出了自然界应该存在以硝酸盐或者亚硝酸盐为氧化剂的氨氧化反应的预言。

表 5-7　部分氨氧化反应的标准吉布斯自由能变化

电子受体	化学反应	$\Delta G/(kJ/mol)$	可能性
NO_2^--N	$NH_4^+ + NO_2^- \longrightarrow N_2 + 2H_2O$	-358	可能
NO_3^--N	$5NH_4^+ + 3NO_3^- \longrightarrow 4N_2 + 9H_2O + 2H^+$	-278	可能

在实际工程中，1995 年，荷兰 Mulder 等首先在一个处理酵母废水的反硝化中试装置内发现该反应过程。根据热力学理论，此反应过程可自发进行，厌氧氨氧化是一个产能反应，理论上可以提供微生物生长所需的能量。

厌氧氨氧化现象自发现至今仅 20 余年，但由于其高效的脱氮性能而受到广泛关注和研究。与传统工艺相比，厌氧氨氧化脱氮可以减少约 60% 的需氧量、100% 的碳源、80% 的污泥产量。

ANAMMOX（图 5-51）菌几乎存在于所有的市政污水厂中，在厌氧消化污泥、反硝化污泥和硝化污泥样品中，都能检出具有厌氧氨氧化活性的菌株，但在不同污水处理厂具有不同的丰度表现，其在一般市政污水厂中丰度范围为 $10^6 \sim 10^7 copies/g$，占全细菌的比例为 $0.002\% \sim 0.008\%$，与厌氧氨氧化菌在陆地淡水生态系统的丰度水平相当，但高于海洋氧最小区的丰度水平 $10^4 copies/g$。即在非厌氧氨氧化工艺的普通市政污水处理系统中，厌氧氨氧化菌也具有广泛存在性，

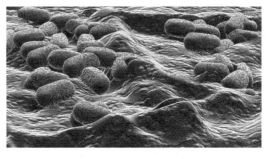

图 5-51　ANAMMOX 菌

并在不同污水处理生态系统间具有强异质性特点。

ANAMMOX 反应的电子受体是 NO_2^--N 而非 NO_3^--N，因此要解决市政污水处理厂主流线路采用 ANAMMOX 技术的问题，必须首先解决 NO_2^--N 的来源问题，在常温、低氨氮浓度条件下，稳定地获取亚硝酸盐，即实现稳定的短程硝化绝非易事，尽管目前有许多人声称实现了短程硝化，但迄今仍未见有市政污水工程实例实现了稳定短程硝化的报道。如果市

政污水尝试采用 ANAMMOX 技术，不解决亚硝酸盐的来源问题，ANAMMOX 将无从谈起。但市政污水的稳定短程硝化是世界性难题，各种各样的复杂控制条件的代价，很可能已经超过了应用短程硝化所能带来的优势，甚至有人认为低浓度生活污水的短程硝化难以实现。

目前，建立短程硝化主要有以下三大控制手段：超过 25℃的操作温度；提高游离氨（free ammonia，FA）浓度；降低溶解氧。

和传统生物脱氮相比较（图 5-52），短程硝化-反硝化（图 5-53）更节省碳源，一个刚刚启动的生物脱氮反应系统，如何在短时间内实现短程硝化以及如何能够长期稳定地维持下去是人们最为关心的问题，给予亚硝酸菌适宜的生长环境并结合过程控制来解决这个问题可以说是一种很好的方法。

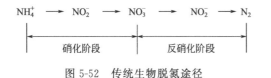

图 5-52　传统生物脱氮途径

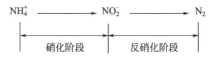

图 5-53　短程硝化-反硝化生物脱氮途径

因氨氧化反应较亚硝酸氧化反应对温度更敏感，以致在较高温度（但低于酶变性温度）条件下，AOB 生长得比 NOB 更快。温度对于短程硝化的作用是最显著的，也是成功运用于工程实践中（SHARON 工艺）的控制手段。目前，经过不同温度条件下的对比分析研究表明，11～15℃与 31～35℃均可抑制 NOB 的活性，从而有利于实现生活污水短程硝化的稳定运行，也有试验表明 26℃的条件下，能够实现亚硝化，出水可满足后续厌氧氨氧化工艺的进水要求。在实际运行中大多采用在线监测控制策略，其中 DO 和 pH 值是应用最广泛的控制参数。

采用厌氧氨氧化工艺时，城市污水处理厂能源自给率大幅度提高。主要原因在于以下 2 个方面：碳氮污染物去除的分离，使得有机物可充分回收，甲烷产量可增加 1 倍；污水厂运行能耗尤其是曝气能耗也大幅度削减。

因此基于一体化厌氧氨氧化工艺的城市污水处理厂能量自给率提高的关键在于曝气能耗的降低和厌氧消化工艺中甲烷产量的提高。但高浓度有机碳源将对 ANAMMOX 菌产生抑制作用，因此，ANAMMOX 串联工艺目前主要用于低碳氮比废水的处理，主要应用于垃圾渗滤液、养殖废水、城镇污水处理厂厌氧消化液、味精加工废水等的处理，均取得了优异的效果。

国外第一个工程化的厌氧氨氧化反应器建立在荷兰鹿特丹 Dokhaven 污水处理厂，并于 2002 年投入运行，Dokhaven 污水处理厂建成了有效容积 70m³ 的生产性 ANAMMOX 反应器，经 3.5 年（1250d）的运行，成功启动了反应器。作为世界上第一个生产性厌氧氨氧化反应器，其接种污泥和启动策略对其他工程应用具有较好的借鉴作用。

奥地利滑雪圣地斯特拉斯 Strass 污水处理厂于 2004 年开始实施运行，该厂规模虽小，但其在能源回收方面的突出表现使之成为全球可持续污水处理标志性示范厂之一。该厂通过回收污水中能量（CH₄）并优化各处理单元运行，早在 2005 年便已实现了碳中和运行目标，其产能/耗能比已高达 1.08，是目前世界上率先实现能量自给自足为数不多的几个污水处理厂之一。此外，奥地利 Salzburg 污水处理厂、瑞士 Glarnerland 污水处理厂以及美国 Washington DC 污水处理厂等都已工程化实施厌氧氨氧化脱氮技术，经过十余年的发展，截止到 2014 年全世界已有 114 座厌氧氨氧化工程（包括 10 座在建的工程和 8 座正在设计的工程），其中 75％应用于城市污水处理厂。

表 5-8 即为 SHARON-ANAMMOX 和 CANNON 工艺在国外的工程应用。

表 5-8　SHARON-ANAMMOX 和 CANNON 工艺在国外的工程应用

工程项目	应用场合	工艺	N 负荷 /[kg/(m³·d)]		反应器容积 /m³	接种污泥	启动时间 /月
			设计	实际			
Zurich	消化上清液	CANNON	625	500	1400	驯化接种污泥	6
Strass 污水厂	消化污泥脱水废水	CANNON	250	500	500	短程硝化反硝化污泥	30
Glarnerland 污水厂	消化污泥脱水废水	CANNON	250	500	400	CANNON 工艺污泥	1.7
Rotterdam	污泥消化液	SHARON-ANAMMOX	500	700	70	污水厂消化污泥	41

为了更好地控制短程硝化反应，短程硝化-厌氧氨氧化（partial nitritation-ANAMMOX，PN-ANAMMOX）装置大多采用两级系统或利用已有的短程硝化系统（如 SHARON 反应器）。但随着工程化经验越来越丰富，重点开始转向单级系统。

目前，工程化的装置主要包括移动床生物膜反应器（moving bed biofilm reactor，MB-BR）、颗粒污泥反应器和序批式反应器（sequencing batch reactor，SBR），还有少数生物转盘（rotating biological contactors，RBC）和活性污泥系统。一体式颗粒污泥反应器也应用于工业废水的自养脱氮工程。目前我国建造了数座实际工程，主要在发酵行业（包括酿酒、味精、酵母废水），其中通辽梅花味精废水一期工程 ANAMMOX 反应器容积高达 6600m³，是迄今世界上规模最大的 ANAMMOX 工程。表 5-9 即为 ANAMMOX 工艺在国外的应用情况。

表 5-9　中试和生产性 ANAMMOX 反应器的接种污泥及其运行情况

项目	国家	废水种类	反应器类型	反应器容积/m³	接种污泥	TN 负荷
厌氧氨氧化	瑞典	污泥消化液	MBBR[3]	2.1	硝化污泥	0.122[1]
	瑞士	污泥消化液	SBR	2.5	市政污泥	0.65[1]
	荷兰	模拟废水	GSR[4]	5	厌氧氨氧化污泥	5.00[1]
	日本	N. A.	GSR	58	N. A.	4.00[2]
	丹麦	N. A.	MBBR	67	N. A.	1.00[2]
	荷兰	污泥消化液	GSR	70	硝化、厌氧氨氧化污泥	9.50[1]
	荷兰	N. A.	GSR	100	部分厌氧氨氧化污泥	1[2]
短程硝化/厌氧氨氧化工艺（在同一个反应器内实现）	瑞典	污泥消化液	MBBR	4	N. A.	1.50~1.90[1]
	瑞士	填埋场渗滤液	RBC	33	N. A.	0.5[2]
	丹麦	N. A.	RBC	80	N. A.	0.6[2]
	丹麦	N. A.	MBBR	102	N. A.	1[2]
	英国	渗滤液	RBC	240	硝化污泥	1.7[2]
	瑞士	N. A.	SBR	400	N. A.	0.4[2]
	奥地利	污泥消化液	SBR	500	部分厌氧氨氧化污泥	0.6[2]
	荷兰	马铃薯废水厌氧消化液	Bubblecolumn	600	部分厌氧氨氧化污泥	1.2[2]

注：N. A. 为未知。

①　为容积总氮去除率。

②　为最大比去除速率。

③　为移动床生物膜反应器。

④　为颗粒污泥床 TN 负荷，kg/(m³·d)。

目前厌氧氨氧化工艺已成功运用于中国、日本、美国以及荷兰等国家的高基质（氨氮）中温（30~40℃）废水处理中，今后努力的方向则是将其较好地用于处理低基质低温的工业废水。

目前，ANAMMOX 工艺已经成功应用于污泥消化液、垃圾渗滤液、味精废水以及猪场废水等高浓度含氮废水的处理，且达到生产性规模。然而 ANAMMOX 菌仍然存在一些不足，比如还不能纯化培养、生长缓慢（倍增时间约为 11d）、对环境条件敏感、需要中温条件（30~40℃）、基质利用单一等，严重制约了该工艺的进一步发展，不过，近年来，分子生物学技术的飞速发展，为揭示 ANAMMOX 菌生命活动规律提供了新的研究手段。

第**6**章

工业园区高难度废水的膜前预处理技术

6.1 高难度废水的膜前预处理简述

随着环保标准的不断升级，膜工艺作为一种中水回用工艺，越来越受到人们的追捧，但是鉴于超波（UF）、纳滤（NF）和反渗透（RO）膜等绝大多数膜法水处理对进水水质有比较严格的要求，一旦预处理系统出现问题，污染物可能会在膜表面堆积，给膜系统带来不可逆转的危害，因此合理的预处理是保障系统正常运行和降低运行成本的关键环节。

常用预处理的方法有絮凝沉淀法、砂滤法、活性炭法等物理化学方法。本部分针对化工园区污水较适合的磁絮凝、高密度沉淀池以及活性砂过滤工艺进行阐述。

6.2 磁絮凝

（1）工艺原理 水中颗粒状物质在磁场里要受磁力、重力、惯性力、黏滞力以及颗粒间相互作用力的作用，原理简图如图 6-1 所示。磁分离技术就是有效地利用磁力，克服与其抗衡的重力、惯性力、黏滞力（磁过滤、磁盘）或利用磁种的大密度重力使颗粒凝聚后沉降分离（磁凝聚）。其详细工艺原理有以下 3 点。

① 磁絮凝技术的工艺原理是在传统的絮凝混合沉淀工艺中，加入磁种，以增强絮凝的效果，形成高密度的絮凝体和加大絮凝体的密度，达到高效除污和快速沉降的目的。

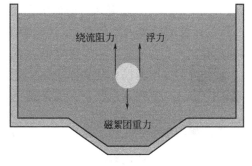

图 6-1 磁絮团在水中的受力分析图

② 根据磁种的离子极性和金属特性，作为絮凝体的核体，大大地强化了对水中悬浮污染物的絮凝结合能力，减少絮凝剂用量，在去除悬浮物，特别是在去除磷、细菌、病毒、油、重金属等方面的效果比传统工艺要好。

③ 由于磁种的密度高达 $5.0 \times 10^3 \, kg/m^3$，混有磁种的絮凝体密度增大，可使絮凝体快速沉降，整个水处理从进水到清液出水可在 15min 左右完成，而污泥中的磁种则可以使用稀土永磁磁鼓进行分离后回收并在系统中循环使用，以达到高度净化出水并降低污水处理费用的目的。

（2）工艺流程 磁絮凝工艺是沉淀池污泥经回流泵送至磁粉/污泥分离系统回收，磁粉实现循环使用，分离出的污泥排入污泥池进行脱水处理，具体的工艺流程如图 6-2 所示，可以分为 6 个主要区段。

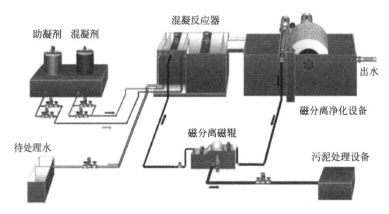

图 6-2 磁絮凝工艺流程图

① 快速混凝区　待处理水体经配水系统分配后到达快速搅拌的混凝区，在搅拌器的桨叶附近加入铁盐或铝铁作为混凝剂。使混凝剂迅速均匀分散到水中，利于混凝剂水解，充分发挥混凝剂高电荷对水中胶体的电中和脱稳作用，使微小颗粒聚集在一起。

② 磁粉加载区　磁粉加载区中投入适量磁粉，磁粉微小，作为晶核更容易形成矾花，大大提高矾花的密度，同时在磁粉间的相互吸引下快速形成大颗粒、高密度絮体，加快沉淀速度。从沉淀区底部回流的污泥被泵送到磁粉加载区中。加入循环污泥的目的是使原污水的悬浮固体与系统内的污泥接触。

③ 絮凝区　水从磁粉加载区流向絮凝区。为了使固体悬浮物进一步形成较大、较密实的絮体物，需要在浆凝区中投加高分子架凝剂，絮凝剂具有吸附架桥作用，使细小颗粒逐渐结成较大体，便于固液分离，使水中的悬浮物质及胶体得到有效去除。

④ 沉淀区　经过絮凝区后的污水流入沉淀区。沉淀区利用浅层沉淀的原理，采用斜管，使得沉淀区的表面水力负荷明显提高。污水在沉淀区的流向是往上方流动，颗粒沉淀，沉积在池底，中间传动的刮泥板将池底的污泥刮向池的中间并跌落在泥斗中，污泥循环泵从泥斗抽出并送至磁粉加载区的污泥称为循环污泥，而剩余污泥则通过剩余污泥泵送至磁分离机后，磁粉回收再利用，剩余污泥送至污泥处理工序。

图 6-3 磁絮团
速剪器

⑤ 速剪器　基于普通磁泥剪切机运行时磁粉、污泥分散不完全，密封件使用寿命短，磁泥分散效果不理想等缺点，而进一步优化设计的磁泥剪切机（图 6-3），筒体内部设置的双级式剪切刀产生高速碰撞而形成意义上的高速剪切效果，从而将磁粉或污泥分散。

速剪器的转速一般在 1400r/min 左右，作用机理内含剪切刀，强烈转动过程会打碎原有磁絮体，分离开磁种和其余污泥。剪切刀可以随搅拌旋转，也可以安装在筒体上静止。一般速剪器的密封件采用特殊合金加厚的动环和静环作为密封件的核心部件，使用寿命超过 9000h 方可。

⑥ 磁分离机　磁分离机（图 6-4）的功能是从一定浓度污泥浆液中回收特定粒度、品位、品质的磁粉。由磁泥输送泵将含磁粉污泥输送至磁分离

机，当含粉活泥通过磁分离机时，磁分离机的核心部件永磁单元将含磁粉污泥中的磁粉吸附捕捉，使磁粉与活泥分离，分离后的磁粉再次回到系统中循环利用，污泥进入污泥处理单元。

（3）设备的作用　在占地面积小，需要快速沉降分离处理污水的场景中，磁絮凝工艺是非常合适的，磁絮凝设备在类似废水处理领域中的作用主要体现在以下 6 个方面。

① 去除有机物。可以使大量的微生物附着在载体表面，对有机物进行吸附、生物氧化，将有机物分解或转化成为微生物组分，从而去除水体中的 BOD。

图 6-4　磁分离机实景

② 去除 SS。悬浮物与生物载体的碰撞促使其充分沉降，表面的微生物絮凝作用使悬浮物被吸附，随生物膜脱落降至水底。

③ 去除氮、磷。溶解氧梯度构成的 AO 环境及材料孔隙结构，为脱氮除磷创造了适宜条件。

④ 能够对污水去除悬浮性颗粒并且去除 TP 的效率很高。可以作为对进水负荷有要求的工艺预处理或者深度处理。

⑤ 可以用于河道治理。采用体外净化将河道水引入水处理设施中进行净化处理，可将水体中的大量的污染物质进行削减，去除水体黑臭，恢复河道的感官透明度。

⑥ 移动式车载磁絮凝水处理设备。可以快速部署、移动方便，可进行移动式处理，有效地解决较为分散、管网建设不健全地区的污水处理问题。

6.3　高密度沉淀

（1）工艺原理　高密度沉淀池属于一种载体絮凝技术，同样是一种快速沉淀技术，其特点是在混凝阶段投加高密度的不溶介质颗粒（如细砂），利用介质的重力沉降及载体的吸附作用加快絮体的生长及沉淀，是一种通过使用不断循环的介质颗粒和各种化学药剂强化絮体吸附从而改善水中悬浮物沉降性能的物化处理工艺。

其工作原理是首先向水中投加混凝剂（如硫酸铁），使水中的悬浮物及胶体颗粒脱稳，然后投加高分子助凝剂和密度较大的载体颗粒，使脱稳后的杂质颗粒以载体为絮核，通过高分子链的架桥吸附作用以及微砂颗粒的沉积网捕作用，快速生成密度较大的矾花，再配合斜板沉淀池使用，可以大大缩短沉降时间，提高澄清池的处理能力，并有效应对高冲击负荷（图 6-5）。

（2）工艺流程　一般高速沉淀池的完整工艺流程，可以分为以下 4 个阶段。

① 混凝池混凝剂投加在原水中，在快速搅拌器的作用下同污水中悬浮物快速混合，通过中和颗粒表面的负电荷使颗粒"脱稳"，形成小的絮体然后进入絮凝池。同时原水中的磷和混凝剂反应形成磷酸盐达到化学除磷的目的。

② 投加池中微砂和混凝形成的小絮体在快速搅拌器的作用快速混合，并以微砂为核心形成密度更大的絮体，有利于在沉淀池中的快速沉淀。

③ 絮凝剂促使进入的小絮体通过吸附、电性中和和相互间的架桥作用形成更大的絮体，此时应慢速搅拌，以达到既使药剂和絮体能够充分混合又不会破坏已形成的大絮体的目的。

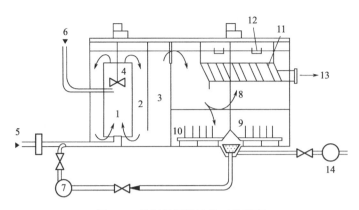

图 6-5 高密度沉淀池的工作原理

1,2,3—絮凝区；4—螺旋涡轮；5—原水进水口；6—助凝剂投加点；7—污泥循环泵；
8—预澄清区；9,10—刮泥机；11—斜管；12—集水槽；13—出水口；14—污泥排放泵

④ 絮凝后出水进入沉淀池的斜板底部，然后上向流至上部集水区，颗粒和絮体沉淀在斜板的表面上并在重力作用下下滑。较高的上升流速和斜板 60°倾斜可以形成一个连续自刮的过程，使絮体不会积累在斜板上。

如果系统中采用了微砂，则需要添加泥砂分离设备，微砂随污泥沿斜板表面下滑并沉淀在沉淀池底部，然后循环泵把微砂和污泥输送到水力分离器中，在离心力的作用下，微砂和污泥进行分离：微砂从下层流出直接回到投加池中，污泥从上层流溢出，然后通过重力流流向污泥处理系统。沉淀后的水由分布在斜板沉淀池顶部的不锈钢集水槽收集、排放（图 6-6）。

图 6-6 带微砂絮凝的高密度沉淀池

（3）工艺优势 高密度沉淀池与常规沉淀池相比有以下 3 个优点。

① 由机械混凝、机械絮凝代替了水力混凝、水力絮凝，由于机械搅拌使药剂和污水的混合更快速充分，因此强化了混凝、絮凝的效果，同时也节约了药剂。

② 在沉淀区增加了基于"浅池沉淀理论"的上向流斜板，大大降低了沉淀区占地面积，进水区及扩展沉淀区的应分离的密度大的 SS（大约占总 SS 含量的 80%）直接沉淀在污泥回收区，减少通过斜板的污泥量，减少了斜板堵塞的发生。

③ 加砂高速沉淀池采用粒径在 $100\sim150\mu m$ 的不断循环更新的微砂作为絮体的凝结核，由于大量微砂的存在，增加了絮体凝聚的概率和密度，使得抗冲击负荷能力和沉降性能大大提高，即使在较大水力负荷条件下，也能保证理想、稳定的出水水质。

6.4 活性砂连续过滤

活性砂连续过滤器（图 6-7）是一种集絮凝、澄清、过滤为一体的连续过滤设备，广泛

应用于工业污水的深度处理。系统采用升流式流动床过滤原理和单一均质滤料,过滤与洗砂同时进行,能够 24h 连续自动运行,巧妙的提砂和洗砂结构代替了传统大功率反冲洗系统,所以其运行能耗极低。

图 6-7　活性砂连续过滤器

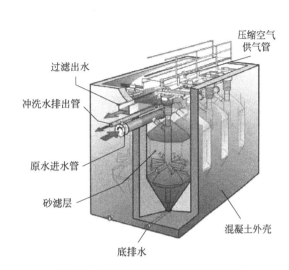

图 6-8　活性砂连续过滤器的结构图

活性砂连续过滤系统应包括滤芯组件、管道系统、池体(或罐体)、滤池上盖、检修阀门、压缩空气系统、电控柜、气控柜、石英砂等(图 6-8)。

污水厂尾水通过进水管进入过滤器底部,经布水器均匀布水后自上而下通过滤料层。在此过程中,尾水被过滤,去除了水中的污染物。同时活性砂滤料中污染物的含量增加,并且下层滤料层的污染物程度比上层滤料要高。此时打开位于过滤器中央的空气提升泵,将下层的石英砂滤料提至过滤器顶部的洗砂器中进行清洗。滤砂清洗后返回滤床,同时将清洗所产生的污染物外排。

连续砂过滤系统的核心是滤芯。滤芯由圆锥形布砂器、布水器、砂水分流器套管总成、洗砂器总成和气动提砂泵组成(图 6-9、图 6-10)。

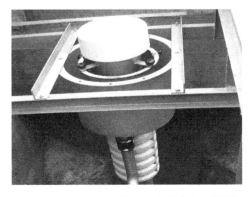

图 6-9　洗砂器和连续砂过滤器滤芯实景图

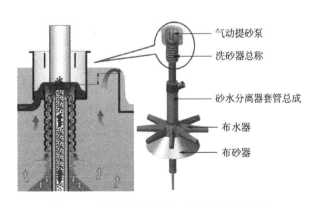

图 6-10　洗砂器和连续砂过滤器滤芯示意图

布砂器和布水器材质采用高强度、耐磨、耐腐蚀的改性增强尼龙 66 高分子复合材料，并采用压力注射模具制造，确保滤芯使用寿命在 25 年以上。

活性砂滤料在提升泵的作用下呈自上而下的运动，对尾水起搅拌作用。过滤器内滤料能够及时得到清洁，抗污染物负荷冲击能力强。活性砂过滤器特殊的内部结构及其自身运行特点，使得混凝、澄清、过滤在同一个池体内可全部完成。

活性砂过滤器的技术特点如下。

① 石英砂滤料层较厚，滤池较深，土建费用较高。

② 过滤效率较高，过滤效果较好，无须停机反冲洗，运行费用低。

③ 水头损失较高，一般需要设置二次提升泵房，增加了运行费用。

④ 活性砂过滤器可根据水量变化灵活增加或减少过滤器数量，主要适应于小规模的污水处理厂。

第7章

工业园区高难度废水的膜处理技术

7.1 高难度废水的膜工艺简述

膜分离技术被公认为是目前最有发展前途的高科技水处理技术，膜分离技术是以选择性多孔薄膜为分离质，使分子水平上不同粒径分子的混合物溶液借助某种推动力（如压力差、浓度差、电位差等）通过膜时实现选择性分离的技术，低分子溶质透过膜，大分子溶质被截留，以此来分离溶液中不同分子量的物质，从而达到分离、浓缩、纯化目的。

这些年来，扩散定理、膜的渗析现象、渗透压原理、膜电势等研究为膜技术的发展打下了坚实的理论基础，膜分离技术日趋成熟，而相关科学技术的突飞猛进也使得膜的实际应用已十分广泛，从环境、化工、生物到食品各行业都采用了膜分离技术。而在化工园区高难度污水处理领域中，最常用的是以下4种：微滤膜、超滤膜、纳滤膜和RO膜。

四种膜工艺对比如图7-1所示。

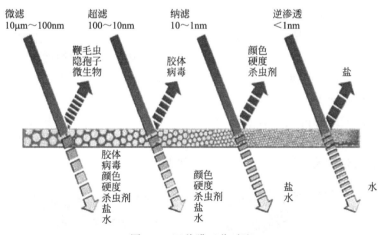

图 7-1　四种膜工艺对比

7.2 微滤膜

微滤（microfiltration，MF）是一种以压力为推动力，以膜的截留作用为基础的高精密度过滤技术。在外界压力作用下，它可以阻止水中的悬浮物、微粒和细菌等大于膜孔径的杂质透过，以达到水质净化的目的。

微滤膜能截留 $0.1 \sim 1 \mu m$ 的颗粒。微滤膜允许大分子和溶解性固体（无机盐）等通过，但会截留悬浮物和细菌及大分子量胶体等物质。

微孔过滤属于精密过滤，一般精度范围为 $0.1\mu m$ 以上，能够过滤微米（micron）级的微粒和细菌，能够截留溶液中的沙砾、淤泥、黏土等颗粒和贾第虫、隐孢子虫、藻类和一些细菌等，而大量溶剂、小分子及大分子溶质都能透过的膜的分离过程（图 7-2）。

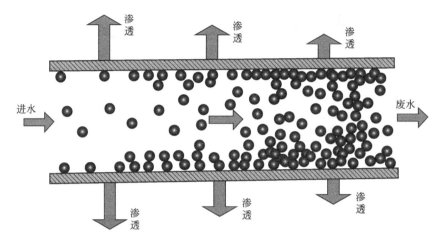

图 7-2　微滤膜水处理原理示意图

微滤膜的运行压力一般为 $0.3\sim7$ bar（1bar$=$0.1MPa）。微滤膜过滤是世界上开发应用最早的膜技术，以天然或人工合成的高分子化合物作为膜材料。对微滤膜而言，其分离机理主要是筛分截留。

在压力驱动下，截留直径在 $0.1\sim1\mu m$ 之间的颗粒，如悬浮物、细菌、部分病毒及大尺寸胶体，微滤膜平均孔径 $0.02\sim10\mu m$，能够截留直径 $0.05\sim10\mu m$ 的微粒或分子量大于100 万的高分子物质，操作压差一般为 $0.01\sim0.2$MPa。原料液在压差作用下，其中水（溶剂）透过膜上的微孔流到膜的低压侧，为透过液，大于膜孔的微粒被截留，从而实现原料液中的微粒与溶剂的分离。微滤过程对微粒的截留机理是筛分作用，决定膜的分离效果是膜的物理结构、孔的形状和大小。

微滤膜按膜形式来分的话，有平板膜、中空纤维式、熔喷式（PP 棉）（图 7-3）、线绕式、折叠微滤膜；按膜材料来分的话，有机膜（PP、PVC、PVDF、PES 等）、无机膜［陶瓷膜（图 7-4）、氧化铝膜］等。微滤膜的特点如下。

图 7-3　熔喷 PP 棉微滤膜

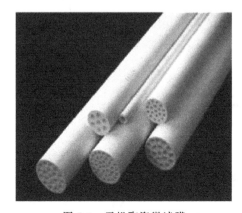

图 7-4　无机陶瓷微滤膜

① 分离效率是微孔膜最重要的性能特性，该特性受控于膜的孔径和孔径分布。由于微孔滤膜可以做到孔径较为均一，所以微滤膜的过滤精度较高，可靠性较高。

② 表面孔隙率高，一般可以达到 70%，比同等截留能力的滤纸至少快 40 倍。

③ 微滤膜的厚度小，液体被过滤介质吸附造成的损失非常少。

④ 高分子类微滤膜为一均匀的连续体，过滤时没有介质脱落，不会造成二次污染，从而得到高纯度的滤液。

7.3 超滤膜

（1）超滤的原理 超滤（ultrafiltration，UF）主要是在压力推动下进行的筛孔分离过程，其基本原理如图 7-5 所示。

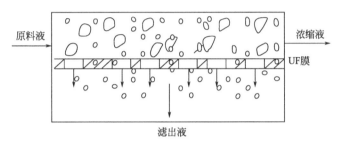

图 7-5 超滤原理示意图

超滤膜是一种用于超滤过程能将一定大小的高分子胶体或悬浮颗粒从溶液中分离出来的高分子半透膜，以压力为驱动力，膜孔径为 1～100nm，属非对称性膜类型，适用于脱除胶体级微粒和大分子，能分离浓度小于 10% 的溶液。超滤膜对溶质的分离过程主要有以下三个方面：在膜表面及微孔内吸附（一次吸附）；在孔中停留而被去除（阻塞）；在膜面的机械截留（筛分）。

超滤膜具有不对称的微孔结构，分为两层：上层为功能层，具有致密微孔和拦截大分子的功能，其孔径为 1～20nm；下层具有大通孔结构的支撑层，起增大膜强度的作用。超滤膜的构造如图 7-6 所示。

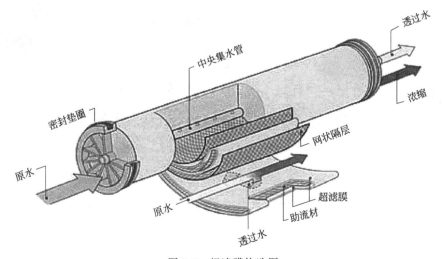

图 7-6 超滤膜构造图

超滤膜的功能层较薄，透水通量大。一般先制成管式、板面式、卷式、毛细管式等各种型式的组件，然后组装多个组件在一起应用，以增大过滤面积。膜的超滤过程在本质上是机械筛滤过程，膜表面孔隙的大小是最主要的控制因素。超滤膜能分离的溶质（高分子或溶体）为1～30nm大小的分子，它排斥的物质除膜的特性外，还与物质分子的形状、大小、柔度及操作条件等有关。

超滤的分离特征如下：分离过程不发生相变，能耗较少；分离过程在常温下进行，适合用于热敏性物质的分离、浓缩和纯化；采用低压泵提供的动力为推动力即可满足要求，设备工艺流程简单，易于操作、维护和管理。

超滤膜通常由各种高分子材料制成，如醋酸纤维素类、醋酸纤维素酯类、聚乙烯类、聚砜类、聚酰胺类以及芳香族聚合物类等。

（2）超滤膜组件的分类　超滤膜组件按结构形式可分为板框式、螺旋式、管式、中空纤维式、毛细管式等，下面对其中四种形式分别进行介绍（表7-1）。

表7-1　几种超滤膜特点比较

组件类型	膜比表面积/(m²/m³)	投资费用	运行费用	流速控制	就地清洗情况
管式	25～50	高	高	好	好
板框式	400～600	高	低	中等	差
螺旋式	800～1000	最低	低	差	差
毛细管式	600～1200	低	低	好	中等

① 板框式组件　板框式组件是最早研究和应用的膜组件形式之一，它最先应用在大规模超滤和反渗透系统，其设计源于常规的过滤概念。板框组件可拆卸进行膜清洗，单位膜面积装填密度高，投资费用较高，运行费用较低（图7-7）。

图7-7　板框式超滤膜　　　　　图7-8　螺旋式超滤膜

② 螺旋式组件　螺旋式（又称卷式）组件最初也是为反渗透系统开发的，目前广泛应用于超滤和气体分离过程，其投资及运转费用都较低，但由于超滤除部分用于水质净化外，多数应用于高分子、胶体等物质的分离浓缩，而卷式结构导致膜面流速较低，难以有效控制浓差极化且膜面易受污染，从而限制了卷式超滤组件的应用范围（图7-8）。

③ 管式膜组件　管式膜组件系统对进料液有较强的抗污能力，通过调节膜表面流速能

有效地控制浓差极化，膜被污染后宜采用海绵球或其他物理化学清洗，在超滤系统中使用较为普遍。其缺点是投资及运行费用都较高，膜装填密度小。最初的管式膜组件，每个套管内只能填充单根直径 2～3cm 的膜管，近年来研发的管式膜组件可以在每个套管内填充 5～7 根直径在 0.5～1.0cm 的膜管（图 7-9）。

图 7-9　管式超滤膜

图 7-10　毛细管式超滤膜

④ 毛细管式膜组件　毛细管式膜组件由直径 0.5～2.5mm 的毛细管膜组成，制作时将数根毛细管式超滤膜（图 7-10）平行置于耐压容器中，两端用环氧树脂灌封。料液在膜组件中的流动方式为轴流式。毛细管式膜组件分为内压和外压两种，膜采用纤维纺丝工艺制成，由于毛细管没有支撑材料，因而投资费用低，便于进行反冲洗，但操作压力有限。该类膜组件密度大，进料液需经过有效的预处理。毛细管式超滤装置目前在国内应用较为广泛。

（3）超滤膜过滤方式的分类　超滤膜过滤方式主要分为错流过滤和死端过滤（图 7-11）。

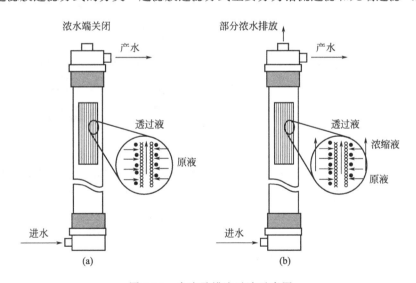

图 7-11　全流及错流过滤示意图

（a）全流过滤；（b）错流过滤

① 错流过滤　指进水平行膜表面流动，透水垂直于进水流动方向透过膜，被截流物质富集于剩余水中，沿进水流动方向排出组件，返回进水箱，与原水合并循环返回超滤系统。循环水量越大，错流切速越高，膜表面截留物质覆盖层越薄，膜的污堵越轻。错流过滤可以增大膜表面的液体流速，使膜表面凝胶层厚度降低，从而可以有效降低膜的污染，一般用在原水水质条件较差的情况下。

② 死端过滤　又称全流过滤，指原水以垂直于膜表面的方向透过膜流动，水中的污染物被截留而沉积于膜表面。

错流过滤的回流比一般在 10%～100%，也可选择更高的回流比，但必须考虑液体在膜丝内的流速以及在膜丝方向上的压降，防止膜表面的污染不均匀。使用错流过滤可以降低膜的污染，但由于需要更大的水输送量，因此相对死端过滤需要更大的能耗。

超滤膜已广泛用于工业废水和工艺水的深度处理，如化工、食品和医药工业中大分子物质的浓缩、纯化和分离，生物溶液的除菌，印染废水中染料的分离，石油化工废水中回收甘油，照相化学废水中回收银以及超纯水的制备等。此外，还可用于污泥浓缩脱水等。

7.4　纳滤膜

纳滤膜（nanofiltration membranes）是 20 世纪 80 年代末期问世的一种新型分离膜，其截留分子量介于反渗透膜和超滤膜之间，为 100～2000Da，由此推测纳滤膜可能拥有 1nm 左右的微孔结构，故称为"纳滤"（图 7-12）。

（1）纳滤膜的机理　纳滤膜大多是复合膜，其表面分离层由聚电解质构成，因而对无机盐具有一定的截留率。国外已经商品化的纳滤膜大多是通过界面缩聚及缩合法在微孔基膜上复合一层具有纳米级孔径的超薄分离层。

图 7-12　纳滤膜　　　　　　　　　　图 7-13　螺旋式纳滤膜

复合膜为非对称膜，由两部分结构组成：一部分为起支撑作用的多孔膜，其机理为筛分作用；另一部分为起分离作用的一层较薄的致密膜，其分离机理可用溶解扩散理论进行解释。对于复合膜，可以对起分离作用的表皮层和支撑层分别进行材料和结构的优化，可获得性能优良的复合膜。膜组件的形式有中空纤维、螺旋式（图 7-13）、板框式和管式等。其中，中空纤维和螺旋式膜组件的填充密度高，造价低，组件内流体力学条件好，但是这两种膜组件的制造技术要求高，密封困难，使用中抗污染能力差，对料液预处理要求高。而板框式和管式膜组件虽然清洗方便、耐污染，但膜的填充密度低、造价高。因此，在纳滤系统中多使用中空纤维式或螺旋式膜组件。

纳滤膜能截留纳米级（0.001μm）的物质。纳滤膜的操作区间介于超滤和反渗透之间，截留溶解盐类的能力为 20%～98%，对可溶性单价离子的去除率低于高价离子，纳滤一般用于去除地表水中的有机物和色素、地下水中的硬度及镭，且部分去除溶解盐，在食品和医药生产中有用物质的提取、浓缩。纳滤膜的运行压力一般为 3.5～30bar。

（2）纳滤膜的要求　纳滤过程的关键是纳滤膜，对膜材料的要求是：具有良好的成膜性、热稳定性、化学稳定性、机械强度高、耐酸碱及微生物侵蚀、耐氯和其他氧化性物质、有高水通量及高盐截留率、抗胶体及悬浮物污染、价格便宜。采用的纳滤膜多为芳香族及聚酰胺类复合纳滤膜，其优点如下。

① 浓缩纯化过程在常温下进行，无相变，无化学反应，不带入其他杂质及造成产品的分解变性，特别适合于热敏性物质。

② 可脱除产品的盐分，减少产品灰分，提高产品纯度，相对于溶剂脱盐，不仅产品品质更好，且收率还能有所提高。

③ 工艺过程收率高，损失少。

④ 可回收溶液中的酸、碱、醇等有效物质，实现资源的循环利用。

⑤ 设备结构简洁紧凑，占地面积小，能耗低。

⑥ 操作简便，可实现自动化作业，稳定性好，维护方便。

（3）纳滤膜的特点　无论从膜材料来看还是从化学性质来看，纳滤膜与反渗透膜非常相似。纳滤膜最大的特点如下。

① 离子选择性。由于有的纳滤膜带有电荷（多为负电荷），通过静电作用，可阻碍多价离子（特别是多价阳离子）的透过。就多数纳滤膜而言，一价阴离子的盐可以通过膜，但多价阴离子的盐（如硫酸盐和碳酸盐等）的截留率则很高。因此盐的渗透性主要由阴离子的价态决定。

② 除盐能力。纳滤膜的膜材料既有芳香族聚酰胺复合材料又有无机材料，因此不同种类的纳滤膜的结构和表面性质有很大的不同，很难用统一的标准来评价膜的优劣和性能，但大多数膜可用 NaCl 的截留率来作为性能指标之一，一般纳滤膜的截留率在 10%～90%。

③ 截留率的浓度相关性。进料溶液中的离子浓度越高，膜微孔中的浓度也越高，因此最终在透过液中浓度也越高，即膜的截留率随浓度的增加而下降。纳滤膜组件与反渗透类同，其结构形式可参照反渗透膜组件。

7.5 反渗透膜

（1）反渗透的原理　反渗透又称逆渗透，是一种以压力差为推动力，从溶液中分离出溶剂的膜分离操作。对膜一侧的料液施加压力，当压力超过它的渗透压时，溶剂会逆着自然渗透的方向做反向渗透。从而在膜的低压侧得到透过的溶剂，即渗透液；高压侧得到浓缩的溶液，即浓缩液。若用反渗透处理海水，在膜的低压侧得到淡水，在高压侧得到卤水（图 7-14）。

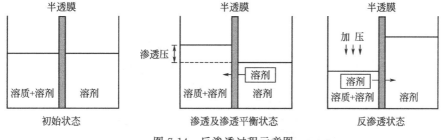

图 7-14　反渗透过程示意图

因为它和自然渗透的方向相反，故称反渗透。根据各种物料的不同渗透压，就可以使用大于渗透压的反渗透压力，即反渗透法，达到分离、提取、纯化和浓缩的目的。

反渗透通常使用非对称膜和复合膜。反渗透所用的设备，主要是中空纤维式或卷式的膜分离设备。

(2) 反渗透分离的优势　与其他传统分离工程相比，反渗透分离过程有以下独特的优势。

① 压力是反渗透分离过程的主动力，不经过能量密集交换的相变，能耗低。

② 反渗透不需要大量的沉淀剂和吸附剂，运行成本低。

③ 反渗透分离工程设计和操作简单，建设周期短。

④ 反渗透净化效率高，环境友好。因此，反渗透技术在生活和工业水处理中已有广泛应用，如海水和苦咸水淡化、医用和工业用水的生产、纯水和超纯水的制备、工业废水处理、食品加工浓缩、气体分离等。

(3) 反渗透膜的种类　反渗透膜种类有 3 种：高压海水淡化反渗透膜、低压反渗透复合膜、超低压反渗透膜。

① 高压海水淡化反渗透膜主要用于高压海水脱盐，主要有以下几类：中空纤维膜，主要有醋酸纤维素和芳香聚酰胺中空纤维膜；卷式复合膜，包括交链芳香聚酰胺复合膜、交链聚醚复合膜及其聚醚酰胺类（PA-30 型）、聚醚脲（RC-100 型）复合膜等。

② 目前工业上大规模使用的低压反渗透复合膜主要有 CPA 系列、FT30 及 UTC70 芳香聚酰胺复合膜、ACM 系列低压复合膜、NTR-739HF 聚乙烯醇复合膜等。低压反渗透复合膜的主要特征是可在 1.4～2.0MPa 的操作压力下运行，并且获得很高的脱盐率和水通量，允许供水的 pH 值范围较宽，主要用于苦咸水脱盐。与高压反渗透膜相比，所需设备费用和操作费用较少，对某些有机和无机溶质有较高的选择分离能力。

③ 超低压反渗透膜包括纳滤膜和超低压高截率反渗透膜。

(4) 反渗透膜组件的种类　反渗透膜组件是由膜、支撑物或连接物、水流通道和容器等按一定技术要求制成的组合构件，它是将膜付诸实际应用的最小单元。根据膜的几何形状，反渗透膜组件主要有 4 种基本形式：板框式、管式、卷式和中空纤维式。

① 板框式膜组件　板框式膜组件由承压板、微孔支撑板和反渗透膜组成。在每一块微孔支撑板的两侧是反渗透膜，通过承压板把膜与膜组装成重叠的形式，并由一根长螺栓固定O形圈密封，其结构如图 7-15 所示。

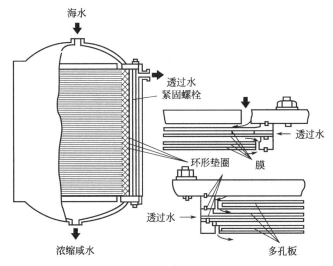

图 7-15　反渗透板式膜

② 管式膜组件　管式膜组件分内压管式和外压管式，主要由管状膜及多孔耐压支撑管组成。外压管式组件是直接将膜涂刮在多孔支撑管的外壁，再将数根膜组装后置于一承压容器内。内压管式膜组件是将反渗透膜置于多孔耐压支撑管的内壁，原水在管内承压流动，淡水透过半透膜由多孔支撑管管壁流出后收集。如图 7-16 所示。

③ 卷式膜组件　卷式膜组件填充密度高，设计简单。其构造如图 7-17 所示，在两层膜之间衬有一透水垫层，把两层半透膜的三个面用黏合剂密封，组成卷式膜的一个膜叶。数个膜叶重叠，膜叶与膜叶之间衬有作为原水流动通道的网状隔层。数个膜叶与网状隔层在中心管上形成螺旋卷筒，称为膜芯。一个或几个膜芯串联放入承压容器中，并由两端封头封住，即为卷式组件。普通卷式组件是从组件顶端进水，原水流动方向与中心管平行。而渗透物在多孔支撑层中按螺旋形式流进收集管。

④ 中空纤维膜　中空纤维膜组件通常是先将细如发丝的中空纤维（膜）沿着中心分配管外侧，纵向平行或呈螺旋状缠绕两种方式，排列在中心分配管的周围而成纤维芯；再将其两端固定在环氧树脂浇铸的管板上，使纤维芯的一端密封，另一端切割成开口而成中空纤维元件；然后将其装入耐压壳体，加上端板等其他配件而成组件。通常的中空纤维膜组件内只装一个元件。如图 7-18 所示。

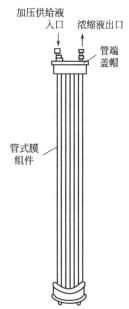

图 7-16　反渗透管式膜

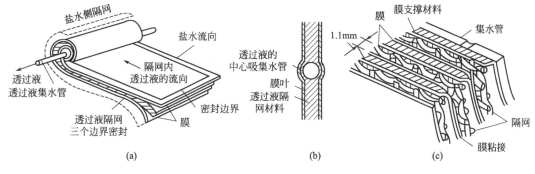

图 7-17　反渗透卷式膜

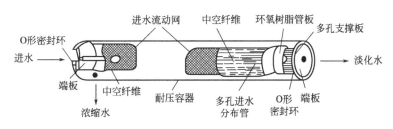

图 7-18　反渗透中空纤维膜

（5）反渗透膜在废水处理中的应用　由于反渗透膜对进水要求较高，运用反渗透技术对废水进行深度处理时，往往还要结合沉降、混凝、微滤、超滤、活性炭吸收、pH 调节等预处理工艺。

① 重金属废水处理　反渗透技术在重金属废水处理中应用较早，国内外均对此进行了大量的研究。早在20世纪70年代，反渗透技术已经在电镀废水处理中有所应用，主要是大规模用于镀镍、铬、锌漂洗水和混合重金属废水的处理。

膜分离技术浓缩电镀镍漂洗水，镍离子的截留率大于99%，经一级纳滤和两级反渗透浓缩后，浓缩液中镍离子浓度达到50g/L，透过液可经处理后再次回用。张连凯对印制电路板加工酸洗车间产生的重金属废水调节pH至中性后采用"超滤＋反渗透"工艺进行中试，反渗透系统对Cu^{2+}和溶解性总固体的去除率分别为99.9%和98.9%。

② 印染废水处理　印染纺织废水不仅色度高、水量大，而且成分十分复杂，废水中含有染料、浆料、油剂、助剂、酸碱、纤维杂质以及无机盐等，染料结构中还含有很多较大生物毒性的物质，如硝基和胺类化合物以及铜、铬、锌、砷等重金属元素，如不经处理直接排放，必将对环境造成严重污染。

"超滤＋反渗透"双膜技术处理印染废水，超滤能够有效地去除废水中大分子有机物，降低浊度，使进水水质达到反渗透膜的要求，经反渗透处理后，有机物和盐的去除率可分别达99%和93%以上，产水化学需氧量小于10mg/L，电导率小于$80\mu S/cm$，产水满足大部分印染工艺用水标准。钟璟采用中空纤维超滤膜和反渗透技术处理羊毛印染废水，操作压力为0.1MPa，流速为1500L/h的条件下，色度、含盐量等指标均有显著的降低，COD值、色度达标排放。

③ 化工废水处理　采用离子交换法生产K_2CO_3的过程中，会产生大量NH_4Cl废水，为了节约用水和彻底解决NH_4Cl废水排放问题，张继臻采用选择离子交换、反渗透膜分离和低温多效闪蒸相结合的方法，将低浓度NH_4Cl废水进一步浓缩回收，使废水由达标排放转变为全部回收利用，达到零排放。

石油化工废水成分复杂，除含有油、硫、苯、酚、氰、环烷酸等有机物以外，还含有金属盐、反应残渣等，污染物浓度高且难降解，水量及酸碱度波动较大，传统的水处理工艺很难达到资源回收再利用的目的。

第8章

工业园区高难度废水的高级催化氧化处理技术

8.1 高难度废水的高级催化氧化工艺简述

水环境保护是当前人类社会广泛关注的一个问题，随着我国国民经济的快速发展，高浓度的有机废水对我国宝贵的水资源造成了威胁。然而利用现有的生物处理方法，对可生化性差、分子量从几千到几万的物质处理较困难，而高级氧化法（advanced oxidation process，AOPs）可将其直接矿化或通过氧化提高污染物的可生化性，同时还在环境类激素等微量有害化学物质的处理方面具有很大的优势，能够使绝大部分有机物完全矿化或分解，具有很好的应用前景。

高级氧化技术又称深度氧化技术，以产生具有强氧化能力的羟基自由基（·OH）为特点，在高温高压、电、声、光辐照、催化剂等反应条件下，使大分子难降解有机物氧化成低毒或无毒的小分子物质。羟基自由基具备以下3个性质。

① 羟基自由基是一种很强的氧化剂，其标准氧化还原电势（E）为 2.80V，再常见的氧化剂中期氧化能力仅次于氟（$E=3.06$V）。

② 羟基自由基具有较高的电负性或亲电性，其电子亲和能为 569.3kJ，容易进攻高电子云密度点，因此羟基自由基的进攻具有一定的选择性。

③ 羟基自由基还具有加成作用，当有碳碳双键存在时，除非被进攻的分子具有高度活性的碳氢键，否则将发生加成反应。

由于以上性质，利用羟基自由基进行废水处理时有以下特点。

① 羟基自由基是高级氧化过程中的中间产物，作为引发剂诱发后面的链反应，对难降解有机物质特别适用。

② 羟基自由基能够有选择性地与废水中的污染物发生反应。

③ 羟基自由基氧化反应条件温和，容易得到应用。

根据产生羟基自由基的方式和反应条件的不同，可将其分为光化学氧化、催化湿式氧化、声化学氧化、臭氧氧化、电化学氧化、芬顿氧化等。下面对于常见的高级催化氧化工艺进行阐述，另外对于天津市环境保护开发中心设计所开发的多相催化氧化工艺进行简要介绍。

8.2 臭氧催化氧化

8.2.1 臭氧的特性分析

臭氧是氧气的一种同素异形体（图 8-1），化学式是为 O_3，分子量为 47.998，为有鱼腥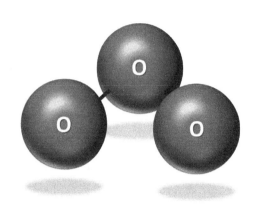气味的淡蓝色气体。臭氧的相对密度为氧的 1.5 倍，在水中的溶解度比氧气大 10 倍，比空气大 25 倍。由于实际生产中采用的多是臭氧化空气（含有臭氧的空气），其臭氧的分压很小，故臭氧在水中的溶解度也很小，例如，用空气为原料的臭氧发生器生产的臭氧化空气，臭氧只占 0.6%～1.2%（体积分数），根据气态方程及道尔顿分压定律可知，臭氧的分压也只有臭氧化空气压力的 0.6%～1.2%。因此当水温为 25℃时，将这种臭氧化空气加入水中，臭氧的溶解度只有 3～7mg/L。

图 8-1　臭氧的分子模型

臭氧在空气中会慢慢地连续自行分解成氧气，由于分解时放出大量热量，故当其浓度在 25% 以上时，很容易爆炸。但一般臭氧化空气中臭氧的浓度不超过 10%，因此不会发生爆炸。

浓度为 1% 以下的臭氧，在常温常压的空气中分解的半衰期为 16h 左右。随着温度升高，分解速度加快，温度超过 100℃时，分解非常剧烈；达到 270℃高温时，可立即转化为氧气。臭氧在水中的分解速度比在空气中快得多，水中臭氧浓度为 3mg/L 时，其半衰期仅为 5～30min。所以臭氧不易贮存，需边产边用。

为了提高臭氧利用率，水处理过程中要求臭氧分解得慢一些，而为了减轻臭氧对环境的污染，则要求水处理后尾气中的臭氧分解得快一些，所以对于不同环境需要不同分析。

臭氧催化氧化工艺处理难降解工业废水目前已被广泛应用，其工艺具备以下 5 个特点。

① 臭氧对除臭、脱色、杀菌、去除 COD 有显著效果。

② 不产生二次污染，并且能增加水中的溶解氧。

③ 操作管理也较方便。

④ 臭氧发生器耗电量较大。

⑤ 臭氧属于有毒有害气体，因此臭氧催化氧化工艺的工作环境中，必须有良好的通风措施。

8.2.2 臭氧的氧化能力分析

（1）臭氧的特征　臭氧有强氧化性，是比氧气更强的氧化剂，可在较低温度下发生氧化反应，一般常用臭氧作氧化剂对废水进行净化和消毒处理，在环境保护和化工等方面被广泛应用，臭氧具备以下特征。

① O_3 不稳定，在水中分解为 O_2，pH 值越高，分解越快。

② O_3 在水中溶解度比纯氧高 10 倍，比空气高 25 倍。

③ O_3 在酸性溶液中，$E_0 = 2.07V$，仅次于氟（2.87V）。

④ O_3 在碱性溶液中，$E_0 = 1.24V$，略低于氯（1.36V）。

（2）普通臭氧的氧化机理　普通臭氧的氧化机理如下。

① 夺取氢原子，并使链烃羰基化，生成醛酮、醇或酸；芳香化合物先被氧化为酚，再氧化为酸。

② 打开双键，发生加成反应。

③ 氧原子进入芳香环发生取代反应。

（3）臭氧催化氧化的原理　臭氧催化氧化和普通臭氧氧化是有区别的，臭氧催化氧化的效率更高，其原理如下。

① 臭氧化学吸附在催化剂表面，生成活性物质后与溶液中的有机物反应。这种活性物质可能是·OH，也有可能是其他形态的氧。

② 有机物分子通过化学键的作用吸附在催化剂表面，进一步与气相或液相中的臭氧反应。首先有机物会迅速被吸附在催化剂载体上，载体表面的氧化物与其形成一些螯合物，随后这些螯合物被臭氧和·OH 氧化。

③ 臭氧和有机物分子同时被吸附在催化剂表面（络合物作用），随后二者发生反应。从还原态催化剂开始，臭氧会氧化金属，臭氧在还原态金属上的反应会生成·OH，有机物会被吸附在被氧化过的催化剂上，然后通过电子转移反应被氧化，再次产生还原态的催化剂。有机物随之会很容易从催化剂上解吸（脱附），随后进入本体溶液，或被·OH 和臭氧氧化。

臭氧催化氧化的关键因素在于催化剂，臭氧催化剂分为两类：均相催化剂和非均相催化剂（图 8-2）。其中非均相催化剂由于其不易流失的特性而被广为应用，非均相臭氧催化剂以具有活性的过渡金属/氧化物为主，与载体物料性质相近，附着强度高；同时通过高温烧结成型，保证了活性组分的高利用率，并且解决均相催化系统的催化剂须定时添加、催化剂流失率的问题，防止二次污染。

图 8-2　臭氧催化剂

采用催化剂进行臭氧催化氧化反应，可显著提高臭氧与污染物的反应速率，有效降低处理成本。配合臭氧氧化塔设备，可以减少臭氧投加量30％以上，臭氧利用率可达98％以上。以化工废水预处理、印染废水深度处理为例，可比采用常规方法需投加臭氧量减少30％，吨水运行费用亦可降低30％。

臭氧氧化去除水中COD时，基本投加量的规则如下：普通臭氧氧化，$O_3：COD=3：1$；臭氧催化氧化，$O_3：COD=2：1～1：1$。

8.2.3　臭氧的制备及工艺流程分析

臭氧的制备有4种方式：化学法、电解法、紫外光法、电晕放电法。其中工业上最常用的是电晕放电法，电晕放电法的原理是把干燥的含氧气体流过电晕放电区产生臭氧，用空气制成臭氧的浓度一般为$10～20mg/L$，用氧气制成臭氧的浓度为$20～40mg/L$，这种含有1％～4％（质量分数）臭氧的空气或氧气就是水处理时所使用的臭氧化气。电晕放电法单台设备目前可以做到产量500kg/h以上。板式臭氧发生器的工作原理如图8-3所示。

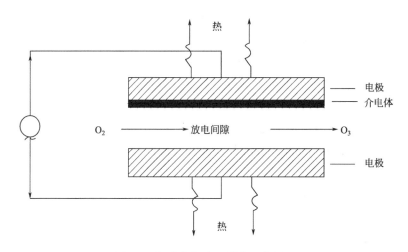

图 8-3　板式臭氧发生器的工作原理

臭氧发生器所产生的臭氧，通过气水接触设备扩散于待处理水中，通常是采用微孔扩散器、鼓泡塔或喷射器、涡轮混合器等。臭氧的利用率力求达到90％以上，剩余臭氧随尾气外排，为避免污染空气，尾气可用活性炭或霍加拉特剂催化分解，也可用催化燃烧法使臭氧分解。臭氧催化氧化工艺流程图如图8-4所示。

臭氧作为一种常见的氧化剂，在与其他技术联合应用时往往会有不错的效果，例如臭氧-活性炭技术、光催化-臭氧氧化耦合技术、臭氧-BAF工艺等，下面对工艺组合进行简要叙述。

（1）臭氧-活性炭技术　活性炭在反应中，可能如同碱性溶液中·OH的作用一样，能引发臭氧基型链反应，加速臭氧分解生成·OH等自由基。作为催化剂，活性炭与臭氧共同作用降解微量有机污染物的反应与其他涉及臭氧生成·OH的反应（如提高pH值、投加H_2O_2、UV辐射）一样，属于高级氧化技术。此外，活性炭具有巨大表面积及方便使用的特点，是一种很有实际应用潜力的催化剂。

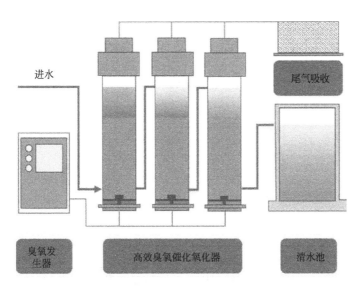

图 8-4　臭氧催化氧化工艺流程图

（2）光催化-臭氧氧化耦合技术　光催化臭氧氧化（O_3/UV）是光催化的一种。即在投加臭氧的同时，伴以光（一般为紫外光）照射。这一方法不是利用臭氧直接与有机物反应，而是利用臭氧在紫外光的照射下分解产生活泼的次生氧化剂来氧化有机物。臭氧能氧化水中许多有机物，但臭氧与有机物的反应是选择性的，而且不能将有机物彻底分解为 CO_2 和 H_2O，臭氧化产物常常为羧酸类有机物。要提高臭氧的氧化速率和效率，必须采用其他措施促进臭氧的分解而产生活泼的·OH 自由基。

（3）臭氧-BAF 工艺　臭氧-BAF 工艺主要适用于高浓度、难降解工业废水的深度处理，将化学氧化和生物氧化技术有机结合起来，充分利用了 BAF 与臭氧氧化各自的优势，从而达到相互补充的效果。

臭氧氧化是以·OH 为主要氧化剂与有机物反应，生成的有机自由基可以继续参加·OH 的链式反应，或通过生成有机过氧化物自由基后进一步发生氧化分解反应，将大分子有机物氧化成小分子的中间产物，能够进一步提高水中有机污染物的可生化性，进而提高污染物的去除效率。臭氧成本相对低廉，被认为是目前最有前景的工业水处理工艺之一。

生物滤池是一种成熟的生物膜法处理工艺，它由滴滤池发展而来并借鉴了快滤池形式，在一个单元反应器内同时完成了生物降解和固液分离的功能。当污水流经时，利用滤料上所附生物膜中高浓度的活性微生物的作用以及滤料粒径较小的特点，充分发挥微生物的生物代谢、生物絮凝、生物膜和填料的物理吸附和截留以及反应器内沿水流方向食物链的分级捕食作用，实现污染物的高效清除。

臭氧-BAF 组合工艺（图 8-5）对高浓度、难降解工业废水较好的处理效果，因此近些年在全国工业污水处理领域迅速发展，极大地缓解了各企业面临的压力，在国内具有十分广阔的应用前景。

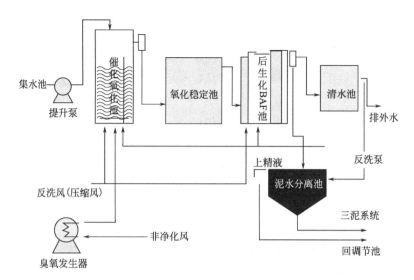

图 8-5　臭氧-BAF 工艺流程图

8.3 电解法

8.3.1 电解法原理分析

（1）电解法的原理　电解法是利用直流电进行氧化还原反应的方法，原理是电流通过物质而引起化学变化，该化学变化是物质失去或获得电子（氧化或还原）的过程。电解时，把电能转变为化学能的装置为电解槽，电解过程是在电解池中进行的（图 8-6）。

以 $CuCl_2$ 电解为例来说明电解的得失电子过程。$CuCl_2$ 是强电解质且易溶于水，在水溶液中首先会电离生成 Cu^{2+} 和 Cl^-。当水溶液中通电后，Cu^{2+} 和 Cl^- 会在电场作用下，改做定向移动，其中溶液中带正电的 Cu^{2+} 向阴极移动，带负电的 Cl^- 向阳极移动。在阴极，Cu^{2+} 获得电子而被还原成铜原子覆盖在阴极上；在阳极，Cl^- 失去电子而被氧化成氯原子，并两两结合成氯分子，从阳极放出，进而溶于水中形成 Cl^- 和 ClO^-（图 8-7）。

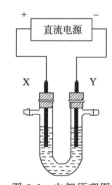

图 8-6　电解原理图
（X 为阳极，发生氧化反应；
Y 为阴极，发生还原反应）

在上面叙述氯化铜电解的过程中，没有提到溶液里的 H^+ 和 OH^-，其实 H^+ 和 OH^- 虽少，但的确是存在的，只是它们没有参加电极反应。也就是说在氯化铜溶液中，除 Cu^{2+} 和 Cl^- 外，还有 H^+ 和 OH^-，电解时，移向阴极的离子有 Cu^{2+} 和 H^+，因为在这样的实验条件下，Cu^{2+} 比 H^+ 容易得到电子，所以 Cu^{2+} 在阴极上得到电子析出金属铜。移向阳极的离子有 OH^- 和 Cl^-，因为在这样的实验条件下，Cl^- 比 OH^- 更容易失去电子，所以 Cl^- 在阳极上失去电子，生成氯气。

关于电解反应中阴阳两极的电子得失和反应，有人总结了十六字要诀，可以用来辅助理解物质变化。

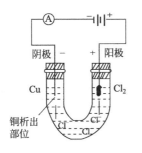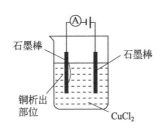

图 8-7　电解 $CuCl_2$ 原理

(阳极产生 Cl_2，阴极产生 Cu)

① 阴得阳失　电解时，阴极得电子，发生还原反应，阳极失电子，发生氧化反应。

② 阴粗阳细　在处理重金属废水过程中，假如阴阳两极均采用活泼金属棒作为电极，那么阴极会析出金属变粗，阳极逐渐溶解变细，且产生阳极泥。

③ 阴碱阳酸　在电解反应之后，不活泼金属的含氧酸盐会在阳极处生成酸，而活泼金属的无氧酸盐会在阴极处生成碱。

④ 阴固阳气　电解反应之后，阴极产生固体及还原性气体，而阳极则生成氧化性强的气体。

(2) 电解法的特点　电解法处理废水技术就是采用了电解的原理，该工艺具有氧化还原、凝聚、气浮、杀菌消毒和吸附等多种功能，并具有设备体积小，占地面积少，操作简单灵活，可以去除多种污染物，同时还可以回收废水中的贵重金属等优点。近年已广泛应用于处理电镀废水、化工废水、印染废水、制药废水、制革废水、造纸黑液等场合。

与其他类型化学氧化法相比较，电解法具备以下优点。

① 具有多种功能，便于综合治理。除可用电化学氧化法和还原使毒物转化外，尚可用于悬浮或胶体体系的相分离。电化学方法还可与生物方法结合形成生物电化学方法，与纳米技术结合形成纳米-光电化学方法。

② 电化学反应以电子作为反应剂，一般不添加化学试剂，可避免产生二次污染。

③ 设备相对较为简单，易于自动控制。

④ 后处理简单，占地面积少，管理方便，污泥量很少。

(3) 电化学法的作用原理　电化学法可以依靠强氧化性和强还原性来去除有机污染物，两种作用的原理如下。

① 电化学还原法　电化学还原即通过电化学反应体系的阴极发生还原反应而去除污染物，可分为两类。一类是直接还原，即污染物直接在阴极上得到电子而发生还原，基本反应式为：

$$M^{2+} + 2e^- \longrightarrow M$$

电化学还原法最常应用的领域是金属回收，尤其是贵重金属回收，同时该法也可使多种"三致"含氯有机物（如氯代烃物质）转变成低毒性物质，因此可以提高产物的生物可降解性，例如以下反应：

$$R + Cl + H^+ + 2e^- \longrightarrow R-H + Cl^-$$

还有一类是间接还原作用，间接还原指利用电化学过程中生成的一些氧化原媒质如 Ti^{3+}、V^{2+} 或者 Cr^{2+} 将污染物还原去除，如二氧化硫间接电化学还原可转化成单质硫的反应：

$$SO_2 + 4Cr^{2+} + 4H^+ \longrightarrow S + 4Cr^{3+} + 2H_2O$$

② 电化学氧化法　电化学氧化是在电化学反应体系中的阳极区域发生氧化的过程，也可分为两种：一种是直接氧化即污染物直接在阳极失去电子而发生氧化；另一种是间接氧化即通过阳极反应生成具有强氧化作用的中间产物或发生阳极反应之外的中间反应，有机物最终被氧化处理降解，达到净化污废水的目的。

对于直接电化学氧化作用有两种形式：电化学转换和电化学燃烧。其中电化学转换是把有毒物质转变为无毒物质，或把非生物兼容的有机物转化为生物兼容的物质（如芳香物开环氧化为脂肪酸），以便进一步实施生物处理；而电化学燃烧是直接将有机物深度氧化为 CO_2 和 H_2O。

电催化氧化反应属于电解工艺的一个分支，按照应用场景和目的的不同，电解工艺可以有如图 8-8 所示的分支。

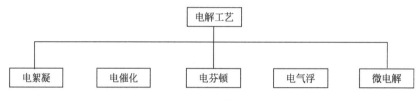

图 8-8　电解工艺的详细分类示意图

用于工业难降解废水的高级催化氧化处理工艺中，最常见的工艺是电催化、电芬顿和微电解，下面对于这 3 类工艺进行简要叙述。

8.3.2　电催化氧化工艺

电催化氧化是指在电场作用下，存在于电极表面或溶液相中的修饰物能促进或抑制在电极上发生的电子转移反应，而电极表面或溶液相中的修饰物本身并不发生变化的一类化学作用，电催化氧化工艺的核心是贵金属涂层电极，电催化氧化处理有机污染物的原理就是在贵金属涂层电极表面发生直接或间接氧化反应，最终生成 H_2O 和 CO_2 而从体系中除去。

一般认为电催化氧化去除废水中难降解有机污染物有以下两种方式：一种是电化学燃烧，有机物在贵金属催化阳极上直接被氧化降解；另一种是氧化剂氧化，电催化过程中在贵金属催化极板上同时生成的氧化剂，包括 Cl_2、·OH、过硫酸根等，这部分氧化剂氧化废水中的有机物，同时利用强还原性阴极将水溶液中的卤代烃等处理掉，至少降低了该类物质的毒性。

电催化氧化工艺中有机物的降解途径如下：首先有机物会吸附在催化阳极的表面，然后在直流电场的作用下有机污染物发生催化氧化反应，使之降解为无害的物质，或降解成容易进行生物降解的物质，再进行进一步的生物降解处理。

电催化氧化过程中，在阴阳两极区域伴随有放出 H_2 和 O_2 的副反应，这会使电流效率降低，一般的解决方法就是通过筛选合适的电极材料，使产氢和产氧的过电位提高，可防止氢氧气体的产生，把更多的电流用于产生羟基自由基，提升处理效率。

影响电催化氧化工艺处理效果的主要因素有四个方面，即电极材料、电解质溶液、废水的理化性质和工艺因素（电化学反应器的结构、电流密度、通电量等）。其中，电极材料是近年研究的重点。

　　电催化工艺常用的活性电极材料，主要是以钛材质为载体，涂覆以钌、铱、钽、锡为主的贵金属氧化物涂层（图 8-9、图 8-10）。电极对催化剂的要求必须满足以下几个要求。

图 8-9　电催化活性阳极实物图

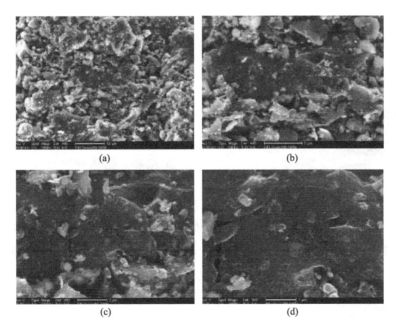

图 8-10　电催化活性阳极扫描电镜照片
（a）5000 倍；（b）10000 倍；（c）20000 倍；（d）50000 倍

　　① 反应表面积要大。
　　② 有较好的导电能力。
　　③ 吸附选择性强。
　　④ 在使用环境下的长期稳定性。
　　⑤ 尽量避免气泡的产生。
　　⑥ 机械性能好。

⑦ 资源丰富且成本低。

⑧ 环境友好。

电催化电极的表面微观结构和状态也是影响电催化性能的重要因素之一。而电极的制备方法直接影响到电极的表面结构。在电催化过程中，催化反应发生在催化电极和污水的接触界面，即反应物分子必须与电催化电极发生相互作用，而相互作用的强弱则主要决定于催化电极表面的结构和组成。

目前，电催化活性电极的主要制备方法有热解喷涂法、浸渍法（或涂刷法）、物理气相沉积法、化学气相沉积法、电沉积法、电化学阳极氧化法以及溶胶-凝胶法等。

对于电催化氧化工艺的影响因素值，电解质溶液，也即污水性质也有很大的作用，电解质性质对有机物的电化学催化氧化的影响主要体现在两个方面：其一是电解质溶液的浓度低，电流就小，降解速率就不高；其二是电解质的种类，对于像 Na_2SO_4 这类的惰性电解质，电解过程中不参与反应，只起导电作用，而像 NaCl 在电解过程中参与电极反应，Cl^- 在阳极氧化，进而转变成 HClO 参与反应。

另外同一电极对不同有机物也可能表现出不同的电催化氧化效率。甚至就连废水体系的 pH 值也会经常影响电极的电催化氧化效率，而这种影响不仅与电极的组成有关，也与被氧化物质的种类有关。一般添加支持电解质（如 NaCl）增加废水的电导率，可减少电能消耗，提高处理效率。

有机废水属于复杂污水体系，该类废水的大部分毒物含量小，电导率低，为强化处理能力，需要设计时空效率高、能耗低的电化学反应器。反应器一般根据电极材料性质和处理对象的特点来设计。早期的反应器多采用平板二维结构，面体比比较小，单位槽处理量小，电流效率比较低，针对此缺陷，采用三维电极（图 8-11）来代替二维电极，大大增加了单元槽体积的电极面积，而且由于每个微电解池的阴极和阳极距离很近，液相传质非常容易。因此，大大提高了电解效率和处理量，详见 8.3.5 所述。

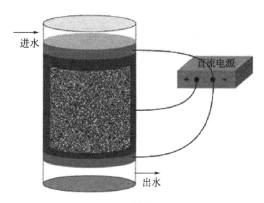

图 8-11　三维电极反应器结构简图

8.3.3　电芬顿工艺

电芬顿工艺利用电化学法产生 H_2O_2 或者 Fe^{2+} 作为芬顿试剂的持续来源，主要分为两种形式。一种是阴极电解电芬顿，其基本原理是将 O_2 散布在阴极表面产生 H_2O_2，并与 Fe^{2+} 发生芬顿反应。体系中的 O_2 可通过曝气的方式加入，也可通过 H_2O 在阳极电解产生。该法不用外加 H_2O_2，有机物降解彻底，且不易产生中间有毒有害物质，其缺点在于所用阴极材料（主要为石墨、活性碳纤维和玻璃碳棒等）在酸性条件下产生的电流小，H_2O_2 产量不高。

另一种方式就是把铁作为阳极，通过施加外加直流电在铁阳极上，使其溶出 Fe^{2+}，该法又称牺牲阳极法，通过阳极氧化产生的 Fe^{2+} 与加入的 H_2O_2 进行芬顿反应。并且由

于阳极溶解出的 Fe^{2+} 和 Fe^{3+} 可水解成 $Fe(OH)_2$ 和 $Fe(OH)_3$，对水中的有机物具有很强的混凝作用，其去除效果好于阴极电解电芬顿工艺，但需外加 H_2O_2，能耗较大，成本高（图 8-12）。

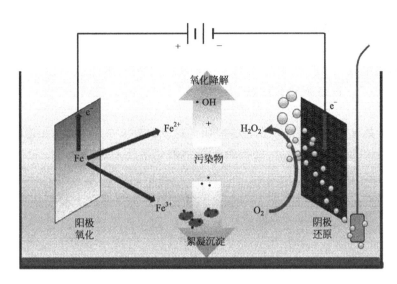

图 8-12　电芬顿工艺原理图

综上所示，电芬顿主要有两种形式：一种是通过电解，现场生成 Fe^{2+}，再与外加的 H_2O_2 形成芬顿体系（牺牲阳极法）；另一种是通过电解现场生成 H_2O_2，再与外加或者同样现场生成的 Fe^{2+} 形成芬顿体系（阴极电解电芬顿法）。

由于电解生成 H_2O_2 的技术目前效率还比较低，所以现在主要采用前一种形式。由于这种现场生成的 Fe^{2+} 周围的配位状态与铁盐溶解后的 Fe^{2+} 不同，所以与 H_2O_2 形成芬顿体系后，其效果也不同。一般情况下，若要取得相同降解效果时，所需的 Fe^{2+} 和 H_2O_2 也少于传统的化学试剂芬顿体系，因此，固废产量和 H_2O_2 用量更少。而直接电解制备 Fe^{2+} 相对于微电解制备 Fe^{2+} 技术来说，Fe^{2+} 的溶出量精确可控，不需基建，日常维护简单。

基于传统芬顿试剂的作用机理，电芬顿也是由 H_2O_2 和 Fe^{2+} 反应产生强氧化性的·OH。其中 H_2O_2 的电化学产生是通过在阴极充氧或曝气的条件下，发生氧气的还原生成的，而 Fe^{2+} 也可以通过阳极的氧化反应得到（Fe 阳极极板）。

在酸性条件下，通过充氧或曝气的方法，氧气在阴极会发生得到 $2e^-$ 的还原反应，产生 H_2O_2。

$$O_2 + 2H^+ + 2e^- \longrightarrow H_2O_2$$

而在电芬顿体系中，溶液中的 Fe^{3+} 可在阴极还原成 Fe^{2+}。这也大大加速了芬顿反应的过程，降低了反应过程中铁的用量，从而减少了铁泥的产生量。

影响电芬顿反应体系的条件包括：pH 值、阴极电极材料、催化剂的状态等。

（1）pH 值对于电芬顿体系的影响　对于电芬顿反应，pH 值是重要的影响因素之一。在 pH 值为 2.8 时，反应中产生的·OH 是最大的，因此在以 Fe^{2+} 为催化剂的电芬顿反应中，通常选择 pH 值为 3 进行。另外，酸的种类对于最终的效果也有影响，在高氯酸和硝酸介质中对污染物的降解效果优于硫酸和盐酸介质，这是由于在硫酸和盐酸介质中会形成铁的复合物，会抑制污染物的降解。

电解质中阴离子的种类对降解效果同样有影响。由于 Cl^- 和 SO_4^{2-} 可以与溶液中的铁离子形成铁的络合物，降低了有效铁离子的浓度，此外 SO_4^{2-} 还是 $\cdot OH$ 的淬灭剂，会影响 $\cdot OH$ 的产生效率。

（2）阴极材料对电芬顿效果的影响　溶液中溶解氧和空气在适当阴极材料上发生的两电子还原反应，使得电生成 H_2O_2 可以应用于污水处理。目前发现的可用于阴极的材料有汞电极、石墨电极、气体扩散电极和三维电极。所谓三维电极是指相对于体积具有很大的表面积的电极，像是碳毡、活性碳纤维（ACF）、网状玻璃碳（RVC）、炭海绵和碳纳米管等。

由于汞电极具有毒性，因此现在很少应用。对于碳电极来说，其是无毒的，而且对于析氢反应的过电位较高，对于 H_2O_2 的降解有低的催化活性，此外其具有较好的稳定性、导电性，因此被广泛研究。

气体扩散电极（GDE）具有细小的多孔结构，这些结构有利于溶液中的溶解氧渗滤到电极内部。这些电极拥有大量的表面活性电位，有利于 O_2 快速还原和 H_2O_2 的累积。

而相对于二维电极，三维电极可以缩短反应时间和提高反应速率。三维电极的制备一般是采用流动床、固定床或是多孔材料实现的，其中多孔材料被广泛应用于废水的处理，目前也是研究的重点方向。

（3）催化剂对电芬顿体系的影响　根据催化剂的状态不同可将电芬顿法分为均相电芬顿和异相电芬顿。均相电芬顿是指反应的催化剂与溶液是均一的，即所用的催化剂是液态的，而异相电芬顿是指反应的催化剂与溶液不是均一，即所用的催化剂为固体。

均相电芬顿的研究发展较早，研究较多，体系较成熟。但均相电芬顿存在一定的缺陷，包括反应条件苛刻（pH＝3），随着反应的进行会形成铁催化剂发生络合而失活，影响反应的效果。因此异相电芬顿发展起来，其克服了均相电芬顿反应条件苛刻、催化剂络合失活和稳定性差的缺点，因此被广泛研究和应用。

另外除了 Fe^{2+}/Fe^{3+} 外，其他金属也可电催化产生 $\cdot OH$，二元或多元金属催化剂也被广泛关注，该类催化剂可以为活性金属中心提供电子，增加了电子密度，使催化剂表面处于 H^+ 区域，非常适于 $\cdot OH$ 的生成。

8.3.4　微电解工艺

微电解是指无须外加直流电源的电解，其依靠的是以铁、碳为主的复合填料的电势差形成的原电池体系（图 8-13），可以有效除去水中的钙、镁离子从而降低水的硬度，同时微电解过程中也可以产生灭菌消毒的活性氢氧自由基和活性氯，且电极表面的吸附作用也能杀死细菌。特别适用于高盐、高 COD、难降解废水

图 8-13　铁碳微电解反应装置

的预处理。

铁碳复合微电解填料（图 8-14）中存在着的电位差形成了无数个细微原电池。这些细微电池以电位低的铁为阳极，电位高的碳作阴极，在含有酸性电解质（待处理污水）中发生电化学反应。

铁碳微电解的反应结果是铁受到腐蚀变成二价的铁离子进入溶液，在曝气条件下被氧化成三价铁离子，对出水调节 pH 值到 9 左右时，由于铁离子与氢氧根作用形成了具有混凝作用的氢氧化铁，它与污染物中带微弱负电荷的微粒异性相吸，形成比较稳定的絮凝物（也叫铁

图 8-14　铁碳复合填料

泥）而去除（图 8-15）。为了增加电位差，促进铁离子的释放，在铁碳复合填料中也会选择加入一定比例铜粉或铅粉。

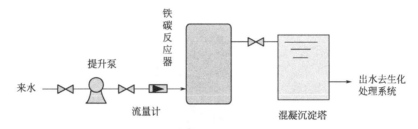

图 8-15　单独铁碳微电解工艺

经微电解处理后的难降解废水，BOD/COD 可以有一个较大幅度的提高，原因是一些难降解的大分子被碳粒所吸附或经铁离子的絮凝而减少。不少人以为微电解可有分解大分子能力，可使难生化降解的物质转化为易生化的物质，但用甲基橙和酚做试验并没有证实微电解有分解破坏大分子结构的能力。

如果要让铁碳微电解工艺有分解有机大分子能力，一般需要加入过氧化氢，并且在酸性条件下进行，首先铁碳微电解填料中的铁会以二价的形式析出，生成亚铁离子，亚铁离子与过氧化氢形成芬顿试剂，生成的羟基自由基具有极强的氧化性能，将大部分的难降解的大分子有机物降解形成小分子有机物等（图 8-16）。原理与芬顿试剂相同。

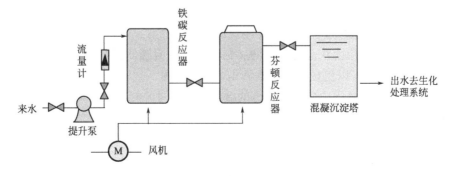

图 8-16　铁碳微电解＋芬顿工艺

新型铁碳微电解填料一般都采用高温微孔活化技术冶炼生产而成，具有铁碳一体化、熔合催化剂、微孔架构式合金结构、比表面积大、密度小、活性强、电流密度大、作用水效率高等特点。作用于废水，可避免运行过程中的填料钝化、板结等现象。

相关技术参数如下，其密度一般为 $1.0t/m^3$，比表面积一般为 $1.2m^2/g$，空隙率为65%，物理强度≥1000kg/cm，填料的化学成分中，铁占 75%～85%，碳占 10%～20%，催化剂占 5%，填料规格常见的为 1cm×3cm。

铁碳微电解工艺在运行时，一般会采用装填进入催化氧化塔中的方式，催化氧化塔由布水布气部分、承托层部分、填料层部分和排水部分组成，如图 8-17 所示。一般催化氧化塔的废水的上流速度多采用 1～2m/h，气水比为 10:1，曝气管主管风速为 10～20m/s，填料装填比例为 50%。

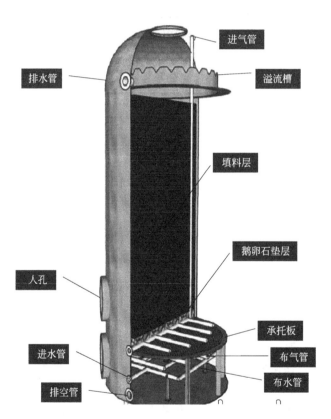

图 8-17　铁碳微电解反应塔的结构示意图

铁碳微电解工艺在运行过程中，需要注意以下 5 个方面。

① 微电解填料在使用前注意防水、防腐蚀，运行一旦通水后应始终有水进行保护，不可长时间暴露在空气中，以免在空气中被氧化，影响使用。

② 微电解系统运行过程中应注意合适的曝气量，不可长时间反复曝气。

③ 微电解系统不可长时间在碱性条件下运行。

④ 为使该工艺顺畅运行，应对进水主要条件做适当的电气化控制，以规避人控制的不足。

⑤ 微电解填料应属直接投加式填料，无须全部取出更换，直接投入设备即可。

8.3.5　三维电解工艺

三维电解是在传统微电解工艺基础上，在极板之间添加微电解填料，克服微电解现有技术的缺点。三维电解设备结构简单，电解效率高，功耗小，电极不易钝化，对电导率低的废水有良好的适应性。

三维电解设备由电源控制柜、预催化反应器、催化氧化反应器、加药装置四大部分组成，并配有水泵进行提升。电解催化氧化设备借助于外加工频电流，进行整流后变成直流电，然后再通过脉冲电路变为连续可调频的高压矩形脉冲电流输入，对废水进行电催化氧化，在反应器内发生电化学反应（图 8-18）。

三维电解设备反应室内设有隔水板、布水板，隔水板上设有溢流堰、引流管，布水板与反应室底部形成布水区，布水区内设有曝气管，布水板上设有相间排列且平行相对的阴极板和阳极板，阴极

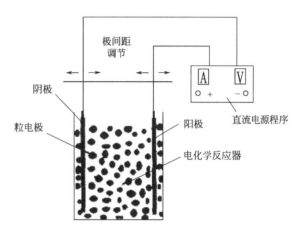

图 8-18　三维电解反应器的结构示意简图

板和阳极板之间填充有粒子电极，形成三维电极反应区，反应室侧面设有出水口，出水口侧面设有远程监控装置，进水系统包括进水管、出水管，进水管与布水区连通，出水管与废水区连通，电极反应区的上方依次为缓冲区、浮渣收集区。

三维电解具备较高效率的原因在于其阴、阳极间充填了附载有多种催化材料的导电粒子和不导电粒子，形成复极性粒子电极，提高了液相传质效率和电流效率。与传统二维电极相比，电极的面积比大大增加，且粒子间距小，因而液相传质效率高，大大提高了电流效率、单位时空效率、污水处理效率和有机物降解效果，同时对电导率低的废水也有良好的适应性。三维电解工艺降解高浓度有机废水、难降解、有毒有机污染物有相当的效果，在外加电场的作用下，有机物在粒子复合电极表面发生氧化反应，将有机物氧化分解为 CO_2、H_2O 以及小分子有机物。

除此之外，三维电解工艺还可以去除氨氮，当废水进入电解系统以后，在不同条件下，在阳极上可能以不同途径发生氨的氧化反应，氨既可以直接被电氧化成氮气，还可以被间接电氧化，即通过极板反应生成氧化性物质，该物质再与氨反应使氨降解、脱除。

三维电解在工程设计时需要确定的参数一般有电流、电压、反应时间等。影响处理效果的因素则包括废水 pH 值、废水电导率、废水种类等。三维电解工艺具备以下 6 个特点。

① 可有效去除废水中高浓度有机物，降低废水 COD，提高污水可生化性，去除色度，破环断链。

② 三维填料材质有铁、碳、活化剂、金属催化元素，基于电化学技术原理，高效催化物质，传质效果好，有机污染物去除率高（COD 去除率 30%～90%），可无选择地将废水中难降解的有毒有机物降解为二氧化碳、水和矿物质，将不可生化的高分子有机物转化为可生化处理的小分子化合物，提高 B/C。

③ 处理过程中电子转移只在电极与废水组分间进行，氧化反应依靠体系自己产生的羟

基自由基进行，不需要添加药液，无二次污染。

④ 进水污染物浓度无限制，COD 浓度可高达数十万毫克每升，脱色、去毒效果显著，脱色率为 $50\% \sim 80\%$，有机污染物降解处理的反应过程迅速，废水停留时间仅为 $30 \sim 60\text{min}$，因此所需的设备体积小。

⑤ 可同时高效去除废水中的氨氮、总磷及色度。

⑥ 反应条件温和，常温常压下进行，操作简单、灵活，可通过改变电压、电流随时调节反应条件，可控性好。

8.4 光催化

8.4.1 光催化原理分析

光催化反应是指在光的作用下进行的化学反应。光催化反应需要分子吸收特定波长的电磁辐射，受激产生分子激发态，然后会发生化学反应生成新的物质，或者变成引发热反应的中间化学产物。光催化反应的活化能来源于光子的能量，在太阳能的利用中，光电转化以及光化学转化一直是十分活跃的研究领域。

光催化氧化技术利用光激发氧化催化剂，将 O_2、H_2O_2 等氧化剂与光辐射相结合。所用光主要为紫外光（下述用 UV 代替），联用工艺包括 $UV\text{-}H_2O_2$、$UV\text{-}O_2$ 等，可以用于处理污水中 CCl_4、多氯联苯等难降解物质。另外，在有紫外光的芬顿体系中，紫外光与铁离子之间存在着协同效应，使 H_2O_2 分解产生羟基自由基的速率大大加快，促进有机物的氧化去除。

光催化氧化的原理：当能量高于半导体禁带宽度的光子照射半导体时，半导体的价带电子发生带间跃迁，从价带跃迁到导带，从而产生带正电荷的光致空穴和带负电荷的光生电子。光致空穴的强氧化能力和光生电子的还原能力就会导致半导体光催化剂引发一系列光催化反应的发生（图 8-19）。

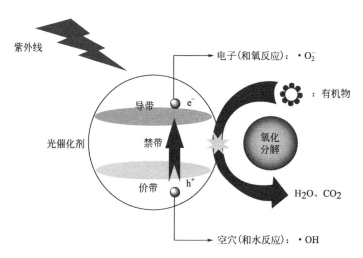

图 8-19　光催化原理示意图

目前常用的光催化剂为纳米 TiO_2 材料，半导体光催化氧化的羟基自由基反应机理得到大多数学者的认同。即当 TiO_2 等半导体粒子与水接触时，半导体表面产生高密度的羟基，由于羟基的氧化电位在半导体的价带位置以上，而且又是表面高密度的物种，因此光照射半导体表面产生的空穴首先被表面羟基捕获，产生强氧化性的羟基自由基：

$$TiO_2 + h\nu \longrightarrow e^- + TiO_2(h^+)$$
$$TiO_2(h^+) + H_2O \longrightarrow TiO_2 + H^+ + \cdot OH$$
$$TiO_2(h^+) + OH^- \longrightarrow TiO_2 + \cdot OH$$

当有氧分子存在时，吸附在催化剂表面的氧捕获光生电子，也可以产生羟基自由基：

$$O_2 + n TiO_2(e^-) \longrightarrow n TiO_2 + \cdot O_2^-$$
$$O_2 + TiO_2(e^-) + 2H_2O \longrightarrow TiO_2 + H_2O_2 + 2OH^-$$
$$H_2O_2 + TiO_2(e^-) \longrightarrow TiO_2 + OH^- + \cdot OH$$

光生电子具有很强的还原能力，还可以还原金属离子：

$$M^{n+} + n TiO_2(e^-) \longrightarrow M + n TiO_2$$

光催化氧化技术是在光化学氧化技术的基础上发展起来的，典型的光催化工艺流程图如图 8-20 所示。光化学氧化技术是在可见光或紫外光作用下使有机污染物氧化降解的反应过程。但由于反应条件所限，光化学氧化降解往往不够彻底，易产生多种芳香族有机中间体，成为光化学氧化需要克服的问题，而通过与光催化氧化剂的结合，可以大大提高光化学氧化的效率。废水经过滤器去除悬浮物后进入光氧化池。废水在反应池内的停留时间随水质而异，一般为 $0.5 \sim 2.0h$。根据光催化氧化剂使用的不同，可以分为均相光催化氧化和非均相光催化氧化。

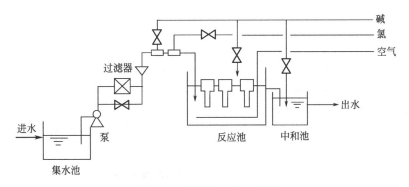

图 8-20　光催化工艺流程图

均相光催化降解是以 Fe^{2+} 及 H_2O_2 为介质，通过光-芬顿反应产生羟基自由基使污染物得到降解。紫外光线可以提高氧化反应的效果，是一种有效的催化剂。紫外/臭氧（UV/O_3）组合是通过加速臭氧分解速率，提高羟基自由基的生成速度，并促使有机物形成大量活化分子，来提高难降解有机污染物的处理效率。

非均相光催化降解是利用光照射某些具有能带结构的半导体光催化剂如 TiO_2、ZnO、CdS、WO_3、$SrTiO_3$、Fe_2O_3 等，可诱发产生羟基自由基。在水溶液中，水分子在半导体光催化剂的作用下，产生氧化能力极强的羟基自由基，可以氧化分解各种有机物。把这项技术应用于 POPs 的处理，可以取得良好的效果，但是并不是所有的半导体材料都可以用作这项技术的催化剂，比如 CdS 是一种高活性的半导体光催化剂，但是它容易发生光阳极腐蚀，在实际处理技术中不太实用。而 TiO_2 可使用的波长最高可达 $387.5nm$，价格便宜，多数条件下不溶解，耐光，无毒性，因此 TiO_2 得到了广泛的应用。

单纯利用光化学氧化来处理水，存在处理效率低、设备投资大、运行管理费用高的缺点，为了加速光解速率和提高量子产率，常加入氧化剂。现在工业废水处理中，一般都是把光催化氧化和其他高级催化氧化技术联合应用，下面章节将针对 UV-O_3 工艺、UV-H_2O_2 工艺以及 UV-O_3-H_2O_2 工艺进行分析。

8.4.2　光-臭氧耦合工艺

光-臭氧工艺是将臭氧和紫外光辐射相结合的一种高级氧化过程，它的降解效果比单独使用光催化或臭氧催化氧化都要高，不仅能对有毒难降解的有机物、细菌、病毒进行有效的氧化和降解，而且还可以用于造纸工业漂白废水的脱色。

光-臭氧工艺的强大效果得益于紫外光的照射会加速臭氧的分解，从而提高羟基自由基的产率，而羟基自由基是比臭氧更强的氧化剂，因此使水处理效率明显提高，并且能氧化一些臭氧不能直接氧化的有机物。

同时，已有的研究表明，光-臭氧工艺对饮用水中的三氯甲烷、四氯化碳、芳香族化合物、氯苯类化合物、五氯苯酚等有机污染物也有良好的去除效果，当紫外光与臭氧协同作用时，存在额外的高能量输入，当紫外光波长为 $180\sim400nm$ 时，能提供 $300\sim648kJ/mol$ 的能量，这些能量足够使臭氧产生更多的羟基自由基，同时能从反应物和一系列中间产物中产生活化态物质和自由基。

光-臭氧催化氧化过程涉及臭氧的直接氧化和羟基自由基的氧化作用，臭氧在紫外光照射条件下分解产生羟基自由基的机理如下：

$$O_3 + UV(或\ h\nu, \lambda < 310nm) \longrightarrow O_2 + O(^1D)$$
$$O(^1D) + H_2O \longrightarrow \cdot OH + \cdot OH(湿空气中)$$
$$O(^1D) + H_2O \longrightarrow \cdot OH + \cdot OH \longrightarrow H_2O_2(水中)$$

尽管现在还不能完全确定光-臭氧催化氧化过程的反应机理，但大多数学者认为 H_2O_2 实际是光-臭氧催化氧化的首要产物，H_2O_2 分解过程产生的羟基自由基与水中的有机物发生反应，逐渐将有机物降解。按照这一理论计算，1mol 的臭氧在紫外光照射下可产生 2mol 的羟基自由基。

臭氧在水中的低溶解度及其相应的传质限制是光-臭氧催化氧化技术发展的主要问题，现有研究大多采用搅拌式的光-臭氧催化氧化反应器来提高传质速率，效果往往不太理想，另外影响光-臭氧催化氧化反应效果的因素还有以下 4 点。

(1) 光照　臭氧氧对波长为 253.7nm 的光的吸收系数最大，随着光强的提高，能极大提高反应速率并减少反应时间。

(2) pH　在 pH>6.0 时，臭氧主要以间接反应为主，即以产生的羟基自由基作为主要氧化剂，能具有更快的反应速率。

(3) 无机物　碳酸盐是羟基自由基的捕获剂，大量存在会严重阻碍氧化反应的进行。

(4) 臭氧投加量　对于不同水质的废水，选择适当的 O_3 投加量，既可避免 O_3 受紫外光辐射分解而降低 O_3 利用率，还可以取得较好的处理效果，降低成本。

8.4.3　光-芬顿耦合工艺

光-芬顿催化氧化法是一种均相光化学催化氧化法，组成芬顿试剂的是亚铁离子与过氧化氢，其中过氧化氢系强氧化剂。芬顿试剂法是一种高级化学氧化法，常用于废水深度处理，其主要原理是利用亚铁离子作为 H_2O_2 的催化剂，以产生 $\cdot OH$，而后者可以氧化大部分有机物。

为使 $\cdot OH$ 生成速率最大，芬顿催化氧化过程一般在 pH 值为 3.5 以下时进行。而光-芬顿催化氧化法就是利用芬顿试剂的强氧化性，并辅以紫外光或可见光照射，能极大提高传统芬顿氧化过程的效率，也被称为光助芬顿法（photochemically enhanced Fenton，PEF）。

水处理化学品影响光-芬顿催化氧化反应的因素主要有亚铁离子浓度、H_2O_2 浓度、pH 值、温度、反应时间和有机物浓度等。

8.4.4　光-臭氧-芬顿耦合工艺

在光-臭氧催化氧化系统中引入 H_2O_2 对羟基自由基的产生有协同作用，能够高速产生羟基自由基，从而表现出对有机污染物更高的反应效率，该系统对有机物的降解利用了氧化和光解作用，包括 O_3 的直接氧化、O_3 和 H_2O_2 分解产生的羟基自由基的氧化以及 O_3 和 H_2O_2 光解和离解作用。与单纯的光-臭氧催化氧化相比较，加入 H_2O_2 对羟基自由基的产生有协同作用，从而表现出对有机物的高效去除。

在光-臭氧-芬顿反应过程中，羟基自由基的产生机理可以归纳为以下几个反应方程式：

$$H_2O_2+H_2O \longrightarrow H_3O^+ + HO_2^-$$
$$O_3+H_2O_2 \longrightarrow O_2 + \cdot OH + HO_2 \cdot$$
$$O_3+HO_2^- \longrightarrow \cdot O_2 + \cdot OH + O_2 \cdot$$
$$O_3+ \cdot O_2 \longrightarrow \cdot O_3 + O_2$$
$$\cdot O_3+H_2O \longrightarrow \cdot OH + OH^- + O_2$$

光-臭氧-芬顿催化氧化工艺在处理多种工业废水或者受污染的地下水方面已经有诸多的报道，可用于多种农药（如 PCP、DDT 等）和其他化合物的处理，在成分复杂的难降解废水中，光-臭氧催化氧化或光-芬顿催化氧化可能会受到抑制，在这种情况下，光-臭氧-芬顿催化氧化工艺就成了不错的选择，显示出其优越性，因为它能够通过多种反应机理产生羟基自由基，从而受水中色度和浊度的影响较低，适用于更广泛的 pH 值范围。

8.5　微波催化氧化

8.5.1　微波催化氧化原理分析

微波是一种电磁波，频率在 $300MHz \sim 300GHz$，即波长在 $100cm \sim 1mm$ 电磁波，电磁波包括电场和磁场，电场使带电粒子开始运动而具有动力，由于带电粒子的运动从而使极化粒子进一步极化，带电粒子的运动方向快速变化，从而发生相互碰撞摩擦使其自身温度升高，而微波的主要加热作用是偶极转向极化。极性电介质的分子在无外电场作用时，偶极矩在各个方向的概率相等，宏观偶极矩为零。在微波场中，物质的偶极子与电场作用产生转矩，宏观偶极矩不再为零，这就产生了偶极转向极化。由于微波产生的交变电场以每秒高达数亿次的高速变向，偶极转向极化不具备迅速跟上交变电场的能力而滞后于电场，从而导致材料内部功率耗散，一部分微波能转化为热能，由此使得物质本身加热升温，这就是微波加热的基本原理（图 8-21）。目前，915MHz 和 2450MHz 这两个频率是国际上广泛应用的微波加热频率。915MHz 多用于工业化大生产，2450MHz 一般用于民用，所以微波技术大多选用的微波频率为 915MHz。

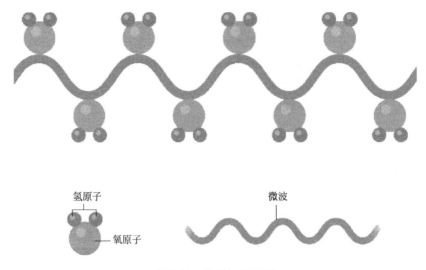

氢原子
氧原子
微波

图 8-21 微波加热原理

微波具有直线性、反射性、吸收性和穿透性等特征。微波加热是一种内源性加热，是对物的深层加热，具有许多优点，如选择性加热物料、升温速率快、加热效率高，易于自动控制。对于绝大多数的有机污染物来说，其并不能直接明显地吸收微波，但将高强度短脉冲微波辐射聚焦到含有某种"物质"（比如铁磁性金属）的固体催化剂床表面上，由于与微波能的强烈作用，微波能将被转变成热能，从而使固体催化剂床表面上的某些表面点位选择性地被很快加热至很高温度。尽管反应器中的物料不会被微波直接加热，但当它们与受激发的表面点位接触时可发生反应。这就是微波诱导催化反应的基本原理，把有机废水和空气装有固体催化剂床的微波反应设备中，就能快速氧化分解有机物，从而使污水得到净化。

微波除了有加热作用外，还对废水有催化作用，即改变反应历程、降低反应活化能、加快合成速度、提高平衡转化率、减少副产物、改变立体选择性等效应。据分析，微波频率与分子转动频率相近，微波电磁作用会影响分子中未成对电子的旋转方式和氢键缔合度，并通过在分子中储存微波能量以改变分子间微观排列及相互作用等方式来影响化学反应的宏观熵或熵效应，从而降低活化反应能，改变反应动力学。

废水微波催化氧化技术是将废水和氧化剂混合后送入微波场中，微波的作用机理如下。

① 水中的极性分子吸收微波，吸波后运动速度加剧，特别是水分子，吸收微波后水分子运动速度迅速加快，使得水中的污染物质分子运动速度随之加快，碰撞接触概率增加，从而使氧化过程迅速完成。

② 微波对废水中的物质进行选择性分子加热，对吸波污染物质的氧化反应具有强烈的催化作用，对有些不能直接吸收微波的污染物，可通过催化介质把微波能传给这些物质，使污染物分子结构产生变形和振动，改变污染物的熵或熵，降低化学反应的活化自由能，使氧化反应更加彻底，对污染物的降解去除率得到明显提高。

③ 氧化矿物中的金属离子被氧化后生成聚合类絮凝剂，与部分未氧化降解的有机物结合产生絮凝沉淀去除，从而进一步去除有机物。

微波催化氧化、生化处理、膜工艺的处理效果对比见表 8-1。

表 8-1　微波催化氧化、生化处理、膜工艺的对比

项目	微波催化氧化	生化处理	膜工艺
有机物去除效果	好	一般	好
残留物	污泥	少量污泥	10%～20%浓缩度
消毒灭菌	99.99%灭除	无	无
脱色效果	好	一般	好
除臭	好	无	无
运行控制	自控实现	难	无
运行费用	低	低	高
投资强度	低	中	高

8.5.2　微波催化氧化工艺因素分析

微波催化氧化技术（MCAO）就是根据上述原理开发的，如前所述，在微波场中，剧烈的极性分子振荡能使化学键断裂，故可用于污染物的降解。通过一系列的物理化学作用将废水中难处理的有机物降解转化沉淀，从而达到净化废水的目的，在传统微波辐射技术上发展起来的微波诱导催化氧化技术是该类废水处理方法的新的研究热点。

微波催化氧化的目的在于应用氧化法处理工业废水中的有机污染物，利用微波能加速氧化反应过程，使氧化反应在短时间内完成，以实现氧化法的工业化应用。其工艺技术影响因素主要包括：氧化反应流程和条件的控制；微波的频率、场强和氧化反应的关系等。

（1）工艺步骤　一般情况下，使用微波催化氧化工艺步骤如下。

① 调整废水的 pH 值为 3～5。

② 向待处理废水中加入氧化剂（多用 H_2O_2 或者 $Na_2S_2O_8$）并搅拌均匀，氧化剂的用量可以根据废水 COD 值来确定，一般情况下加药量为每 100mg 的 COD 值投加 500mg 氧化剂。

③ 使废水流过微波场，微波频率为 915MHz，微波场强根据废水的 COD 浓度确定，微波功率为 10～40kW，目前市面上单台微波催化氧化装置处理废水的能力为 5000～50000m³/d，假如其处理水量超过这个范围，可以使用多台并联运行。

④ 流过微波场的废水先通过气水分离器使气液分离，再通过沉淀池或气浮装置使固液分离，从而实现固、液、气三相分离，最终得到净化的出水。

⑤ 调节出水 pH 值使其在 6.5～8.5。

（2）催化剂和载体　微波诱导催化反应中催化剂及载体的作用非常重要，最适宜作催化剂的是微波高损耗物质，而载体则宜选用微波低损耗物质。对于金属催化剂，铁磁性金属催化剂和载体分为以下三类。

① 微波高损耗物质：Ni_2O_3、TiO_2、ZnO、PbO、La_2O_3、Y_2O_3、ZrO_2、Nb_2O_5。

② 升温曲线有一拐点的物质照射一段时间后才剧烈升温：Fe_3O_2、CdO、V_2O_5。

③ 微波低损耗物质：Al_2O_3、TiO_2、ZnO、PbO、La_2O_3、Y_2O_3、ZrO_2、Nb_2O_5。

目前在市面上，单独使用微波催化氧化来处理工业废水还比较少见，主要作用是辅助，所以对于微波工艺来说，大多数可见组合工艺中，例如微波-芬顿、微波-臭氧、微波-化学氧化、微波-湿氧、微波-电催化等，人们都是利用其能够快速、有选择性地加热特性来提升处理效果。

虽然微波催化氧化具有很多有益效果，但是由于微波设备较为昂贵，运行费用较高，所以目前人们对于微波工艺的研究大多停留在实验室阶段，工业化应用的还比较少。

8.6 超声波催化氧化

8.6.1 超声波催化氧化原理分析

超声波是一种频率高于 20000Hz（赫兹）的声波，它的方向性好，反射能力强，易于获得较集中的声能，在水中传播距离比空气中远，可用于测距、测速、清洗、焊接、碎石、杀菌消毒等，在医学、军事、工业、农业上有很多的应用。对于超声波而言，其有如下两个主要参数：一个是频率，$f \geqslant 20\text{kHz}$（在实际应用中因为效果相似，通常把 $f \geqslant 10\text{kHz}$ 的声波也称超声波）；另一个是功率密度，定义式为 $p = $ 发射功率(W)/发射面积(cm^2)，通常 $p \geqslant 0.3\text{W/cm}^2$。

（1）空化原理　超声波在水中传播时，有一个很有趣的现象叫做"空化"，其产生的原因是超声波振动在液体中传播的音波压强达到一个大气压时，其功率密度为 0.35W/cm^2，这时超声波的音波压强峰值就可达到真空或负压，但实际上无负压存在，因此在液体中产生一个很大的压力，将液体分子拉裂成空洞，也叫空化核，此空洞非常接近真空，它在超声波压强反向达到最大时破裂，这种由无数细小的空化气泡破裂而产生的冲击波现象称为"空化"现象。太小的声强无法产生空化效应。

而利用超声波清洗的原理就是利用了"空化"原理，由于空化作用形成的空洞破裂时，会产生强烈冲击将物体表面的污垢撞击下来。

如图 8-22 所示，就是常见的工业化超声波探头实物图。

图 8-22　超声波探头

（2）超声效应　当超声波在介质中传播时，由于超声波与介质的相互作用，使介质发生物理的和化学的变化，从而产生一系列力学的、热学的、电磁学的和化学的超声效应，叫做超声效应，具体包括以下 4 种效应。

① 机械效应　超声波的机械作用可促成液体的乳化、凝胶的液化和固体的分散。当超声波在流体介质中形成驻波时，悬浮在流体中的微小颗粒因受机械力的作用而凝聚在波节处，在空间形成周期性的堆积。超声波在压电材料和磁致伸缩材料中传播时，由于超声波的机械作用而引起感生电极化和感生磁化。

② 空化作用　超声波作用于液体时可产生大量小气泡。一个原因是液体内局部出现拉应力而形成负压，压强的降低使原来溶于液体的气体过饱和，而从液体逸出，成为小气泡。另一个原因是强大的拉应力把液体"撕开"成空洞，称为空化。空洞内为液体蒸气或溶于液

体的另一种气体，甚至可能是真空。因空化作用形成的小气泡会随周围介质的振动而不断运动、长大或突然破灭。破灭时周围液体突然冲入气泡而产生高温、高压，同时产生激波。与空化作用相伴随的内摩擦可形成电荷，并在气泡内因放电而产生发光现象。在液体中进行超声处理的技术大多与空化作用有关。

③ 热效应　由于超声波使物质产生振动，被介质吸收时能产生热效应。

④ 化学效应　超声波可促使发生或加速某些化学反应。例如纯的蒸馏水经超声处理后产生过氧化氢，溶有氮气的水经超声处理后产生亚硝酸，染料的水溶液经超声处理后会变色或褪色。这些现象的发生总与空化作用相伴随。超声波还可加速许多化学物质的水解、分解和聚合过程。超声波对光化学和电化学过程也有明显影响。各种氨基酸和其他有机物质的水溶液经超声处理后，特征吸收光谱带消失而呈均匀的一般吸收，这表明空化作用使分子结构发生了改变。

8.6.2　超声波催化氧化工艺因素分析

自 20 世纪 90 年代起，人们开始研究超声空化降解水中的有害有机物的相关技术，研究证明，超声降解水中有机物效果显著，从而引起很多学者的兴趣。美国、日本、加拿大、德国、法国等国的一些大学实验室和研究所纷纷致力于超声降解有机物的研究。我国 20 世纪 90 年代后期，对超声降解有机物的研究，在同济大学取得了很好的效果。迄今为止，超声降解已进行了包括脂肪烃类、芳香烃类、酚类、酯类、醇类、酮类、胺、酸类、天然有机物和杀虫剂等有机物的研究，取得了很好的效果。

(1) 超声降解技术　超声降解水中有机污染物技术既可单独使用，也可利用超声空化效应，将超声降解技术同其他处理技术联用，进行有机污染物的降解去除。联用技术有如下类别。

① 超声与臭氧联用　以超声降解、杀菌与臭氧消毒共同作用于污染水的处理。

② 超声与过氧化氢联用　以达成对污染水体降解、杀菌、消毒之目的。

③ 超声与紫外光联用　组成光声化学技术，利用超声技术和紫外光技术各自降解能力叠加、协同和互补，对水中常见的有机污染物苯酚、四氯化碳、三氯甲烷和三氯乙酸进行降解，使四种物质的降解产物为水、二氧化碳、Cl^- 或易于生物降解的短链脂肪酸。

④ 超声与磁化处理技术联用　磁化对污染水体既可以实现固液分离，又可以对 COD、BOD 等有机物降解，还可以对染色水进行脱色处理。

⑤ 超声辅助技术　超声波还可以直接作为传统化学杀菌处理的辅助技术，在用传统化学方法进行大规模水处理时，增加超声辐射，大大降低化学药剂的用量。

(2) 影响超声波处理的因素　影响超声波处理高难度污水的主要因素包括溶解气体、pH 值、反应温度、超声波功率强度和超声波频率等，下面对这 5 方面的因素进行简要分析。

① 溶解气体　溶解气体的存在可提供空化核、稳定空化效果、降低空化阈，溶解气体对空化气泡的性质和空化强度有重要的影响，溶解气体如 N_2、O_2 产生的自由基也参与降解反应过程，因此溶解气体的存在也会影响反应原理和降解反应的热力学和动力学行为。

② pH 值　对于有机酸碱性物质的超声波降解，溶液的 pH 值具有较大影响。当溶液 pH 值较小时，有机物质可以蒸发进入空化泡内，在空化泡内直接热解，同时又可以在空化泡的气液界面上与污水中空化产生的自由基发生氧化反应，降解效率高。当溶液 pH 值较大

时，有机物质不能蒸发进入空化泡内，只能在空化泡的气液界面上与自由基发生氧化反应，降解效率比较低。因此，溶液的 pH 值调节应尽量有利于有机物以中性分子的形态存在并易于挥发进入气泡核内部。

③ 温度　温度对超声波空化的强度和动力学过程具有非常重要的影响，从而造成超声降解的速率和程度的变化。温度提高有利于加快反应速率，但超声波诱导降解主要是由于空化效应引起的反应，温度过高时，在声波负压半周期内会使水沸腾而减小空化产生的高压，同时空化泡会立即充满水汽而降低空化产生的高温，因而降低降解效率。一般声化学效率随温度的升高呈指数下降。因此，低温（低于 20℃）较为有利于超声波的降解试验，而实际上一般的超声波试验都选择在室温下进行。

图 8-23　超声波污水
处理设备

④ 超声波频率　研究表明超声波的频率并非越高降解效果越好。超声波频率与有机污染物的降解原理有关，以自由基为主的降解反应存在一个最优频率，而以热解为主的降解反应，当超声声强大于空化阈值时，随着频率的增大，声解效率增大。

⑤ 超声波功率强度　是指单位超声发射端面积在单位时间内辐射至反应系统中的总声能，一般以单位辐照面积上的功率来衡量。一般来说，超声波功率强度越大越有利于降解反应，但过大时又会使空化气泡产生屏蔽，可利用超声波功率强度能量减少，降解速度下降，因此合适的功率强度也是非常必要的。

（3）超声波处理工艺　超声波污水处理设备（图 8-23）可以按照以下原则进行分类。

① 按超声波换能器安装形式　分为超声波换能器振板内置式污水处理槽和超声波换能器外置式污水处理槽两种。

② 按结构形式　可以分为敞开型槽式机型和封闭型过流式机型。

值得注意的是，超声波作为污水处理技术虽然有一定的效果，但是其对于污水的水质有一定的要求，尤其污水的固液分离是超声处理的前提，因为污水或废水一般伴有悬浮污物或杂质，因此必须有收集装置，这种装置可以是污水池或污水槽，其中的大体积杂物和污物应与污水分离，而想要处理一些细小体积的悬浮物则可选择添加聚丙烯酰胺絮凝剂或无机絮凝剂进行絮凝处理。

除了絮凝处理外，过滤也是超声波污水处理中的一道必要工序。过滤的目的是将污水中浓度小于等于 20mg/L 的悬浮颗粒物、胶质颗粒物加以滤除。这里的过滤无须活性炭类精密、昂贵的装置，普通机械过滤器完全可以满足后面工艺的要求。

目前常用的超声波污水处理工艺流程按被处理污水状态和回用目的，可分为以下几种工艺流程成套方案：污水收集→固液分离→超声降解→臭氧消毒；污水收集→添加紫凝剂→固液分离→添加水处理剂耦合超声降解；污水收集→固液分离→超声降解→紫外光消毒。

（4）超声波处理存在的问题　虽然超声波在污水处理领域的应用已经得到了人们广泛的认识，但是有许多问题仍然有待解决。

① 超声波反应的条件控制比较困难。不同的底物由于其不同物理化学性质，分解条件是不同的，尤其是考虑其经济性时。分解不同的底物时，为使其达到比较理想的分解效果，

必须对超声波的强度、分解时间、催化剂等条件进行试验。

② 到目前为止，超声波技术还没有大规模运用到实践中，许多应用都是在实验室里完成。这些试验都是针对某一类底物，模拟该物质的溶液进行处理。超声波有待进一步在实践中的考验。

③ 超声波大规模应用的问题主要在处理设备上，研制出能够连续进行污水处理、低能耗、大容量的超声波反应器是关键所在。

8.7　芬顿催化氧化

8.7.1　芬顿催化氧化原理分析

1894 年，法国科学家 H. J. H. Fenton 发现采用 Fe^{2+}/H_2O_2 体系能氧化多种有机物，后人为纪念他，将亚铁盐和过氧化氢的组合称为芬顿试剂，它能有效氧化去除传统废水处理技术无法去除的难降解有机物。

芬顿试剂的实质是二价铁离子（Fe^{2+}）和过氧化氢之间的链式反应催化生成羟基自由基，具有较强的氧化能力，其氧化电位仅次于氟，高达 2.80V。另外，羟基自由基具有很高的电负性或亲电性，具有很强的加成反应特性，因而芬顿试剂可无选择氧化水中的大多数有机物，特别适用于生物难降解或一般化学氧化难以奏效的有机废水的氧化处理，作用原理如下：

$$Fe^{2+}+H_2O_2 \longrightarrow Fe^{3+}+OH^-+\cdot OH$$
$$Fe^{2+}+OH \longrightarrow Fe^{3+}+\cdot OH$$
$$Fe^{3+}+H_2O_2 \longrightarrow Fe^{2+}+HO_2+H^+$$
$$HO_2+H_2O_2 \longrightarrow O_2+H_2O+\cdot OH$$
$$RH+\cdot OH \longrightarrow \cdots \longrightarrow CO_2+H_2O$$
$$4Fe^{2+}+O_2+4H^+ \longrightarrow 4Fe^{3+}+2H_2O$$
$$Fe^{3+}+3OH^- \longrightarrow Fe(OH)_3(胶体)$$

Fe^{2+} 与 H_2O_2 间反应很快，生成羟基自由基（·OH），同时有三价铁共存时，由 Fe^{3+} 与 H_2O_2 缓慢生成 Fe^{2+}，Fe^{2+} 再与 H_2O_2 迅速反应生成·OH，·OH 与有机物 RH 反应，使其发生碳链裂变，最终氧化为 CO_2 和 H_2O，从而使废水的 COD_{Cr} 大大降低，同时 Fe^{2+} 作为催化剂，最终可被 O_2 氧化为 Fe^{3+}，在一定 pH 值下，可有 $Fe(OH)_3$ 胶体出现，它有絮凝作用，可大量降低水中的悬浮物。

传统芬顿法在黑暗中就有能力破坏有机物，具有设备投资省的优点，但其存在两个致命的缺点：一是不能充分矿化有机物，初始物质部分转化为某些中间产物，这些中间产或与 Fe^{3+} 形成络合物，或与羟基自由基的生成路线发生竞争，并可能对环境造成的更大危害；二是 H_2O_2 的利用率不高，致使处理成本很高。

在此背景下，人们发现利用可溶性铁、铁的氧化矿物（如赤铁矿、针铁矿等）、石墨、铁锰的氧化矿物同样可使 H_2O_2 催化分解产生羟基自由基，达到降解有机物的目的，以这类催化剂组成的芬顿体系被称为类顿体系，如用 Fe^{3+} 代替 Fe^{2+}，由于 Fe^{2+} 是即时产生的，减少了羟基自由基被 Fe^{2+} 还原的机会，可提高羟基自由基的利用效率。若在芬顿体系中加入某些络合剂（如 $C_2O_4^{2-}$、EDTA 等），也可增加对有机物的去除率。随着研究的深入，又把紫外光、超声波、微波、电催化等技术引入芬顿试剂中，使其氧化能力大大增强。

下面章节针对目前工业废水处理中常用的几种芬顿工艺进行简单叙述。

8.7.2 芬顿催化氧化工艺

H_2O_2 与 Fe^{2+} 的混合溶液将很多已知的有机化合物氧化为无机态。反应具有去除难降解有机污染物的高能力。根据上述芬顿反应原理化学方程式来看，H_2O_2 与 Fe^{2+} 在酸性环境下产生·OH，可以看出芬顿试剂中除了产生 1mol 的·OH 自由基外，还伴随着生成 1mol 的过氧自由基·O_2，但是过氧自由基的氧化电势只有 1.3V 左右，所以，在芬顿试剂中起主要氧化作用的还是·OH。H_2O_2 和 Fe^{2+} 之间的反应很快，因而芬顿反应可无选择氧化水中的大多数有机物。

（1）影响因素　影响芬顿工艺氧化能力的因素有如下 4 项。

① 亚铁离子浓度　亚铁离子浓度应维持在亚铁离子与其反应物的浓度比为 1∶（10～50）（质量比）。

② 过氧化氢浓度　过氧化氢浓度越高的情况下，其氧化反应产物更接近于最终产物，但是需要注意的是过氧化氢浓度过高，反而造成反应速率可能不如预期一样增加，因此以连续的方式加入低浓度的过氧化氢，可得到较好的氧化效果。

③ 反应温度　当过氧化氢浓度超过 10～20g/L 时，一般将其反应的温度设定在 20～40℃。

④ 溶液的 pH 值　在 pH 值为 2～4 时，通常可得到较快的有机物分解速率。

（2）工艺步骤　芬顿试剂的主要药剂是硫酸亚铁、双氧水和碱。硫酸亚铁与双氧水的投加顺序会影响到废水的处理效果，一般的投加步骤如以下 3 步所示。

① 先通过正交实验将硫酸亚铁与双氧水的投加比例得出（一旦控制不好便容易返色），一般去除 COD∶双氧水为 1∶1～1∶3，双氧水∶硫酸亚铁为 1∶3～1∶5。

② 调节 pH 值，投加硫酸亚铁，再投加双氧水。

③ 最后投加碱，调节 pH 值使铁泥沉降即可。

硫酸亚铁投加后反应 15min 左右，再进行双氧水的投加，反应 20～40min 后再加入碱回调 pH 值，处理效果更佳。

如图 8-24 所示为常用芬顿试剂氧化难降解工业废水的工艺流程图。从图中可以看出，该工艺分为两级芬顿工艺，其中第一级主要功能是作为主反应区，完成大部分有机物的降解

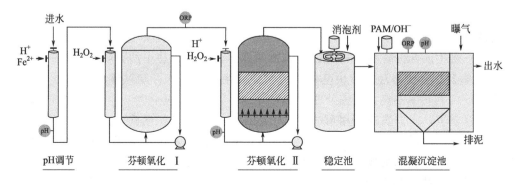

图 8-24　难降解工业废水处理中常见的两级芬顿工艺流程图

任务，第一级反应区采用的是涡流混合器投加硫酸亚铁和双氧水，反应塔内采取曝气混合搅拌条件，可以实现高传质效果，使芬顿反应持续进行，并且在混合条件下停留 40~60min，期间可以去除大部分有机物。

第二级反应区主要作为芬顿稳定器来使用，其主要功能是延长和稳定第一级的芬顿反应效果，并继续完成第一级反应没有完成的部分有机物降解，同时稳定 Fe^{2+} 的浓度。

设置第二级反应区的目的是因为羟基自由基的存在时间非常短，仅有 $10\mu s$，可以说转瞬即逝，因此要想进一步提高芬顿反应的反应概率，就得适当增加停留时间，以达到提升反应效率的目的。与第一级反应类似，第二级反应器内也要设置曝气搅拌装置，使未完全反应的双氧水持续反应，保证芬顿反应的持续进行，进一步去除有机物。再有一点就是通过循环反应，把已产生的 Fe^{3+} 还原为 Fe^{2+}，维持 Fe^{2+} 在塔中的浓度，达到降低硫酸亚铁投加量和减少硫酸根进入原水中的目的。

8.7.3　类芬顿催化氧化工艺

H_2O_2-臭氧、H_2O_2-紫外光等方法被称为类芬顿技术，其基本原理与使用方法均与传统芬顿试剂工艺相似。

（1）H_2O_2-臭氧工艺　在臭氧催化氧化工艺中，紫外光光照条件不但可以使臭氧分子因吸收 254mm 处紫外光而激活，也使其他有机分子对氧化工艺更敏感。理论上，在臭氧氧化之前先加入 H_2O_2 会促进臭氧的分解并进而增强·OH 的产生，化学方程式如下：

$$2O_3 + H_2O_2 \longrightarrow 2 \cdot OH + 3O_2$$

因此，臭氧催化氧化工艺中，由于 O_3 的直接亲电进攻双键如 C＝C、芳香环等而氧化有机污染物的能力，在有 H_2O_2 存在时可能会通过产生·OH 而得到增强。像其他的高级氧化工艺一样，臭氧在此工艺中的分解是由自由基式的链式反应控制的。

在 H_2O_2-臭氧的处理中最重要也是最主要的一个因素是 pH 值。与芬顿氧化工艺中 H_2O_2 和 Fe^{2+} 在酸性条件下立即反应不同，在 H_2O_2-臭氧处理中，H_2O_2 和臭氧在同样的条件下反应非常缓慢。而在碱性条件下，OH^- 和 HO_2^- 都存在的情况比只有 OH^- 存在时能更快也更有效地引发臭氧分解成·OH。

因此，为了增强 H_2O_2-臭氧处理污染物的性能，需要将 pH 值更改到 8~9，这种现象表明·OH 也是 H_2O_2-臭氧工艺的主要途径，依据化学计量学概念，每分子的过氧化氢会去除 2 分子的臭氧，从而产生 2 个·OH，氧化能力极大提高。

总的来说，与传统芬顿工艺相比较，H_2O_2-臭氧工艺研究较少。在酸性条件下 H_2O_2 与臭氧反应非常缓慢导致了 COD 去除率很低。而当 pH 值高于 7.0 时，H_2O_2 又很快分解，这是阻碍其正常应用的一大难点。

（2）H_2O_2-紫外光工艺　在最近几年，如紫外光光照等光化学工艺受到了相当多的关注。紫外光光照可以通过直接光解 H_2O_2 或者类似于光助芬顿反应的光激发过程来引发·OH 的产生。与臭氧＋2.08V 的氧化电位相比较，H_2O_2 的氧化能力稍弱，它的氧化电位只有 ＋1.78V。然而，H_2O_2-紫外光工艺中，紫外光光照的添加使 H_2O_2 通过产生·OH 而增强了对有机化合物的氧化能力。

值得注意的一点是 H_2O_2-紫外光系统中的氧化过程依赖于一些反应的条件，这些条件能影响 COD 去除的处理性能。这些变量包括有机污染物的种类和浓度，有机物质的总量，溶液中的光透射比，溶解性有机物质的种类和浓度（如碳酸盐和铁），H_2O_2 的剂量和 pH 值。pH 值为 3～4 是 H_2O_2-紫外光工艺中较理想的，这与芬顿试剂类似。

（3）电芬顿法 电芬顿工艺详见 8.3.3。

8.7.4 芬顿的污泥减量化工艺

（1）芬顿氧化法存在的问题 在众多的高级催化氧化工艺中，芬顿氧化法已被认为是最有效、最简单且经济的方法之一，但是在实际应用中仍存在很多问题尚需解决，最常见的就是以下 5 个问题。

① 久置双氧水易分解，质量分数不稳定，需要经常标定。

② 过氧化氢的利用率较低，处理成本较高。

③ 亚铁离子容易流失，影响出水色度，需要后续脱色处理。

④ pH 使用范围较窄，经常需要调节废水的 pH 值，增加处理成本。

⑤ 产生的污泥如果作为危险废物处置时，会有高额的运行费用。

在以上问题中，①～④还可以通过优化现场运行管理来解决，唯独⑤是人们关注最多的点，并且随着国内针对危险废物的管理愈发严格，对于芬顿工艺所带来的铁泥问题，如果不能妥善解决，该工艺未来的应用出路将会越来越窄。

目前对于芬顿工艺所产生的铁泥，人们大多数的选择是将之通过板框压滤机浓缩脱水后制砖，但是这种出路范围较小，不具备大规模推广的前景。因此针对芬顿污泥的回收利用则显得尤为必要。

（2）芬顿污泥循环系统 目前针对该领域的研究，最合理的方式为外加一套芬顿污泥循环系统，又称 Fe^{3+} 循环法。该系统包括一个芬顿反应器和一个将 $Fe(OH)_3$ 转化成 Fe^{2+} 的电化学系统，可以加速 Fe^{3+} 向 Fe^{2+} 的转化，提高 ·OH 产率，但该系统的运行条件为 pH<1。该系统主要包括以下 3 个部分。

① 酸化单元 该单元通过对芬顿系统产生的 $Fe(OH)_3$ 进行高效酸溶、膜过滤、残渣脱水等技术，首先保证 Fe^{3+} 从铁泥中溶出。

② 还原单元 该单元的原理是通过高效的电化学还原技术，将酸化单元中溶出来的 Fe^{3+} 还原为 Fe^{2+}，满足芬顿试剂处理中对于催化剂的要求。

③ 检测及加药单元 该单元作为辅助单元，主要目的是保证随时检测系统中亚铁浓度、pH 值等参数，用以满足该系统中的精确加药和控制需求。

8.8 湿式氧化

8.8.1 湿式氧化的原理分析

湿式氧化技术（wet air oxidation，WAO）是从 20 世纪中期发展起来的一种重要的处理有毒有害化学物质的高效技术，它包括两种类型：次临界（亚临界）水氧化和超临界水氧化。由于历史上次临界水氧化发展较早，应用也远比超临界水氧化广泛，通常所说的 WAO 都是指次临界水氧化。其实次临界水氧化和超临界水氧化这两种技术的原理基本一致，区别只是反应条件不同，超临界水氧化在 8.9 节进行叙述。

次临界（亚临界）水氧化中状态上限是水的临界状态（374.2℃和 22.1MPa），实际运行中经常采用温度 120～320℃ 和压力 0.5～20MPa 的条件，利用空气中的氧气作氧化剂，将水中有机物氧化成小分子有机物或无机物。

由于湿式氧化技术采用较高的温度和压力，水的密度减小，水分子间的氢键作用力削弱，介电常数较低，扩散系数变大，传质速度剧增。对于有机物与氧气的溶解度也远远大于常温常压下，因此有机物氧化近似于在均相溶液中进行，相间传质不再是限制因素，因此化学反应得到极大的加速。此外，温度的升高本身也有利于化学反应的进行，通常来说每提高 10℃，反应速率提高 1 倍。因此，在湿式氧化技术中，有机物的氧化速率很快，可以在几秒钟到几分钟之内完成。

从原理上说，在高温、高压条件下进行的湿式氧化反应可分为受氧的传质控制和受反应动力学控制两个阶段，而温度是全 WAO 过程的关键影响因素。温度越高，化学反应速率越快。另外，温度的升高还可以增加氧气的传质速度，减小液体黏度。压力的主要作用是保证液相反应，使氧的分压保持在一定的范围内，以保证液相中较高的溶解氧浓度。

对于湿式氧化工艺，1958 年首次用其处理造纸黑液，处理后废水的 COD 去除率达 90% 以上。到目前为止，世界上已有 200 多套 WAO 装置应用于石化废碱液、烯烃生产洗涤液、丙烯腈生产废水及农药生产等工业废水的处理等。

但 WAO 在实际应用中仍存在一定的局限性，例如 WAO 反应需要在高温、高压下进行，需要反应器材料具有耐高温、高压及耐腐蚀的能力，所以设备投资较大；另外，对于低浓度、大流量的废水则不经济。为了提高处理效率和降低处理费用，20 世纪 70 年代衍生了以 WAO 为基础的、使用高效、稳定的催化剂的湿式氧化技术，即催化湿式氧化技术，简称 CWAO（图 8-25）。

针对 CWAO 工艺，目前的研究结果普遍认为湿式催化氧化反应是自由基反应，反应分为链的引发、链的发展或传递、链的终止三个阶段。

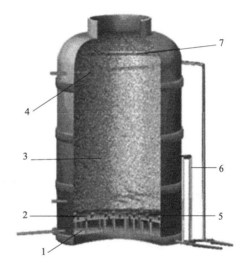

图 8-25　湿式催化氧化反应器结构图
1—水室；2—气室；3—催化剂载体；4—布水系统；
5—布水系统；6—排水系统；7—反洗系统

（1）链的引发过程　由反应物分子生成自由基的过程，是整个流程链的引发过程。在这个过程中，氧通过热反应产生 H_2O_2，化学方程式如下：

$$RH + O_2 \longrightarrow R\cdot + HOO\cdot \text{（RH 为有机物）}$$

$$2RH + O_2 \longrightarrow 2R\cdot + H_2O_2$$

$$H_2O_2 \xrightarrow{\text{M}} 2OH\cdot \text{（M 为催化剂）}$$

（2）链的发展或传递过程　羟基自由基与分子相互作用，交替进行使羟基自由基数量迅速增加的过程。化学方程式如下：

$$RH + OH \longrightarrow R\cdot + H_2O$$

$$R\cdot + O_2 \longrightarrow ROO\cdot$$

$$ROO \cdot + RH \longrightarrow ROOH + R \cdot$$

（3）链的中止过程　若自由基之间相互膨胀生成稳定的分子，则链的增长过程将中断，化学方程式如下：

$$R \cdot + R \cdot \longrightarrow R\text{-}R$$
$$ROO \cdot + R \cdot \longrightarrow ROOR$$
$$ROO \cdot + ROO \cdot + H_2O \longrightarrow ROOH + ROH + O_2$$

8.8.2　湿式氧化水处理工艺流程

湿式催化氧化工艺的运行原理如图 8-26 所示：首先原废水经高压泵增压在热交换器内被加热到反应所需的温度，然后进入反应器，同时湿式催化氧化反应所需的氧或者空气由压缩机打入反应器。

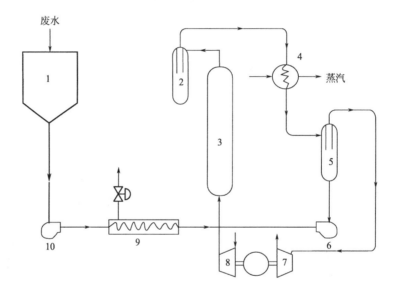

图 8-26　CWAO 法工艺流程

1—贮存罐；2—分离器；3—催化反应器；4—再沸器；5—分离器；
6—循环泵；7—透平机；8—空压机；9—热交换器；10—高压泵

在反应器内，废水中的有机物与氧发生放热反应。在较高温度下将废水中的有机物氧化成二氧化碳和或低级有机酸等中间产物。反应后气液混合物经分离器分离，液相经热交换器预热进料回收热能。高温高压的尾气首先通过再沸器（如废热锅炉）产生蒸汽或经热交换器预热锅炉进行热交换，冷凝水由第二分离器分离后通过循环泵再打入反应器，分离后的高压尾气送入透平机产生机械能或电能。因此，这一典型的工业化湿式催化氧化系统不但处理了废水，而且对能量逐级利用，减少了有效能量的损失，维持并补充湿式催化氧化系统本身所需的能量。

湿式氧化工艺的显著特点是处理的有机物范围广，效果好，反应时间短，反应器容积小，几乎没有二次污染，可回收有用物质和能量。湿式氧化发展的主要制约因素有以下 3 个。

（1）设备腐蚀问题　在超临界/亚临界状态及高浓度的溶解氧条件下，反应产生的活性自由基以及强酸或某些盐类物质，都加快了反应器的腐蚀，这对湿式催化氧化和超临界催化氧化相关反应设备的材质提出了相当高的要求，对世界上已有的主要耐蚀合金的实验表明，不锈钢、镍基合金、钛等高级耐蚀材料在湿式氧化系统中均遭到不同程度的腐蚀。腐蚀问题不仅严重影响了反应器系统的正常工作，导致寿命的下降，而且溶出的金属离子也影响了处理的质量。在亚临界温度下，腐蚀更加严重，这是由于酸和碱被溶解后导致了极端的 pH 值。而在超临界温度下，因为溶液的密度低，酸碱不易溶解，所以较亚临界状态腐蚀情况要轻。

（2）盐堵塞问题　室温水对于绝大多数盐是一个极好的溶剂，典型溶解度是 100g/L。而在低密度的超临界水中，绝大多数的盐溶解度都很低，典型的溶解度是 1～100mg/L。当一种亚临界状态下的含盐溶液迅速加热到超临界温度时，将会导致细小晶粒的盐析出与沉积。即使在高流速下，盐的沉积仍能导致反应器的堵塞。

（3）热量传递问题　因为水的性质在临界点附近变化很大，在湿式氧化过程中也必须考虑临界点附近的热量传递问题。从亚临界向临界点附近靠近时，水的运动黏度很低，温度升高时自然对流增加，热导率增加很快。但当温度超过临界点不多时，传热系数急剧下降，这可能是由于流体密度下降以及主体流体和管壁处流体的物理性质的差异所导致。

由于湿式催化氧化的种种优势，使得其能处理一些常规方法难以处理的污染物，具有广阔的应用前景。然而，湿式氧化过程工业化面临的技术难题同样很多，例如如何解决盐堵塞问题，如何抑制结垢，如何最大效率回收热能，只有解决上述问题，湿式氧化技术才能凭借其在废水处理方面的独特优势，得到更大规模的推广。

8.9　超临界水氧化

8.9.1　超临界氧化的原理分析

超临界水氧化实际上也是湿式氧化技术的一种，水的临界温度和临界压力分别是 374.2℃和 22.1MPa，在此温度及压力之上的水处于超临界状态，低于该温度和压力则是亚临界状态。8.8 节所讲述的湿式催化氧化特指次临界（亚临界）水氧化。

超临界水氧化和亚临界水氧化技术的原理基本一致，区别只是反应条件不同，在超临界氧化中，水温超过 374.2℃且压力超过 22.1MPa，达到超临界状态，次临界（亚临界）状态的上限是水的临界状态。

超临界水氧化（supercritical water oxidation，SCWO）技术同样是一种可实现对多种有机废物进行深度氧化处理的技术。超临界水氧化是通过氧化作用将有机物完全氧化为清洁的 H_2O、CO_2 和 N_2 等物质，S、P 等转化为最高价盐类稳定化，重金属氧化稳定固相存在于灰分中。

技术的原理与湿式催化氧化类似，不同之处就是以超临界水为反应介质，经过均相的氧化反应，将有机物快速转化为 CO_2、H_2O、N_2 和其他无害小分子。

超临界是流体物质的一种特殊状态，当把处于气液平衡的流体升温升压时，热膨胀引起液体密度减小，而压力的升高又使气液两相的相界面消失，成为均相体系，超临界流体具有类似气体的良好流动性，但密度又远大于气体，因此具有许多独特的理化性质。

水的临界点是温度 374.2℃、压力 22.1MPa，如果将水的温度、压力升高到临界点以上，即为超临界水，其密度、黏度、电导率、介电常数等基本性能均与普通水有很大差异，表现出类似于非极性有机化合物的性质。因此，超临界水能与非极性物质（如烃类）和其他有机物完全互溶，而无机物特别是盐类，在超临界水中的电离常数和溶解度却很低。同时超临界水可以与空气、氧气、氮气和二氧化碳等气体完全互溶。

由于超临界水对有机物和氧气均是极好的溶剂，因此有机物的氧化可以在富氧的均一相中进行，反应不存在因需要相位转移而产生的限制。同时 400～600℃ 的高反应温度也使反应速率加快，可以在几秒的反应时间内达到 99% 以上的破坏率。

与湿式催化氧化技术一样，尽管超临界水氧化法具备了很多优点，但其高温高压的操作条件无疑对设备材质提出了严格的要求。另一方面，虽然已经在超临界水的性质、物质在其中的溶解度及超临界水化学反应的动力学和机理方面进行了一些研究，但是这些与开发、设计和控制超临界水氧化过程必需的知识和数据相比，还远不能满足要求。在实际进行工程设计时，除了考虑体系的反应动力学特性以外，还必须注意一些工程方面的因素，例如腐蚀、盐的沉淀、催化剂的使用、热量传递等，这些在 8.8 节中有所述及，在此不再赘述。

8.9.2 超临界氧化水处理工艺流程

超临界水氧化处理难降解工业废水的工艺流程见图 8-27。

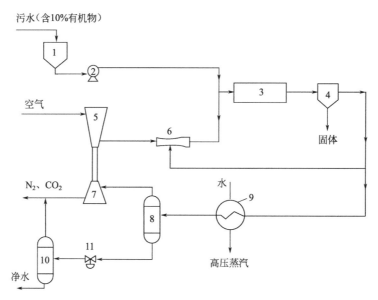

图 8-27 超临界氧化处理高难度工业废水工艺流程图
1—污水槽；2—污水泵；3—氧化反应器；4—固体分离器；5—空气压缩机；
6—循环用喷射泵；7—透平膨胀机；8—高压气液分离器；9—蒸汽发生器；
10—低压气液分离器；11—减压器

超临界氧化处理高难度工业废水工艺流程过程简述如下：首先用污水泵将污水压入反应器，在此与一般循环反应物直接混合而加热，提高温度。然后用压缩机将空气增压，通过循环用喷射泵把上述的循环反应物一并带入反应器。有害有机物与氧在超临界水相中迅速反应，使有机物完全氧化，氧化释放出的热量足以将反应器内的所有物料加热至超临界状态，在均相条件下，使有机物进行反应。离开反应器的物料进入旋风分离器，在此将反应中生成的无机盐等固体物料从流体相中沉淀析出。离开旋风分离器的物料一分为二，一部分循环进入反应器，另一部分作为高温高压流体先通过蒸汽发生器，产生高压蒸汽，再通过高压气液分离器，在此 N_2 及大部分 CO_2 以气体物料离开分离器，进入透平机，为空气压缩机提供动力。液体物料（主要是水和溶在水中的 CO_2）经排出阀减压，进入低压气液分离器，分离出的气体（主要是 CO_2）进行排放，液体则为洁净水，作补充水进入水槽。

超临界氧化反应转化率 R 的定义：$R=$ 已转化的有机物/进料中的有机物。R 的大小取决于反应温度和反应时间。研究结果表明，若反应温度为 $550\sim600℃$，反应时间为 $5s$，R 可达 99.99%。延长转化时间可降低反应温度，但将增加反应器体积，增加设备投资，为获得 $550\sim600℃$ 的高反应温度，污水的热值应有 $4000kJ/kg$，相当于含 10%（质量分数）苯的水溶液。对于有机物浓度更高的污水，则要在进料中添加补充水。

8.10 电子束辐照氧化

8.10.1 电子束辐照的原理分析

电子束辐照氧化属于一种高能辐射技术，其原理是利用被加速的电子束流轰击或照射被处理污废水，使污废水中难降解的有机物发生常规方法难以引发的物理化学及生物学反应，从而达到污染物降解的效果，来达到消毒净化废水的目的。

高能辐射源有很多种，包括天然放射性元素镭、氡，人造放射性元素铯 137、钴 60，电子加速器、X 光机、电荷放电等。目前应用最广泛的工业辐射源是 γ 辐射源和电子加速器。γ 射线是放射性核素在衰变过程中辐射出来的一种电磁波，γ 射线源需要可靠的辐射屏蔽，通常是数尺厚的混凝土墙，因此环境工程中应用很少。环境工程中实际应用的高能辐射源主要是电子束源，也就是各种类型的电子加速器。电子的穿透性虽然比 γ 射线弱，但低能电子加速器具有自屏蔽功能，不需要额外的屏蔽设备，而且能量可调，适于不同用途，控制简单，通过电源开关就可以产生或断开电子束。因此具有其他辐射源不能比拟的优点，在环境保护中得到了应用。常用的电子束功率幅度在 $5\sim300kW$。

由于电子束流的辐照能量大部分会沉积在水分子中，在电子束流作用下，当电子束辐照能量超过水分子化学键的键能和分子的电离势能时，化学键和分子的结合能就会被破坏，污水便被辐照分解生成较强的氧化物质，如·OH、H_2O_2 等，这些氧化物质与水中的污染物质、细菌相互作用，达到氧化分解和消毒的目的。

在液体水中，水分子受到辐射时产生电离的和激发的水分子以及自由电子，电离水分子迅速反应形成羟基自由基，其反应为：

$$H_2O^+ + H_2O \longrightarrow H_3O^+ + ·OH$$

自由电子发生水合反应为：

$$e^- + nH_2O \longrightarrow e_{aq}^-$$

自由基发生瞬间反应、相互作用或与氢离子反应，形成 H_2、H_2O_2、·H、H_2O 等产物。水分子辐射产生自由基产物（e_{aq}^-、·OH、·H）和分子产物（H_2、H_2O_2），高能电子束辐照时，水中各种物质的产生比例可以近似表示为：

$$H_2O + 电子束辐射 \longrightarrow 2.6e_{aq}^- + 0.6·H + 2.7·OH + 0.45H_2 + 0.7H_2O_2 + 2.6H_3O^+$$

一般来说，水溶液中污染物质的辐射去除主要是通过与水分子辐射产生的初级自由基反应，影响污染物去除效率的因素有很多，主要是辐照剂量、污染物浓度、水质等，辐照剂量越高，水溶液中自由基浓度越高，相应地污染物去除率越高。当辐照剂量一致时，污染物初始浓度越高，对自由基的竞争越强烈，其最终去除率越低。水质的影响较为复杂，不同 pH 值下水分子辐照产生的自由基浓度不同，因此引起污染物质与自由基反应速率的变化。而水中可能存在的大量自由基清除剂无疑与所需去除的污染物质竞争自由基，从而使得反应速率下降。而废水中存在的其他物质也会通过竞争自由基、与中间产物反应等方式干扰反应。例如，在较低的质量浓度下（50μmol/L），7800Gy 的辐射剂量就可以将自来水中的苯、甲苯、二甲苯去除到检测限以下，而对于废水来说，相同的起始浓度和相同的剂量却不能达到同样的效果。

目前，许多国家，如澳大利亚、匈牙利、印度、日本、约旦、波兰、葡萄牙、土耳其、美国，正在使用电子束辐射进行废水处理，用于各种用途，如废水和城市垃圾的去污，减少有毒农药的浓度，非生物降解材料，微生物污染的饮用水的消毒等。

8.10.2 电子束辐照水处理工艺流程

电子加速器装置由一系列高精度的机械电子设备系统和复杂的控制系统组成，是电子束处理污水的核心设备。涉及多个学科领域，如高真空、高气压、电子学、高频与微波技术、计算机与自动控制、机械设计与制造、材料学、束流测量、辐射防护等。辐照加速器的主要组成有 4 部分：电子枪，加速器主机（包括加速高频系统、控制磁场系统、真空系统等），电子束流的约束、引出及应用装置，控制系统部分。如图 8-28 为德国慕尼黑某污水处理厂污泥辐照设备示意图。

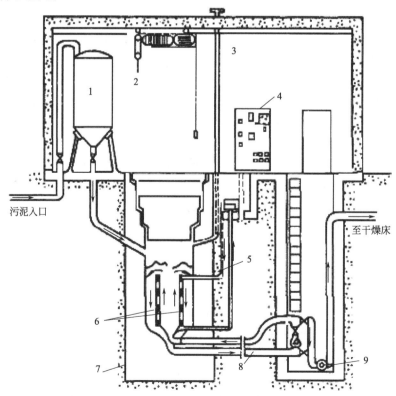

图 8-28 德国慕尼黑某污水处理厂污泥辐照设备示意图

1—污泥罐；2—吊车；3—通风管；4—控制室；5—冷却管；6—辐射源；7—屏蔽；8—循环管；9—真空泵

目前作为辐照源的加速器主要分为低能段（0.15～0.5MeV）、中能段（0.5～5.0MeV）、高能段（5.0～10.0MeV）3 类。随着加速器技术的不断发展，研制的加速器在结构上将更加紧凑、操作简便，可根据需要进行参数的调整，易于维护。

电子束辐照技术目前已经实现了在废水处理中的应用，包括韩国、美国、德国、中国在内的多家污水处理厂都已经建设了相关的工艺装置。

韩国在大邱建设了一个电子束和生化法结合的污水处理厂，将初步沉淀处理后的重度纺织业废水经电子辐照和生化降解后，可使水的污染物含量降低一半左右。该厂是一个每天处理 1000m³ 染色废水的试验工厂，它使用能量为 1MeV 的加速器，产生 400kW 的光束功率。为了均匀照射水，使用宽度为 1.5m 的喷嘴型喷射器。废水通过喷射器在电子束照射区域下注入，以获得足够的穿透深度。可以改变注射速度以达到一定的应用效果。该系统与生化技术相结合，证明了化学试剂消耗的减少，以及保留时间的减少，去除效率提高了 30～40 倍，废水中总有机碳（TOC）、化学需氧量（COD）、生化需氧量（BOD）等污染物指标都比原处理方法降低一半左右。

美国芝加哥城市污水回收局在电子束处理城市污水方面做了许多基础性的研究，研制出了可工业应用的电子束加速器，以期将这一技术大规模商业化应用。由于城市污水中包括可以回收利用的有机物，所以芝加哥城市污水回收局的电子束处理工厂不光包括污水处理设备，还包括大量的回收设备，以将这些有机物转化为农作物肥料等可用副产品。利用这些技术，美国在迈阿密建成了全球最大的城市污水电子束处理装置，总功率 1MW，每天处理 12 亿加仑（1US gal＝3.78541dm³）污水，处理成本只有每加仑 1.5～2 美分，在处理城市污水和有机废料消毒方面取得了非常好的效果。该处理厂不光可以对污水进行净化，还可以将部分污染物转化为生产肥料。

中国拥有一个大型工业体系，利用电子束进行废水处理将更加具有成本优势。近年来，中国污水处理厂商一直在为其处理流程投入更多资金，并希望采用新的创新解决方案。中国首个使用电离辐射技术处理工业废水的示范工程于 2017 年在浙江金华启动运行，每日可处理印染企业排放废水 1500～2000m³。辐照处理的水样比原处理技术 COD 和透明度都有显著改善。

金华示范项目在二次沉淀池中将难以通过传统手段降解的污水引入调节池，利用电子束辐照技术进行处理，通过与传统的物化、生物、膜处理等工艺有机结合，电子束技术可以形成技术可行、经济成本合理的解决方案。随着电子束处理工业废水技术臻于成熟，已具备大规模产业化应用的条件。

除了固定式污水处理厂外，电子束辐照污水处理技术还可以安装在移动设备上，以满足多样化和灵活性的小型污水处理需求。

电子束污水处理技术是污水处理领域的新兴技术，西方发达国家在这方面已经有几十年的发展史，处理装置已有实验室进入大规模商用阶段，其处理效率比传统生化处理方式高出至少 1 倍，是未来污水处理领域的重要发展方向。我国金华电子束污水处理厂的实验验证已取得阶段性进展，相信在不远的将来，全球将会建设更多的电子束污水处理装置，以满足越来越多样化的污水处理需求。

8.11 等离子体催化氧化

8.11.1 等离子体的原理分析

等离子体（plasma）又叫做电浆，是由部分电子被剥夺后的原子及原子团被电离后产生的正负离子组成的离子化气体状物质。它广泛存在于宇宙中，是不同于固体、液体和气体的物质第四态。

等离子体是如何产生的？由于分子或原子主要由电子和原子核组成，在通常情况下，电子以不同的能级存在于核场周围，其势能或动能不大。但是当物质受到外加能量（磁、电、热等）激发后，其原子的外层电子势能急速下降，脱离核场的束缚而逃逸，发生电离。此时，原子变成负电荷的电子和正电荷的离子。如果组成物质的分子或原子完全被电离成离子和电子，就成为物质的第四形态——等离子体。物质的等离子体态具有很高的能量，并且所有的粒子都带电荷，宏观上电荷为中性，即 $n_e/n_i=1$（n_e 为电子密度，n_i 为离子密度），故称等离子体。

自然界中的等离子体也很常见，在大气中，由于宇宙射线等外来高能射线的作用，包括雷雨时若有闪电存在，都有可能发生很强的电离作用，形成可观的等离子体。而人类所利用的火，如火焰本身就是等离子体，爆炸、冲击波也会产生等离子体。人工放电产生等离子体的主要方式有辉光（荧光灯）、弧光（电弧）、电晕（高压线周围）。在平衡等离子体中，T_e（电子温度）$=T_i$（离子温度）$=T_g$（气体温度）。在非平衡等离子体中，T_e/T_g（或 T_i）$\geqslant 102$。等离子体主要有两种形式：高温等离子体和低温等离子体。

（1）高温等离子体 当等离子体系统温度高于 5000K 时，体系处于热平衡状态，粒子平均动能达到一致，称为平衡等离子体。又因整个系统处于高能状态，也称高温等离子体。

（2）低温等离子体 低气压放电获得的等离子体，气体分子间距离非常大，自由电子可以在电场方向获得较快的加速度，具有较高的能量。而质量较大的离子在电场中不会得到电子那样的动能，气体分子的碰撞也较轻，此时电子的平均动能远超过中性粒子和离子的动能，T_e 可高达 10000K，而 T_i 和 T_g 可低至 $300\sim500$K，这种等离子体处在非平衡状态，称为非平衡等离子体或低温等离子体。在难降解工业废水处理方面，低温等离子体技术是目前研究较为活跃的新技术（图 8-29）。

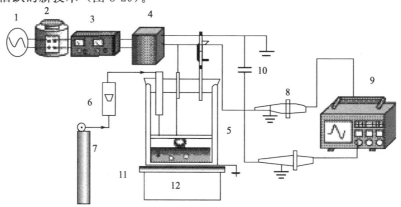

图 8-29 低温等离子体小试装置

1—电源；2—接触调压器；3—功率测量计；4—高压电源；5—网板式反应器；6—气体流量计；7—空气钢瓶；
8—高压探头；9—数字式示波器；10—电容；11—有机塑料板；12—磁力搅拌器

8.11.2　等离子体水处理工艺流程

进入 20 世纪后，等离子体被应用于环境保护领域，该技术兼备湿式氧化技术、超临界水氧化法、光催化氧化法和电催化氧化法等优点，在放电时产生大量的羟基自由基，具备大规模链式反应能力，反应迅速而无选择性，具有适用性广、有机物去除率高和无二次污染等特点。

利用脉冲电晕法产生低温等离子体进行水处理的设备主要分为两大部分：高压脉冲电源和反应器。其中高压脉冲电源用于产生低温等离子体，反应器则利用产生的活性物质以及伴随产生的热、光、波等效应来净化水质。

（1）纳秒级高压脉冲电源　纳秒级高压脉冲电源原理为交流电经过变压器后输出高压交流电，经过电容和二极管组成的倍压电路后，成为 2 倍高压的直流电。然后给硅堆触发信号，开关（硅堆）被直流电击穿，从而在水间隙中产生等离子体（图 8-30）。

图 8-30　纳秒级高压脉冲电源

应用于水处理的高压脉冲电源其电压脉冲宽度要求在纳秒级，放电极是该装置的关键设备，其性能和参数将直接决定反应器内等离子体的状态，从而影响水处理的效果。为了持续稳定地生成和维持低温等离子体，高压脉冲必须具有脉冲前沿陡峭、脉冲宽度窄的特点，以得到强电场并达到节能的目的。例如某工业园污水中试项目，所采用的纳秒级高压脉冲电源的空载峰值 30kV、上升时间 100ns，满载峰值 25kV、30A、脉宽＜300ns，脉冲频率 1~10kHz 可调。纳秒脉冲电源放电等离子体废水处理装置见图 8-31。

传统的脉冲电源多为利用火花隙作为开关产生脉冲，但是火花开关寿命较短，目前多采用新型电力电子开关器件代替火花隙，这样可以大大地提高开关的寿命以及电源工作的可靠性和稳定性。

（2）等离子体反应器　纳秒高压等离子体电源和水中电极直接连接，但是通常高压电源不能在液相溶液中直接产生电晕放电，只能在气相较大空间范围内电晕放电。只要在气液相间的系统中实现气相电晕放电，就能形成等离子体与水中污染物接触的条件。为此，放电等离子体注入方法必须解决的问题是创造一种与一定容积的液体之间有尽可能大的气液接触面积的反应条件。经过优化选择，水中气泡放电成为一种可行方式。

图 8-31 纳秒脉冲电源放电等离子体废水处理装置

水中气泡放电废水处理装置是含气泡液体流经外壳绝缘的高压电场，当双极性窄脉冲施于两极板时，将使每个小气泡发生放电，可以处理大流量的水。

8.12 多相催化氧化

8.12.1 多相催化氧化的原理分析

高难度工业废水大多为"三高"废水，即高色度、高盐度（盐含量＞3％）、高有机物，是污水处理领域中的痛点，对于"三高"废水，目前主要采用的工艺如下。

（1）混合后生化处理 将高盐高浓度废水和低盐低浓度废水混合后，进入生化系统处理，适用于"三高"废水量相较于低浓度废水量很小的情况。

（2）蒸发 多采用 MVR 多效蒸发、减压蒸馏技术等，蒸出液含盐量低，可进行生化处理，釜底液饱含有机质和盐渣，属于危废，处理成本高。

（3）膜处理 卷式 RO 膜、特种 DTRO 膜、STRO 膜等，前者产水率在 45％～50％，后两者产水率在 75％左右，但浓水很难处理。

（4）高级催化氧化 包括电催化、超临界、湿式催化氧化，运行成本高，仅适合小水量规模处理。

但是因为"三高"废水的高盐高有机物的特点，其中的盐分和难降解有机物会导致生化工艺难以稳定运行，难降解有机物也会导致膜工艺难以稳定运行，并且大量难降解有机物对于蒸发设备的稳定运行也会有很大影响。所以对于此类废水，必须要尽可能地降低其有机物，为后续工艺减轻负担。对于"三高"废水，常见的高级催化氧化工艺往往都有其弊端，例如电催化氧化工艺的吨水处理成本过高、臭氧催化氧化在高盐废水中的溶解度过小导致其处理效率不高、芬顿工艺产泥量太高、湿式催化氧化和超临界催化氧化的盐分污堵问题等，在这种背景下，结合多种高级催化氧化技术的优点，开发了一种新型高级催化氧化工艺：多相催化氧化。

多相催化氧化工艺借鉴了几种常用高级催化氧化工艺的原理和优点。

① 铁碳微电解填料烧结原理参考点　Fe/C 原料在 1360℃高温烧结填料寿命长且具备很强的导电性能。

② 电催化氧化电化学原理参考点　通过向导电水体中施加一个电压，大于氧化还原电位时，即可实现电子转移的氧化还原反应。

③ 臭氧催化·O 产生原理参考点　臭氧分解产生的新生态氧原子具备强烈的氧化作用。

④ 芬顿 pH 调节原理参考点　在不同的 pH 值条件下，相同的物质可以发生不同的反应。

8.12.2　多相催化氧化水处理工艺流程

多相催化氧化技术是利用超高压（10～100kV）静电发生器向负电荷充能室内水中的专用填料催化剂表面释放负电荷（e^-），迫使水中的溶解氧在催化剂表面产生强氧化性的新生态氧原子（·O），与此同时，利用空气压缩机向该反应器内曝气，加压到 0.25MPa 左右，利用超压强化氧气在水中的溶解度，形成三相接触流化床体系，以保证水中溶氧更大面积地在催化剂表面产生催化反应，产生羟基自由基物质，同时辅以微弱电场增强整个反应体系的电势差，强化氧在催化剂表面和水的三相催化过程，大大提高溶氧利用效率，从而推动水中·O 的产生量，实现去除 COD 的目的（图 8-32）。

多相催化氧化工艺最重要的组分催化剂，以改性碳基为载体，通过高温焙烧技术负载特殊成分催化剂，可以提高水中羟基自由基的产生效率，是本技术的核心材料。催化剂填料以 C 为主要材料，复配 Cu、Fe、Ni、Mn 等金属氧化物烧结，粒径＜1mm，作用是降低溶解氧转变为·O 的活化能，占反应器总区域的 50%～70%空间。

此外超高压静电充能体系的目的是给水体中的溶解氧气转化为·O 提供充足的能量，外加静电发生器与阴极室内填料催化剂直接相连，在气液固三

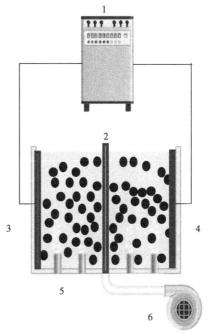

图 8-32　多相催化氧化反应装置示意图
1—静电发生器及控制装置；2—隔膜；
3—负电荷充能室；4—正电荷充能室；
5—主反应器；6—风机

相接触处形成静电荷充电效应，逼迫水中的溶解氧转化为具备强氧化能力的·O。利用静电发生器产生一定电量的负电荷，反应电压一般在 10～100kV，电流在 0.01～0.1mA，这样的超高压、低电流模式有 2 个好处：低电流有助于降低无效热损，提高电能利用率；高压体系利于新生态氧原子的产生。

再配合利用一种不易通过水、不导电的隔膜，把反应器隔离成单独的阴阳极室，技术要求不能透水、不能导电，要能够保持两个极室的电荷不连通。为了解决填料反应器常见的板结问题，该技术采用了梯装式单元组装反应器，可以单独拆卸某一组而不影响整体运行。

该技术特别适合带颜色的高浓度废水，在 COD 高于 1000mg/L 时效果最好，当水中 COD＜1000mg/L 时效率会降低。和电催化技术相比，该技术对于水中含盐量要求不高，高

低含盐量废水均可处理，且从效果上看，对于低盐废水的处理效果还要优于高盐。与芬顿催化氧化相比，该技术无须额外投加药剂（H_2O_2、亚铁、酸碱等），因此处理成本要远低于芬顿催化氧化；与铁碳微电解相比，该技术不需要提前调酸，且反应过程中不会增加水中的含盐量，不会产生铁泥；与臭氧催化氧化相比，该技术的单位能源消耗所能降解的 COD 数值要远远高于臭氧催化氧化，且设备一次性投资不足臭氧催化氧化设备一半。

鉴于本技术的特点，该技术特别适合高浓度难生化处理废水的前端预处理，经过该技术处理后，可将 $BOD_5/COD(B/C) < 0.1$ 的废水提高到 > 0.3，可满足传统生化处理，最大限度降低运行投资费用。

该技术应用于多菌灵废液处理时，原废水色度呈现橙黄色，含盐量在 10% 左右，多相催化氧化技术处理能耗折合吨水 22kW·h，能够去除 COD 的量为 21.2kg，去除率 48.74%（图 8-33）。

图 8-33　多相催化氧化处理多菌灵废液对比

第 **9** 章

工业园区高难度废水的蒸发处理技术

9.1 高难度废水的蒸发工艺简述

目前，中国工业用水正面临着利用率低、废水排放效率低以及工业发展水平与水资源分布和利用不平衡等问题，据调查研究，中国工业用水浪费严重，重复利用率约为 40%，近 10 年来，中国近 1/3 地区采用的工业废水处理水平与先进水平之间的差距越来越大，随着"三条红线""四项基本制度"和"水十条"的发布与执行，中国加强了对废水处理和水资源利用的监督和问责机制，工业废水只做到简单的达标排放已经不能满足现阶段资源利用和生态保护标准，高效节约的"零排放"模式已成为工业用水的发展趋势。

工业废水主要来源于石化、煤矿、印染、造纸等行业，一般含有有机物、悬浮物、胶体、微生物及可溶性盐等，成分复杂，处理工艺流程长、难度大、方法综合性强。绝大多数的工业废水经过前期的物化预处理、生化处理和深度处理工艺已除去其中大部分的不溶性固体、有机物和有毒有害物质，最终排出总溶解固体（TDS）在 8%（质量分数）以上高浓盐废水的处理工艺成为实现废水"零排放"的关键环节。

目前，膜技术大多应用于有机物含量少的含盐废水初级浓缩过程，加热蒸发工艺则广泛应用于电力、石化、煤化工和采油等组成更为复杂的高盐废水处理，经过多年发展，蒸发工艺目前技术成熟，适用于处理盐度超过 8% 的废水浓缩。

而加热蒸发工艺形式多样，其中多效蒸发和机械压缩蒸发（MVR）应用广泛，而与膜分离技术耦合而成的膜蒸馏技术也受到广泛关注，下面将针对 MVR、多效蒸发和膜蒸馏技术进行简要叙述。

9.2 机械压缩蒸发工艺

9.2.1 机械压缩蒸发的工艺原理

机械压缩蒸发（mechnical vapor recompression，MVR）是利用压缩机提高二次蒸汽的品位，循环利用蒸汽提高热能利用率，大大减少了对外界热源的需求，是世界上最先进的蒸发技术之一。

MVR 废水处理系统是常见的化工、工业、高盐废水处理系统，MVR 废水处理系统采用重新利用自身产生的二次蒸汽的能量，从而减少对外界能源需求的节能技术。它是在单效蒸发的基础上，将蒸发室内蒸出的低压、低温的二次蒸汽经过 MVR 废水处理系统的蒸汽压缩机，缩成较高压力、较高温度的蒸汽，并送回加热室与浓缩液进行换热，被压缩后的较高温度及较高压力的二次蒸汽被浓缩液冷凝变成冷凝水排出，同时浓缩液被压缩后的二次蒸汽加热继续蒸发（图 9-1）。

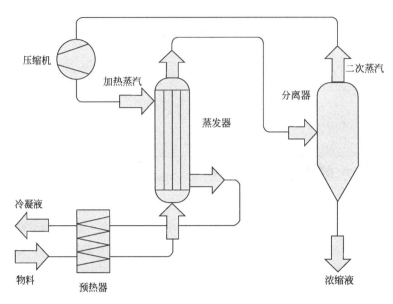

图 9-1　MVR 流程图

MVR 废水蒸发系统是根据波义耳定律，一定质量的气体的压强×体积/温度为常数，也就意味着当气体的体积减小、压强变大时，气体的温度也会随着升高。

根据此原理，当稀薄的二次蒸汽在经体积压缩后其温度会随之升高，从而实现将低温、低压的蒸汽变成高温、高压的蒸汽，进而可以作为热源再次加热需要被蒸发的原液，从而完成循环回收利用蒸汽的目的。在整套处理系统中，只需要使用少量的机械能就可以将二次蒸汽变成可回用的蒸汽源，从而使蒸发过程持续进行，而不需要外部蒸汽。

从 MVR 蒸发器出来的二次蒸汽，经压缩机压缩后，压力、温度升高，热焓增加，然后送到蒸发器的加热室当作加热蒸汽使用，使料液维持沸腾状态，而加热蒸汽本身则冷凝成水。这样原来要废弃的蒸汽就得到了充分利用，回收了潜热，又提高了热效率，生蒸汽的经济性相当于多效蒸发的 30 效。

MVR 蒸发设备紧凑，占地面积小、所需空间也小，又可省去冷却系统，对于需要扩建蒸发设备而供汽、供水能力不足、场地不够的现有工厂，如果低温蒸发需要冷冻水冷凝的场合，则既节省投资又有较好的节能效果。

由于 MVR 蒸发器利用二次蒸汽的汽化潜热，蒸发 1t 水能耗为 30kW。由于采用了低温蒸发，30℃就可以蒸发，低温蒸发条件下出水 COD 含量又可大大下降，当然含盐废水的综合处理不仅仅是 MVR 一项，不过从蒸发能耗上来讲，15～55kW·h 蒸发 1t 水也是目前蒸发工艺中最为节能的，MVR 蒸发器能耗低主要有以下 6 个原因。

① MVR 用电能加热代替鲜蒸汽加热，且低电耗。

② 蒸发产生的二次蒸汽被压缩，而且被充分利用。

③ 蒸汽在 MVR 系统内几乎无损失。

④ 将冷凝水和浓缩液的输出热能与原液进行热交换。

⑤ 不凝气与原液进行换热。

⑥ 压缩机电机采用转速变频控制。

MVR 蒸发器的运行能耗低，蒸发 1t 水需要 15～55kW·h 的电耗。

9.2.2　机械压缩蒸发的工艺设计

MVR 蒸发系统是机械蒸汽再压缩技艺，是将电能转换为压缩机的机械能，它是由蒸发器、预热器、真空系统组成的。

（1）系统参数和工艺参数　系统参数及工艺参数是 MVR 蒸发器的设计根本，对原料特性参数还有物料性能了解，才能免除系统参数设计风险，以使得系统能够正常运行（图 9-2）。

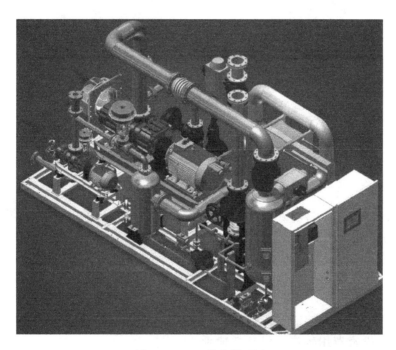

图 9-2　MVR 设备模型图

① 物料浓度、物料水质组成成分　物料的主要物性参数有密度、溶液组成成分、比热容、黏度、沸点、表面张力、热敏性、腐蚀性等，密度、溶液组成成分、定压比热容、黏度极大影响了物料侧的传热系数，而传热系数的不同会直接影响蒸发面积的设计计算。

② 物料进料浓度和出料浓度　这两项直接影响传热计算和蒸发温度选择，进而会影响到蒸汽压缩机的进、出口温度选择，也会影响蒸汽压缩机选型。沸点较高的物料只要在蒸汽压缩机温升范围内，可以选用 MVR 蒸发系统。

③ 蒸发强度　蒸发强度、出料浓度会影响蒸发器型式的选择和蒸发流程的设计。

④ 进、出料温度　蒸发装置在工艺设计中要做到能量重复利用，因此在考虑达到进、出口物料温度的情况下通过工艺变化将冷凝水出口温度降到较低的水平。

⑤ 物料的黏度　物料黏度除了影响传热系数，还会对蒸发器形式选择有影响。

⑥ 系统技艺参数　一般蒸发 1t 水需要耗电 15～55kW·h，可以实现蒸发温度为 40～100℃，鲜蒸汽消耗量少，出料含固量则可以直接蒸发到结晶。

（2）设计时考虑的因素　MVR 蒸发器的稳定运行离不开合理的设计和维护，否则将会大大影响其使用寿命，如图 9-3 所示，即为 MVR 蒸发器运行一段时间后内部换热器景象，因此 MVR 蒸发器在设计选型时要考虑如下的 4 个影响因素。

图 9-3　运行一段时间后的 MVR 换热器内部

① 尽可能地增加蒸发器冷凝和沸腾给热系数。减缓蒸发器中加热面上污垢的生成速率，保障蒸发器设备具有较大的传热系数。

② MVR 蒸发器设计时要考虑是否能达到和适应物料溶液的某些特性，如黏性、起泡性、热敏性、腐蚀性等。

③ MVR 蒸发器设计时要考虑到是否能完善汽化、气液的分离、分离器的大小。

④ 蒸发器是否能清理溶液在蒸发过程中所析出的晶体，减慢结垢现象产生。

虽然 MVR 投资费用较高，但其耗能低、占地面积小、运行费用低、操作简单、自动化程度高等特点使其在蒸发结晶领域广受青睐，具有很高的实用性能，用于处理高盐废水可以有效避免腐蚀、结垢、起沫等问题。

与多效蒸发相比，机械压缩提高了蒸发过程中蒸汽的利用率（图 9-4），每吨废水处理成本可控制在 20 元以下，例如神华神东电力郭家湾电厂项目和中煤图克化肥项目中均采用 MVR 工艺，后者与高效膜浓缩技术结合，其水回收率可达到 90%。经研究，将多台 MVR 装置串联组成两效或多效机械压缩蒸发工艺，

图 9-4　MVR 蒸汽离心式压缩机

可有效降低能耗，由于换热面积与压缩机功率受传热温差及出料浓度作用相反，因此选择合适的传热温差是有效控制系统高效、节能运行的关键。

针对含盐含有机物的废水，神农机械有限公司设计新型单、双效 MVR 联合工艺路线，提高了 MVR 的水源适用性，热能几乎全部再生利用。机械压缩技术对设备的技术和质量要求严格，而压缩机作为整个工艺中的核心设备，其设计和生产技术主要被德国的 GEA 公司、Mess 公司和美国的 GE 公司垄断，中国 MVR 装置的核心部件仍需依靠进口。

9.3　多效蒸发工艺

9.3.1　多效蒸发的工艺原理

多效蒸发是将前效的二次蒸汽作为下一效加热蒸汽的串联蒸发操作。在多效蒸发中，各效的操作压力、相应的加热蒸汽温度与溶液沸点依次降低。

在蒸发生产中，二次蒸汽的产量较大，且含大量的潜热，故应将其回收加以利用，若将二次蒸汽通入另一蒸发器的加热室，只要后者的操作压强和溶液沸点低于原蒸发器中的操作压强和沸点，则通入的二次蒸汽仍能起到加热作用，这种操作方式即为多效蒸发。

多效蒸发中的每一个蒸发器称为一效。凡通入加热蒸汽的蒸发器称为第一效，用第一效的二次蒸汽作为加热剂的蒸发器称为第二效，依此类推。采用多效蒸发器的目的是为了节省加热蒸汽的消耗量。理论上，1kg 加热蒸汽大约可蒸发 1kg 水，但由于有热损失，而且分离室中水的汽化潜热要比加热室中的冷凝潜热大，实际上蒸发 1kg 水所需要的加热蒸汽超过 1kg。

根据经验，蒸汽的经济性单效为 0.91，双效为 1.76，三效为 2.5，四效为 3.33，五效为 3.71，可见随着效数的增加，蒸汽经济性单效增长率逐渐下降。例如，由单效改为双效时，加热蒸汽大约可节省 50%；而四效改为五效时，加热蒸汽只节省 10%。但是，随着效数的增加，传热的温度差损失增大，使得蒸发器的生产强度大大下降，设备费用成倍增加。当效数增加到一定程度后，由于增加效数而节省的蒸汽费用与所增添的设备费相比较，可能会得不偿失。工业上必须对操作费和设备费做出权衡，以决定最合理的效数。最常用的为 2~3 效，最多为 6 效。

多效蒸发中第一效加入加热蒸汽，从第一效产生的二次蒸汽作为第二效的加热蒸汽，而第二效的加热室却相当于第一效的冷凝器，从第二效产生的二次蒸汽又作为第三效的加热蒸汽，如此串联多个蒸发器，就组成了多效蒸发。由于多效操作中蒸发室的操作压力是逐效降低的，故在生产中的多效蒸发器的末效带与真空装置连接。各效的加热蒸汽温度和溶液的沸点也是依次降低的，而完成液的浓度是逐效增加的。最后一效的二次蒸汽进入冷凝器，用水冷却冷凝成水而移除。

（1）多效蒸发的流程　为了合理利用有效温差，并根据处理物料的性质，通常多效蒸发有下列 3 种操作流程：并流流程、逆流流程和平流流程。

① 并流流程　并流加料三效蒸发的流程中溶液和二次蒸汽同向依次通过各效，这种流程的优点是料液可借相邻二效的压力差自动流入后一效，而不需用泵输送，同时，由于前一效的沸点比后一效的高，因此当物料进入后一效时，会产生自蒸发，这可多蒸出一部分水汽（图 9-5）。

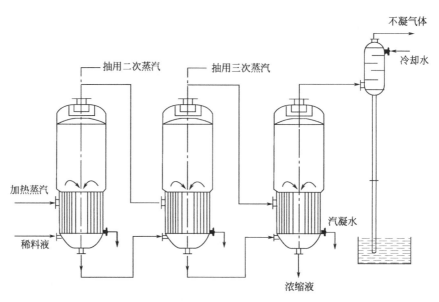

图 9-5 并流三效蒸发流程

这种流程的操作较简便，易于稳定，但其主要缺点是传热系数会下降，这是因为后序各效的浓度会逐渐增高，但沸点反而逐渐降低，导致溶液黏度逐渐增大。

② 逆流流程 逆流加料三效蒸发流程中，溶液与二次蒸汽流动方向相反，需用泵将溶液送至压力较高的前一效。

逆流流程的优点是各效浓度和温度对溶液的黏度的影响大致相抵消，各效的传热条件大致相同，即传热系数大致相同。

逆流流程的缺点是料液输送必须用泵，另外进料也没有自蒸发。一般这种流程只有在溶液黏度随温度变化较大的场合才被采用。

③ 平流流程 平流加料三效蒸发流程，蒸汽的走向与并流相同，但原料液和完成液则分别从各效加入和排出。这种流程适用于处理易结晶物料，例如食盐水溶液等的蒸发。

（2）MVR 蒸发与多效蒸发的区别 在蒸发行业中，多效蒸发和 MVR 蒸发都是应用比较多的蒸发技术，那么这两个工艺之间有什么区别呢？从目前来看，使用多效蒸发技术的企业仍占多数，多效蒸发是把前效产生的二次蒸汽作为后效的加热蒸汽，在一定程度上节省了生蒸汽，但第一效仍然需要源源不断地提供大量生蒸汽，并且末效产生的二次蒸汽还需要冷凝水冷凝，整个蒸发系统也比较复杂，另外效数增加，设备费用也会增加，每一效的传热温差损失也会增加，使得有效传热温差减小，设备的生产强度下降。而 MVR 蒸发是将从蒸发器分离出来的二次蒸汽经压缩机压缩后，其温度、压力升高，热焓增大，然后进入蒸发器加热室冷凝并释放出潜热，受热侧的料液得到热量后沸腾汽化，产生二次蒸汽经分离后进入压缩机，周而复始重复上述过程，蒸发器蒸发的二次蒸汽源源不断地经过压缩机压缩，提高热焓，返回到蒸发器作为蒸发地热源，这样可以充分回收利用二次蒸汽的热能，省掉生蒸汽，达到节能目的，同时，还省去了二次蒸汽冷却水系统，节约了大量的冷却水。

总结起来，MVR 蒸发与多效蒸发在以下 3 个方面有显著区别。

① MVR 蒸发与多效蒸发在蒸汽使用量方面有区别 根据 MVR 蒸发与多效蒸发的原理可以看出，多效蒸发浓缩操作的热源主要是采用源源不断的锅炉生蒸汽，对于浓度低处理量

大的物料，蒸汽耗费的能源是相当可观的，对于需要外购蒸汽的企业，随着市场蒸汽价格的上涨，蒸汽成本也越来越高。而 MVR 蒸发则不需要使用生蒸汽，直接用电即可，且 MVR 蒸发将蒸发器蒸发产生的二次蒸汽在整套 MVR 系统中循环利用，充分回收利用二次蒸汽的热能。

② MVR 蒸发与多效蒸发冷却水使用方面有区别　MVR 蒸发系统将蒸发产生的二次蒸汽重复利用，不需要冷却水将其冷凝。多效蒸发则需要将产生的二次蒸汽利用冷凝水进行冷凝。

③ MVR 与多效蒸发占地面积方面有区别　MVR 蒸发系统比较紧凑，系统操作比较简便，不需要锅炉，占地面积相对较小。多效蒸发整套系统相对比 MVR 大一些，占地面积会略大于 MVR。

9.3.2　多效蒸发的工艺设计

（1）工艺的单元功能和流程　下面以废水蒸发处理工艺中常用的逆流式三效蒸发工艺为例，来说明该工艺的单元功能和流程。

① 加热室　各效加热室上部均装有不凝汽管路，不凝汽管口装置节流垫片可调节各效真空度与温度，这样可有效地保证各效真空度与温度达标，并且装设冷凝水出水管。

② 分离器　各效分离器上均装置真空表、温度计与灯孔视镜，时时观测各效真空、温度与物料蒸发状态；各效下部出料口均装置防旋装置。

③ 预热器　预热器热源利用各效加热室与物料换热产生的二次蒸汽，可有效地节省蒸汽耗量，提高热源的利用率；预热器因安装于三效分离器与冷凝器之间，在预热物料的同时对二次蒸汽进行冷凝，降低了冷凝器负担并降低了冷却用水量。

④ 冷凝器　冷凝器一般为间接表面接触式冷凝器，以温度相对较低的冷却水在冷却管内冷却在管外的流动可凝气体，冷凝后的冷凝水下降至冷凝器底部后，用冷凝水泵抽出，不存在与冷却水的混合，杜绝二次污染。

⑤ 稠厚结晶器　内部装置冷却盘管与搅拌系统，可使进入稠厚罐（稠厚结晶器）的含盐物料充分与盘管进行接触换热，含盐物料冷却速度快，很快降温结晶。

（2）工艺说明　三效蒸发系统主要用于蒸发浓缩高盐废水时，其运行方式为连续性，工艺说明如下。

① 进料　待蒸发废液首先进入母液槽，通过进料泵输送，根据蒸发速率通过流量调节阀门至合适的流量，以连续的方式，经过预热器预热后，进入加热室。

② 废液的蒸发浓缩　经预热器预热后的废液首先进入三效加热室，利用二效分离室产生的蒸汽进行加热，然后进入三效分离室进行汽水分离，三效分离室与三效加热室之间没有循环。

废液进入三效分离室后，通过泵输送至二效加热室，再进入二效分离室，废液通过强制循环泵在二效分离室与二效加热室之间进行快速循环。

废液经浓缩至一定程度后，依次进入一效加热室和一效分离室，此处，废液通过强制循环泵在一效分离室与一效加热室之间进行快速循环。

③ 结晶与分离　浓缩至一定程度后，废液于一效分离室底部出料，通过泵输送至稠厚器进行结晶，稠厚器中的结晶物与废液的混合物通过自流的方式流至固液分离设备进固液分离，分离后的废液进入母液槽继续蒸发浓缩，结晶物人工铲出，装至容器中待下一步

处置。

④ 供汽　蒸发浓缩所需的生蒸汽由焚烧系统预热锅炉提供，只在一效加热室中对废液进行加热，生蒸汽冷凝水通过泵输送至焚烧车间软化水箱，回用于预热锅炉。

⑤ 废液蒸汽及冷凝水流向　一效分离室产生的蒸汽进入二效加热室对废液进行加热，二效分离室产生的蒸汽进入三效加热室对废液进行加热，三效分离室产生的蒸汽进入预热器对废液进行预热，还没有冷凝的蒸汽进入冷凝器进行冷凝。整个过程中，由废液蒸发产生的冷凝水通过泵输送至厂区污水管道，流至污水处理站进一步处置。

在蒸发工艺中，多效蒸发技术成熟、占地面积小、原料要求低，已广泛应用于高盐废水处理。伊犁新天煤制天然气项目、中电投伊南煤制天然气项目及内蒙古蒙大新能源化工基地年产 50 万吨工程塑料项目均成功运用多效蒸发工艺完成废水回用，多效蒸发本身能耗较高，但若与副产大量低压蒸汽的煤化工项目结合，则能达到全厂能量的综合高效利用。

9.4　膜蒸馏工艺

膜蒸馏（membrane distillation，MD）工艺是一种采用疏水微孔膜为分隔介质，以膜两侧蒸汽压力差为传质传热驱动力的分离过程，该过程可看作是膜分离与蒸馏过程的集合。

膜蒸馏是近年来出现的一种新的膜分离工艺。它是使用疏水的微孔膜对含非挥发溶质的水溶液进行分离的一种膜技术。由于水的表面张力作用，常压下液态水不能透过膜的微孔，而水蒸气则可以。当膜两侧存在一定的温差时，由于蒸汽压的不同，水蒸气分子透过微孔在另一侧冷凝下来，使溶液逐步浓缩。这一工艺可充分利用工厂热或太阳能等廉价能源，加上过程易自动化、设备简单，正成为一种有实用意义的分离工艺。

以膜蒸馏海水淡化为例，被加热后海水中的水分在膜的高温侧蒸发，穿过多孔疏水膜后在低温侧冷凝富集，而海水中的盐则不能透过疏水膜，从而实现了海水脱盐得到淡化水。

蒸馏膜工艺应用在废水处理中，与其他膜过程相比，其主要优点之一就是可以在极高的浓度条件下运行，即可以把非挥发性溶质的水溶液浓缩到极高的程度，甚至达到饱和状态。张凤君等采用中空纤维膜蒸馏技术对含酚废水进行了研究，结果使浓度高达 5000mg/L 的苯酚经处理后可降至 50mg/L 以下，苯酚的去除率可达 95% 以上。刘金生等采用自制中空纤维膜蒸馏组件对油田联合站含甲醇污水进行膜蒸馏处理研究，质量浓度高达 10mg/mL 的甲醇水溶液经处理后可降至 0.03mg/mL 以下。与其他类型的膜工艺或者蒸发工艺相比，膜蒸馏技术有以下 5 个优点。

① 膜蒸馏过程几乎是在常压下进行，设备简单、操作方便，在技术力量较薄弱的地区也有实现的可能性。

② 在非挥发性溶质水溶液的膜蒸馏过程中，因为只有水蒸气能透过膜孔，所以蒸馏液十分纯净，可望成为大规模、低成本制备超纯水的有效手段。

③ 该过程可以处理极高浓度的水溶液，如果溶质是容易结晶的物质，可以把溶液浓缩到过饱和状态而出现膜蒸馏结晶现象，是唯一能从溶液中直接分离出结晶产物的膜过程。

④ 膜蒸馏组件很容易设计成潜热回收形式，并具有以高效的小型膜组件构成大规模生产体系的灵活性。

⑤ 在该过程中无须把溶液加热到沸点，只要膜两侧维持适当的温差，该过程就可以进

行，有可能利用太阳能、地热、温泉、工厂的余热和温热的工业废水等廉价能源。

在膜材料方面，因高分子有机聚合物具有良好的疏水性和稳定性而受到广泛重视，提高膜通量和疏水性、降低热损失及运行成本一直是主要研究方向，同时料液压力、膜厚度、孔隙率及弯曲度参数之间的优化匹配也很重要。

除了典型的高分子有机聚合物膜（如 PTFE、PP、PVDF）以外，新型共聚物混合基质膜（如 PVDF/HFP、PVDF/CTFE、PVDF/PS、PVDF/PES 等）也已成为研究热点，其配比关系和制备条件有待于进一步研究。当前膜材料研发大多处于实验室规模，探究膜材料几何参数的放大效应，从而保证膜材料的高效稳定运行是未来发展的方向之一。

在能源耦合膜蒸馏技术方面，太阳能驱动膜蒸馏技术研究较多，主要包括光伏、光热和太阳池技术等（图 9-6～图 9-9）。目前该技术主要应用在干旱少雨等淡水资源匮乏地区。尽管太阳能膜蒸馏技术成本较高，大尺寸商用太阳能驱动膜蒸馏系统的可行性仍需进一步研究，但小型便携式系统的开发对基础设施落后地区仍具有重要意义。

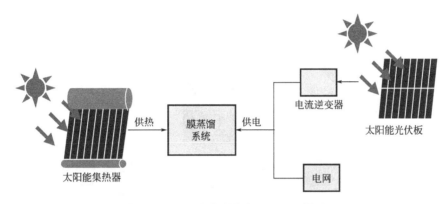

图 9-6　太阳能驱动膜蒸馏过程示意图

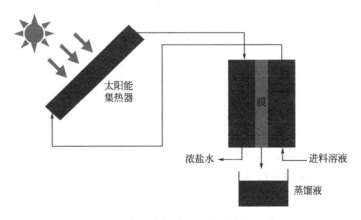

图 9-7　直接接触式太阳能膜蒸馏系统

低温地热能可提供稳定的热源，且不受季节变化和气温波动的影响，较适宜作为驱动膜蒸馏装置的热源。但由于受到地热分布的限制，目前地热驱动膜蒸馏技术研究相对较少。如地下水的物理化学性质（如硬度）对系统膜通量和热效率的影响，地热梯级利用的耦合与优化，以及地下水开采或回灌技术对其生态的影响，地热与太阳能、风能等其他可再生能源耦合驱动膜蒸馏技术等，都是未来研究的重要方向；工业余热驱动膜蒸馏技术可有效利用工业

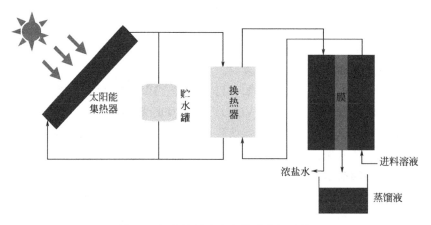

图 9-8　间接接触式太阳能膜蒸馏系统

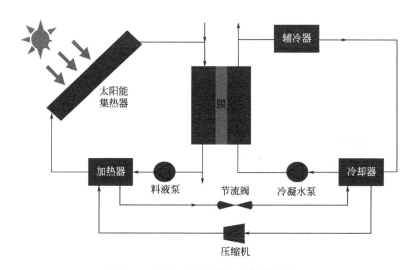

图 9-9　光热型太阳能热泵膜蒸馏装置

低温余热，具有良好的经济效益和环境效益。

综上所述，膜蒸馏技术已取得了快速发展，但仍存在诸多亟待解决的问题，制约其商业化发展的主要因素有以下几个方面：膜蒸馏材料生产成本较高，与其他膜分离技术相比没有价格优势；膜蒸馏过程能耗过大，提高了其运行成本；膜蒸馏过程长期运行时膜表面出现结垢和堵塞现象，导致膜通量降低，甚至造成膜报废；膜废料会对环境产生影响。

膜蒸馏自 1963 年首次提出以来，因其截留率高、操作简单等特点一直受到许多学者的关注，但迄今为止仍未得到商业化应用，这主要受膜材料成本较高、膜蒸馏过程能耗大等因素制约。因此，研发新型膜材料、创新膜蒸馏形式以及利用低品位能源驱动膜蒸馏等将有助于该技术的进一步发展。

第**10**章

不同类型工业园区高难度废水的处理

难降解工业废水成分复杂，一直都是水污染防治链条中最薄弱的环节，被誉为水处理界最难啃的"骨头"之一。难降解工业废水成分复杂，性质多变，这导致其治理技术的可复制性差。也就是说不同的工艺排出的废水性质差异很大，分开去研究治理耗费大，合在一起处理的话，各方面水质水量的不均匀会导致其处理效果不佳。且有的废水中含有第一类污染物，需要在车间排放口治理，这都给工业废水的处理带来一定的难度。

加之我国对工业废水的治理起步较晚，近年来通过借鉴国外先进处理技术经验加上自身开发研究的新技术，虽然已经在某些项目上有所突破，但仍然有大量问题未完全解决。

本章将对制药废水、焦化废水、冶金废水、炼油废水、农药废水、电镀废水、煤化工废水、电路板废水、含氰废水、含酚废水、双膜系统浓排水、蒸发母液 12 种典型的难降解工业废水的处理方案进行阐述，由于工业废水的成分实在复杂，因此即便对于同一类型工业废水，当不同厂区采用不同工艺时，其产生的废水情况也大不一样，所以本章所论述的工艺为典型工艺，并不能涵盖所有情况，请广大读者知悉。

10.1 制药行业废水处理

医药工业的污染危害主要来自原料药生产，其废水成分复杂，污染严重。综合国内外的研究与工程实践结果，由于制药废水复杂多变的特性，现有的处理工艺还存在着诸多问题和不足之处，因此，人们迫切盼望对制药废水的处理工艺技术进行深入、系统和全面的研究，以满足制药工业迅速发展的要求。

制药行业中最具代表性的、污染最严重的当属生物发酵制药、化学制药等产生的高浓度、难降解有机废水，对于这类废水，目前常用的处理技术主要为物化法和生物法。

综合国际上的研究与工程实践结果，各种制药废水处理方法各有其特点和实用性，不过现有处理工艺还存在着诸多问题和不足之处。由于制药废水的成分复杂，变化多样，处理难度较大，常规的废水处理工艺技术还不能令人满意。尤其是对于一些老工业企业，可供建设废水处理工程设施的场地有限，周围环境对废水处理有较高的要求，加之防火防爆的要求严格，使得常规处理工艺的应用受到限制。开发对废水中难降解物质处理效率高、占地面积小的生物处理工艺更加受到人们重视，表现出更好应用前景。因此，寻求可在实际工程中大规模推广应用、经济有效、安全运行、操作简便的制药废水处理工艺及方法，一直是国内外研究部门和使用部门的努力方向。

在化学制药尤其是抗生素制药企业中，为了减少高浓度废水蒸发量、提高难降解有机物和其他污染物的去除率，通常采用的处理工艺为"三维电解＋UASB＋ABR＋SBR＋沉淀"；为了提高生物发酵制药废水中难降解有机物和其他污染物的去除率，采用处理工艺为"水解酸化＋UASB＋ABR＋生物接触氧化＋沉淀"（图10-1）。

图 10-1　接触氧化池

针对化学制药废水特点，从以下方面考虑抗生素废水处理工艺改进：根据高浓度废水具有高盐分和高COD的特点，不能直接进行生化处理，废水全部蒸发费用高，因此考虑将部分高浓度废水和低浓度废水混合，剩余的部分高浓度废水再使用常规三效蒸发器蒸发，这样可以降低企业的运行费用。

至于这条工艺路线中为何采用三维电解而不是现阶段常见的微电解预处理工艺，则是因为微电解工艺对于制药废水效果并不是很理想，抗生素废水出水中存在的胺类、芳香烃以及杂环结构难降解有机物只可被强氧化性物质降解，如·OH、·O$_2$、H$_2$O$_2$等，而微电解是靠原电池原理产生内电场，电场较弱，详情请见8.3.4所述，因此考虑将微电解换成利用外加电源提供较强电场的电催化设备即三维电解，工作原理见8.3.5所述。

与此同时，电催化设备也能确保系统负荷提升后生化系统的稳定运行。三维电解在电解催化反应过程中生成的强氧化物质，如·OH、·O$_2$、H$_2$O$_2$等，与废水中的有机污染物无选择地快速发生链式反应，进行氧化降解，可以有效地去除废水中芳香烃等难降解有机物。该技术方法是当今废水处理的技术热点，是高浓度有机废水处理的新工艺。

由于将部分高浓度废水与低浓度废水混合，废水中COD浓度和盐度及其他污染物浓度都有所提高，所以为了使废水中污染物得到更有效的去除，考虑再增加一个UASB反应器。UASB反应器对于高硫酸盐、高COD废水的去除效果较好，UASB反应器具有污泥浓度高、抗冲击能力强、有机负荷高和占地小等优点。具体工艺路线图如图10-2所示。

针对生物发酵制药废水特点，从以下2个方面考虑废水处理工艺。

① 根据废水可生化性较低的情况，考虑水解酸化能够将原废水中的难生物降解的有机物转变为易生物降解的有机物，提高废水的可生化性，从而在后续的生化处理中能提高废水

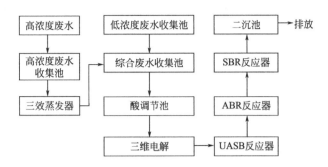

图 10-2　化学制药废水常用工艺路线图

污染物的处理效率。

② 再在常规工艺基础上增加一台 UASB 反应器，通过增加污染物的可生化性和厌氧反应来提高污染物的去除率和有机物的降解效果。

具体工艺路线图如图 10-3 所示。

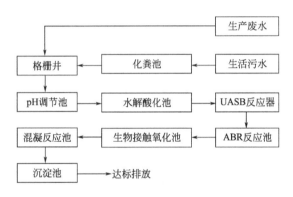

图 10-3　生物发酵制药废水常用工艺路线图

10.2　焦化行业废水处理

焦化废水通过隔油系统，将污水中重焦油、浮油及其他悬浮物等去除，然后进入气浮装置进一步去除水中的乳化油及其他污染物，保证后续处理设施的正常运行，经气浮处理后的水进入氧化沉淀系统，进一步去除部分难降解有机物，并能使污水中难降解处理的有机物变成可生化降解的有机物，提高污水的可生化性，为后续的生化反应创造条件。

经预处理后的污水通过泵进入厌氧反应池，进行水解酸化反应，以提高废水的可生化性并降解部分有机物。厌氧反应池出水进入缺氧反应池并与好氧池出水回流的硝化液相混合，进行反硝化反应，将亚硝酸氮和硝酸氮还原为氮气，并同时降解有机物。缺氧池出水进入好氧池进行硝化反应，并去除大多数的有机物。废水在硝化池中首先大幅度降解有机物，然后将氨氮氧化为亚硝酸氮和硝态氮。好氧出水进入沉淀池，进行固液分离。出水需进行酸化电离、脱色沉淀、过滤等一系列组合深度处理工艺，从而达到国家一级标准的排放要求。

除预处理各段油泥渣进行回收或焚烧外，其他各处理工序排出的污泥排入污泥浓缩池，由泵抽入压滤机压滤成饼运至垃圾场处理，污泥滤出液回流至调节池进行再处理。

图 10-4 为某焦化厂污水处理站全貌，焦化废水的整个工艺流程由沉淀池、气浮池、氧化沉淀池、调节池、A²O、深度处理系统、污泥脱水等单体组成，各个单体的功能介绍如下。

图 10-4　某焦化厂污水处理站全貌

（1）隔油沉淀池　焦化废水中含有较多的有机溶剂等轻油类物质和大量悬浮物。对轻油类的污染物，利用密度差和很小的水平流速，可用重力进行分离。针对焦化废水，隔油沉淀池的主要功能是利用废水中各类悬浮态油类物质密度小于废水的原理，废水中油类物质在不断的碰撞过程中形成大的含油颗粒，通过表层的刮板截留悬浮态油，相对干净的废水进入后续处理单元，在隔油的同时将大部分悬浮物通过重力沉淀作用去除。

（2）气浮池　气浮法是一种固液分离或液液分离技术。它通过某种方法产生大量的微气泡，使废水中密度接近于水的固体或液体污染物微粒黏附其上，形成密度小于水的气浮颗粒，在浮力作用下，上浮至水面形成浮渣，从而实现固液或液液分离。关于气浮工艺详见4.8.5所述，而焦化废水中部分以悬浮状形式存在的污染物，利用沉淀原理是无法去除的，所以针对此类污染物，利用气浮法是合适的。

（3）氧化沉淀池　气浮后的焦化废水经加药反应后流入化学沉淀池，采用化学高性能反应沉淀池，废水经投加次氯酸钠和絮凝剂，使废水中的有机胶体物得到进一步的去除。沉降下的污泥则被定期抽送至污泥处理区或洗煤场。

（4）调节池　调节池的功能主要是水质和水量的双重调节，而设计主要参考依据是通过某一定时间段范围水质和水量的累积分布，需要统计的流量和水质在时间段内至少能够保证具有典型性特征。单纯的水量调节分为线内和线外调节，详见4.5节所述，水质调节的任务是对不同时间和不同来源的废水进行混合，使流出水质比较均匀，主要通过布水方式、搅拌（或者曝气）方式实现废水的均质。

（5）事故调节池　考虑生产中会出现上游工艺事故状态下进入污水处理站的污水水质超标，系统预处理设计中应考虑设事故调节池（图 10-5）。当水中污染物可能对后续的生物处理造成危害时，先将废水送到事故调节池存放，待正常后，将事故废水少量地按一定比例混到正常工况排出的废水中，缓慢处理，以降低冲击负荷，使生化系统出水水质稳定。

图 10-5　某焦化厂污水处理站应急水池

（6）厌氧池　焦化废水不仅浓度高，而且含有部分悬浮物及其他有毒有害污染物，属于难生化处理废水，必须设置一段水解酸化单元，用来改善废水的可生化性。水解酸化是整个生化系统中的一个重要环节。在水解过程中，水解污泥中生长的假单胞菌属、气单胞菌属、红螺菌属的细菌具有较好的脱色能力，混合菌群依靠协同作用，利用微生物的酶促作用打断偶氮基的电子双链，去除色度，使难降解有机物的链能有效地断开，也能被部分去除，导致原废水可生化性有所提高。考虑到水解单元的重要性和水质中部分难生化物质，可以采用厌氧接触池的形式，膜法和泥法相结合，对水质的适应性强，水解效果好。

（7）缺氧池　缺氧池设置的主要目的是进行反硝化脱氮，通常缺氧池设置在好氧池前，称为"前置反硝化工艺"。为达到反硝化的目的，脱氮工艺需要大量好氧池出水回流至缺氧池前端。反硝化菌种类很多，大部分为兼性异养菌，在无分子态溶解氧存在时，利用硝酸盐和亚硝酸盐被还原过程产生的能量作为能量来源，在有分子态溶解氧存在时，反硝化菌将分解有机物来获得能量，此时反硝化过程将被终止。因此反硝化过程要在缺氧状态下进行，溶解氧的浓度不能超过 0.2mg/L。在反硝化过程中需要含碳有机物作为还原硝酸盐和亚硝酸盐的电子供体，实践表明当污水中的 $BOD_5/TKN>4$ 时，可达到理想的脱氮效果，当 $BOD_5/TKN<4$ 时，脱氮效果不好。

（8）好氧池　经过上述工艺处理之后的废水，其中水中的有机物浓度仍比较高，所有出水需进行进一步处理，最经济可靠的方法为好氧处理。同时，生化脱氮途径之一主要依靠硝化、反硝化两大类菌种，而硝化菌与反硝化菌相比，其生存环境也有多不同，因此需要利用好氧池来促进硝化菌的硝化过程和有机物的去除。

（9）深度处理系统　深度处理系统主要以高级催化氧化为主，其目的为去除生化单元无法去除的难降解有机物，保证最终出水达标。油焦化废水经生化处理后，废水中的仍在 $250\sim400mg/L$，但 BOD_5 却在 $25mg/L$ 左右，此时废水已不能靠常规生化进行，其主要成分仍为吲哚、萘、吡啶、喹啉、苯并芘等多种芳香族化合物，必须经系统进行深度处理，一般会采取电催化氧化、臭氧催化氧化分解最终有机物，从而使 COD 达到 $30\sim80mg/L$，其水可作回用水，且保证色度透明。

（10）污泥脱水单元　污泥脱水一般采用"离心机＋带式压滤机"的双重脱水方式。离心机操作自动化，人力最节省；带式压滤机维持管理容易，机械性能优异耐久性良，占地面积省（图10-6）。

图 10-6　带式压滤机污泥脱水

本方案中前端采用隔油池和气浮池、氧化沉淀池预回收焦油和重油，并能使污水中难降解处理的有机物变成可生化降解的有机物，提高污水的可生化性，为后续的生化反应创造条件，中间生化工艺采用反应池来作为主要处理手段，后端采用高级催化氧化系统来确保处理效率。

不过本方案同样存在一定的问题，例如工艺路线长，生化工艺复杂，操作条件要求多，池体数量多，投资较高，不利于管理。同时污水处理单元中需要加入混凝剂、絮凝剂、氧化剂等药剂的处理单元较多，添加过大造成处理成本较高，添加量过小影响出水水质。

某焦化厂产生的焦化废水，COD_{Cr}值6000mg/L，氨氮300mg/L，挥发酚1000mg/L，SS值350mg/L，硫化物50mg/L，石油类300m/L，氰化物20mg/L，采用上述工艺处理后，各段工艺的去除率大致如表10-1所示。

表 10-1　某厂典型焦化废水各工艺段去除率

单元名称	指标	COD_{Cr} /(mg/L)	氨氮 /(mg/L)	挥发酚 /(mg/L)	SS /(mg/L)	硫化物 /(mg/L)	石油类 /(mg/L)	氰化物 /(mg/L)
隔油气浮	进水	6000	300	1000	350	50	300	20
	出水	4500	300	700	70	45	30.0	10
	去除率	30.00%	0.00%	30.00%	80.00%	10.00%	90.00%	50.00%
氧化沉淀	进水	4500	300	700	70	45	30.0	10
	出水	3150	300	7	14	0.45	30.0	1.0
	去除率	30.00%	0.00%	99.00%	80.00%	99.00%	0.00%	90.00%
A²O	进水	3150	300	7	14	0.45	30.0	1.0
	出水	315	3.0	0.35	9.8	0.45	6.0	0.2
	去除率	90.00%	99.00%	95.00%	30.00%	0.00%	80.00%	80.00%

续表

单元名称	指标	COD$_{Cr}$ /(mg/L)	氨氮 /(mg/L)	挥发酚 /(mg/L)	SS /(mg/L)	硫化物 /(mg/L)	石油类 /(mg/L)	氰化物 /(mg/L)
深度处理	进水	315	10.0	0.35	9.8	0.45	6.0	0.2
	出水	63	10.0	0.35	2	0.05	3.0	0.2
	去除率	80.00%	0.00%	0.00%	80%	90.00%	50.00%	0.00%
出水	出水	63	3.0	0.35	2	0.05	3.0	0.2
	排放标准	100	15	0.5	70	1	8	0.5
	总去除率	98.95%	99.00%	99.96%	99.43%	99.90%	99.00%	99.00%

10.3　冶金行业废水处理

冶金废水的主要特点是水量大、种类多、水质复杂多变。按废水来源和特点分类，主要有冷却水、酸洗废水、洗涤废水（除尘、煤气或烟气）、冲渣废水、炼焦废水以及由生产中凝结、分离或溢出的废水等。冶金废水治理发展的趋势主要有以下 4 点。

① 改进生产工艺，发展和采用不用水或少用水及无污染或少污染的新工艺、新技术，如用干法熄焦、炼焦煤预热、直接从焦炉煤气脱硫脱氰等，从源头减少废水的产量。

② 发展综合利用技术，如从废水废气中回收有用物质和热能，减少物料燃料流失。

③ 根据不同水质要求，综合平衡，串流使用，同时改进水质稳定措施，不断提高水的循环利用率。

④ 发展适合冶金废水特点的新的处理工艺和技术，如用磁法处理钢铁废水具有效率高、占地少、操作管理方便等优点。

有色冶金废水中一般均含有多种离子态重金属污染物，因此，单纯采用物理处理法无法将废水处理达到相应的排放或回用标准要求。国内处理有色冶金含重金属污染物废水多采用化学沉淀法，由于不同的重金属离子生成氢氧化物沉淀时的最佳 pH 条件不同，金属氢氧化物水解及其与溶液中的其他离子形成络合物，增加了在水中的溶解度，导致处理后的出水水质不稳定，难以稳定达到排放标准要求。

目前对于冶金废水处理，多采用膜分离技术，膜处理工艺核心组件为各类膜，详情请见第 7 章所述，不过膜工艺价格昂贵，投资费用和运营成本较高，在使用过程中膜容易受到污染而导致通量下降，影响去除效果，所以运用膜工艺处理冶金废水时，对进水水质要求较高，需采用物理法、化学沉淀法等方法对废水先进行预处理，确保进水中污染物不高，且水质稳定时方可。

除了膜工艺外，近些年对于电化学重金属废水深度处理技术的研发也比较受人们的关注，电化学技术可有效解决膜工艺的各种不足之处，在有色冶金重金属废水处理领域有着较好的应用前景。

图 10-7 是主要应用电化学学进行重金属分离的冶金废水处理工艺，本处理工艺的特点是首先将铅锌冶炼废水通过加入石灰乳将 pH 调为中性，经浓密池沉淀固液分离后，上清液再泵入电化学反应器进行处理，处理后的出水经曝气处理，再经斜板沉降池分离沉淀物后，出水返回生产系统回用或达标外排。

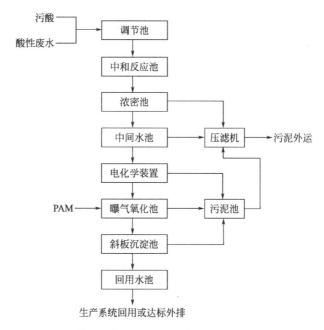

图 10-7 应用电化学工艺处理冶金废水的工艺流程图

传统的铅锌冶炼污水处理工艺有许多种，其中石灰法因其去除污染物范围广、处理成本低而广泛应用，但单纯的石灰法处理工艺也存在操作参数难以掌握、处理效果不稳定的缺点，特别是近年来国家生态环境保护部提高排放标准要求后，单纯的石灰法处理有色冶金废水已难以达到排放标准要求，与电化学处理重金属废水工艺相比，单纯化学沉淀的方法都具有成本相对高、流程较长、反应容器占地面积大等缺点。而锌冶炼含重金属废水在采用电化学法处理后，能够稳定达到并优于《铅、锌工业污染物排放标准》（GB 25466—2010）中排放浓度限值要求，且该工艺运行稳定性较好。

10.4 炼油行业废水处理

炼油行业废水最主要的特点就是油含量较高，在预处理阶段一定要有高效的除油工艺，以山东省某炼厂炼油废水为例，该厂提出了一种适合炼油废水处理的组合工艺，即"隔油罐＋隔油沉淀池＋涡凹气浮＋溶气气浮＋水解酸化＋MBBR＋臭氧氧化＋曝气生物滤池＋过滤＋消毒"的组合工艺，如图 10-8 所示，为炼油厂废水处理提供了一种简易、高效、经济的工艺选择。下面以本组合工艺为例，进行各处理段的简要介绍。

① 采用"隔油罐＋隔油沉淀池"的隔油工艺去除浮油和分散油（相关知识请见 4.8 节所述），隔油罐及平流隔油沉淀池均设置斜板填料，高效去除污油，同时降低了工程造价。

② 根据各气浮特点和处理效率，在气浮阶段采用涡凹气浮与溶气气浮组合工艺进行处理，在提高废水中油类的分离效率同时，降低了动力消耗。

③ 在二级生物处理阶段，将移动床生物膜反应器（MBBR，详见 5.2.3 所述）应用于炼油废水处理，提高了污水处理系统的处理效果和耐受冲击负荷的能力。

④ 采用臭氧氧化处理二级生化处理出水，提高废水可生化性，为后续的曝气生物滤池工艺（BAF，详见 5.2.4 所述）的降解效率提供了保证，臭氧氧化剂是一种经济、高效、绿

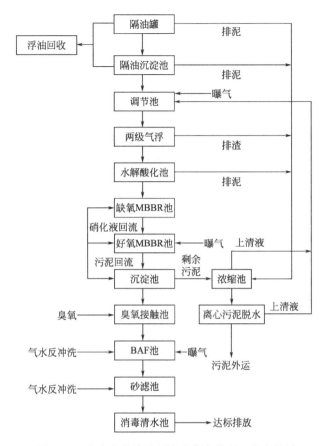

图 10-8　山东省某炼油厂炼油废水处理工艺流程图

色的氧化剂，氧化过程中不会增加新的污染物，经济适用。

在整个废水处理过程中，系统产生的污泥和浮渣含水率一般在99%左右，极难运输和处置，需进一步脱水处理。各单元排出的污泥进入污泥浓缩池进行浓缩，经过浓缩脱水后的污泥含水率可降至97%左右，由污泥泵输送至离心污泥脱水机进行脱水，脱水后泥饼含水率降低到70%～80%，基本呈固态，便于运输和最终处置，污泥浓缩池的上清液和脱水机的滤液返回调节池。

10.5　农药行业废水处理

有机磷农药废水是一种高有机、高含磷、高含盐、高氨氮的"四高"难降解废水，有机磷农药化学结构复杂、完全采用传统的生物处理的方法处理达不到出水要求，属于典型的高难度工业废水，此类废水一般具备如下特点：COD浓度高，其中主要是反应残余基质和反应中间产物，有相当一部分COD属于难降解物质，可生化性较差，因此通过铁碳微电解及芬顿氧化工艺后可提高废水的可生化性，有利于后续生化系统的处理；存在难生物降解物质和有抑菌作用的农药等毒性物质，对于有毒性作用的抑制物质，厌氧生物处理比好氧生物处理具有一定优势；SS浓度比较低，其中主要为反应分离过程中投加的催化剂、原料残留等杂质。

为了妥善处理此类废水，温州某农药厂针对该厂的一种有机磷农药废水进行了处理工艺比选，最后采用"高级催化氧化＋生化技术"的耦合工艺进行处理，详细工艺流程图如图 10-9 所示，该废水的工艺流程及简要说明如下。

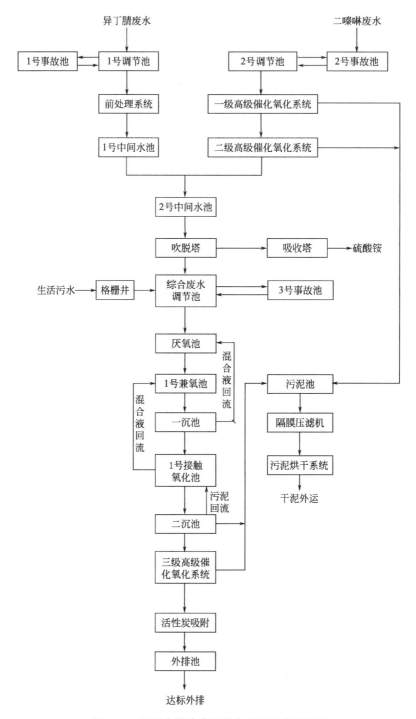

图 10-9　温州市某农药厂废水处理工艺流程图

（1）两级高级催化氧化系统　原废水经过泵提升进入两级高级催化氧化系统，系统采用的是铁碳微电解工艺（详见 8.3.4）＋芬顿工艺（详见 8.7 节），促使水中的难生物降解的大分子有机物得到有效降解，减小其对微生物的毒性，提高废水的可生化性。

（2）厌氧兼氧系统　厌氧兼氧系统进水为两级高级催化氧化出水，其作用是继续进行难降解有机物的分解，为后续的好氧工艺段尽可能地降低处理难度。

（3）二级接触氧化系统　好氧生化系统采用二级接触氧化法，该系统为一种生物膜工艺，具有抗盐能力强、处理效果稳定的特点。

（4）三级高级催化氧化系统　在经过生化处理后，废水中的大部分可生物降解的有机物已被微生物降解、吸收，但二级接触氧化法出水尚不能达到排放标准排放，所以还需要进行深度处理，剩余部分的难生物降解的有机物需通过三级氧化系统再次处理达标后排放，针对水质具备一定盐含量的特点，三级高级催化氧化技术选择电催化技术（详见 8.3.2）。

（5）活性炭吸附系统　作为最后的应急保底工艺，假如来水水质指标超标，前端工艺无法满足最终排放标准的前提下，活性炭吸附系统可以依靠其活性炭吸附特性来保证外排水不超标。

（6）污泥处理系统　上述废水处理中产生的污泥分别进入污泥池，污泥药剂调理后进入隔膜板框压滤机压滤脱水，脱水后污泥含水率约 65%，滤液返回至综合废水调节池进行处理。

（7）事故处理系统　当发生事故或污水池清理维护时，污水无法得到有效处理，或处理后的废水因故无法达到排放标准，可将废水排入事故池内，等污水站可正常运行时排入系统重新处理。事故池的设置可有效保障生产线的正常运行，同时保证处理后的废水达标排放。

（8）尾气处理系统　除臭系统详见 3.4.2 所述，采用生物滤塔去除恶臭气体，然后将尾气通过 15m 高烟囱排放。生物滤塔在废气的处理中属于一种比较有代表性的方法。生物滤塔属于大气处理中的一种生物处理方法，具体是将气体从生物滤塔的下面通入，然后与生物滤塔中的液体和生物填料吸附融合，形成微生物与污染物溶液的混合。混合后的溶液可以直接在一个单独的生物处理池中进行，或者汇入到污水处理的生物处理池中进行。

对于农药废水，把高级催化氧化技术作为预处理是一种常用的有效方法，高级催化氧化工艺可以打断有机磷农药的化学结构，把难降解的大分子有机物转变为易降解的小分子有机物，降低其生物毒性，提高其 B/C，而铁碳微电解联合芬顿工艺是一种在结合各自反应机理的基础上的有效方式，是针对难降解农药废水的一种有效预处理方法。

另一方面，虽然"两级铁碳-芬顿-混凝沉淀-A^2O-电催化氧化-活性炭吸附"工艺可以处理难降解农药废水，但在运行的过程中必须控制好各个单元过程。因为包括铁碳微电解、混凝沉淀、活性炭吸附、芬顿反应在内的大多数物化工艺，都需要根据进水的量控制药剂投加量和控制 pH 值恒定，这对于工艺控制有一定的难度，尤其是芬顿工艺中 $FeSO_4$ 采取一次性大量投加的方式投加，H_2O_2 则采取缓慢投加的方式，药剂的投加比例和方式有问题的话则处理效果会大受影响。

10.6　电镀行业废水处理

电镀行业废水水质较复杂，废水中含有铬、锌、铜、镍、镉等重金属离子以及酸、碱、氰化物等具有很大毒性的杂物。该行业废水具有以下特点：成分复杂、污染物可分为无机污染物和有机污染物两大类；水质变化幅度大、各股生产废水污染物种类多样，COD_{Cr} 变化系数大；废水毒性大、含有大量的重金属离子，若不经处理直接排放会对周围水体造成极大的污染。

山东省某电镀厂的生产污水主要来自镀前镀件的酸、碱处理以及镀后的漂洗，另外定期还会排放出一定量的废酸。对于该股废水，一般采取如下工艺进行处理（图 10-10）。

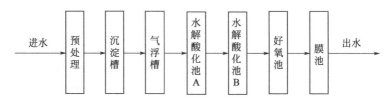

图 10-10　山东省某电镀厂生产废水处理工艺流程图

（1）生产废水的预处理　对于电镀废水中含有的 $Cr(VI)$ 去除，目前主要采用氧化还原-沉淀法处理工艺进行，氧化还原法是指利用强氧化剂或强还原剂，将废水中的有毒物质氧化或还原为无毒或低毒物质。在电镀废水中六价铬主要以 CrO_4^{2-} 形式存在，在酸性条件下存在形式为 $Cr_2O_7^{2-}$，在亚铁离子的作用下发生还原反应，还原反应较快。还原以后的铬在碱性条件下以 $Cr(OH)_3$ 沉淀的形式存在，所得到的污泥是三价铬和铁的氢氧化物混合沉淀。用硫酸亚铁还原六价铬，考虑到还原反应不彻底，实际操作中硫酸亚铁的用量是理论计算量的 2.5～3 倍，因此污泥量大。

电镀废水中除 $Cr(VI)$ 超出国家排放标准外，其中还含有大量的 Zn^{2+}、Cu^{2+}、Ni^{2+}、Fe^{2+} 等金属离子，因此采用碱性条件下曝气氧化的方法，不仅可使 pH 值达到排放标准，而且可以有效地去除废水中的重金属离子。实际操作时首先将 pH 值调节至过碱，由于锌离子分别在 pH=6.4 开始沉淀，到 pH=9.3 才能完全沉淀（2.0mg/L），到 pH=10.5 时开始溶解，因此分为两级反应，一级反应池的 pH 值必须控制在 9.5～10，在一级反应中 Fe^{3+} 到 pH=4.1 时能完全沉淀，Cu^{2+} 到 pH=5.0 时形成碱式盐沉淀，pH=7.2 能完全沉淀，Cr^{3+} 在 pH=4.9 开始沉淀，到 pH=6.8 时能完全沉淀，到 pH=12 时开始溶解。由于 Ni^{2+} 在 pH=7.7 开始沉淀，到 pH=10.5 才能完全沉淀（1.0mg/L），所以在一级反应中 Ni^{2+}、Fe^{2+} 不能完全沉淀，故需要二级反应，在二级曝气氧化反应中，pH 值必须控制在 10.5～11。

（2）生产废水的生化处理　经过两级沉淀处理之后，废水中的 pH 值、重金属离子指标已经合格，但由于废水中含有添加剂等有机物，导致废水中 COD_{Cr} 超标，根据测定经两级沉淀之后 COD_{Cr} 值在 200mg/L 左右，所以废水在经过两级沉淀预处理之后，采用好氧生化法处理，使之达到国家标准。

电镀添加剂主要分为整平剂、应力消除剂、表面活性剂、光亮剂、辅助光亮剂等，主要为醛类、香豆素、糖精及分解产物等，此类物质大部分为可生化物质，针对这股废水采用"两级水解酸化＋一级好氧＋MBR"工艺，经过处理后出水基本可稳定在一级 A 排放标准。

（3）污泥的脱水处理　各沉淀池污泥进入污泥浓缩池浓缩，经过浓缩脱水后再加入污泥药剂调理，然后进入隔膜板框压滤机压滤脱水，脱水后污泥含水率约 65%，滤液返回至综合废水调节池进行处理，压滤机压滤干化后污泥作为危险废物，送固废中心处置。

10.7 煤化工行业废水处理

煤直接燃烧的能量利用率低，因此，常常通过煤化工技术来实现其能源的充分利用。其中，煤化工技术是通过化学加工将煤转化为气体、液体和固体燃料及化学品的过程，包括煤气化、煤焦化等工艺，该工艺过程均会产生大量废水。

煤气化废水来自于煤炭气化过程中的急冷、洗涤及净化等工段。煤气从其发生炉出来经过水的喷淋，使其得到了冷却，同时，也将煤气中的有机杂质、未分解的气化剂（水蒸气）、灰分和焦油洗涤下来，从而形成了成分复杂的煤化工污水。

煤化工废水处理一般包括预处理、生化处理、深度处理、含盐水处理等，具体介绍如下。

(1) 预处理阶段 煤化工废水中酚和氨含量较高，预处理可以回收利用废水中高浓度的酚、氨资源。此外，通过预处理，还可去除废水中的油类、灰渣，同时保障后续生化处理工艺的正常运行。预处理的主要技术如下。

① 气浮除油 煤化工废水中的油类物质不仅很难被生化降解，而且还会阻碍可溶性有机物进入微生物细胞壁，降低可溶性有机物的生物降解率，因此，须在预处理阶段加以去除。为了保证除油效率，煤化工废水除油预处理实际多采用气浮法。气浮池除油原理是在微小气泡扰动作用下，利用油气之间的表面张力小于油水之间的规律使带油气泡上浮至水面，然后通过刮板达到去除油类物质的效果。

② 萃取脱酚 实际上，煤化工废水脱酚方式有吸附脱酚、水蒸气脱酚、萃取脱酚等。其中，吸附脱酚常用的吸附剂包括改性膨润土、活性炭和大孔吸附树脂，吸附脱酚具有吸附率高等优点，但存在吸附剂再生条件差等缺陷；水蒸气脱酚即通过水蒸气带出脱除废水中挥发酚的方法，水蒸气脱酚成本较低，对挥发酚的去除具有较好的效果，但去除不了水中非挥发酚；萃取脱酚是利用相似相溶原理，用萃取剂将酚从煤化工废水中转移的过程，萃取脱酚具有萃取效率高、不造成二次污染、方便再生等特点，因此，在实际工程中，以萃取脱酚为主。

③ 汽提蒸氨 煤化工废水中含有高浓度氨氮物质，目前，国内脱氨工艺主要采用水蒸气汽提-蒸氨法，其蒸氨的原理是用高温蒸汽将氨氮从水中吹脱出来加以去除。值得注意的是，无论是萃取脱酚，还是汽提蒸氨，都不仅可以去除煤化工废水中的酚、氨类物质，还可以回收利用酚、氨资源。张博等研究表明，经酚氨回收后，废水中挥发酚、挥发氨去除率可分别达到 99%、98% 以上。

(2) 生化处理阶段 预处理工艺之后，煤化工废水进入生化处理阶段。生化处理是煤化工废水处理的主体和核心工艺。生化处理的原理是利用微生物新陈代谢，去除水中污染物质。生化处理方法主要有活性污泥法、AO 和 A^2O 法、厌氧工艺、SBR 工艺、好氧生物膜法及工程菌技术等。

① 活性污泥法 活性污泥法是煤化工废水处理领域最早采用的生物处理技术。传统活性污泥法对 COD、SCN^- 和挥发酚的去除效果较好，但由于传统工艺污泥浓度低，对氨氮和有机氮的一般去除效果并不理想。但有实验表明，提高水力停留时间可以使活性污泥工艺具有硝化功能，进而提高氮去除率；投加粉末活性炭可以提高了污泥浓度，从而提高废水的生化处理效果。

② AO和A²O法 AO和A²O法是缺氧和好氧结合的生物处理技术。AO法原理是通过A段反硝化菌将硝酸盐和亚硝酸盐转化为氮气，O段硝化菌将氨氮转化为硝酸盐和亚硝酸盐，两者共同作用去除煤化工废水中氨氮。A²O是在AO工艺基础上在最前端加入厌氧工艺，其处理效果更佳而成本也随之增加，但据相关研究显示，采用AO和A²O生物膜工艺处理煤化工废水，BOD_5、COD和NH_3-N的去除率皆在90%以上，且A²O对有机物去除效果更优于AO法。A²O工艺流程如图10-11所示。

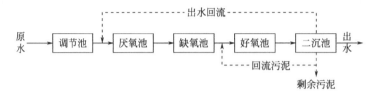

图 10-11 A²O 处理煤化工废水流程图

③ 厌氧工艺 煤化工废水中含有对微生物有毒而不可生化降解及难降解物质，而厌氧工艺具有改善废水可生化性等优点，因此被广泛应用，使用UASB工艺（详见5.3.1）处理煤化工废水，酚类物质去除率高达95%以上。且据相关实践证明，厌氧工艺还具有剩余污泥少、容积负荷率高、成本低等优点。

④ SBR工艺 SBR法集生物降解、均质、脱氮除磷、沉淀等功能于一体，是序列间歇式活性污泥法的简称。SBR法反应器中微生物群落结构多样化，通过周期性间歇运行的交替方式而完成各阶段的生化反应。SBR工艺可以使生物反应器不断进行好氧环境和厌氧环境的交替变化，从而能够处理高浓度的有机废水和拥有较强的抗冲击能力。SBR工艺因具有组成简单、高效、流程短、耐冲击负荷等优点，逐渐受到煤化工废水处理领域专家和学者的研究和实践推广。

⑤ 好氧生物膜法及工程菌技术 好氧生物膜法通过微生物依附特殊载体调料生长繁殖，由于载体上附着的微生物种类繁多，且经过筛选形成特定种群和一定厚度的生物膜层，因此降解能力强。好氧生物膜法的微生物浓度可以达到传统活性法中微生物浓度几倍，具有复杂、高效的特点。煤化工废水污染浓度高，毒性大，对一般菌种抑制性大，目前工程菌技术尚处于实验室阶段，还未有成功应用到煤化工废水处理的报告。

（3）深度处理阶段 煤化工废水经过预处理，COD得到大幅度降解，但仍难以达标排放。因此，在生化处理工段之后需设置深度处理工艺，以进一步去除污染物。目前对于煤化工废水应用较广泛的深度处理工艺如下。

① 混凝沉淀技术 煤化工废水经过生化处理后浊度和色度仍然很高，可通过投加混凝化学药剂进行混凝沉淀处理来满足排放要求。通过混凝沉淀技术处理煤化工废水的混凝剂主要有$Al_2(SO_4)_3$、PAC、PFS、$FeCl_3$，相关研究表明，通过综合分析，PFS处理煤化工废水效果较好，处理至达标成本最低。

② 吸附法 吸附法是通过具有孔径小、空隙多、比表面积大等特点的吸附材料，富集煤化工废水中污染物的方法。煤化工废水处理的常用吸附剂有活性炭、粉煤灰、膨润土等。其中，活性炭最为常用，因为其具有良好的吸附性能和稳定的化学性质，但活性炭存在再生难、处理费用较高的缺点；粉煤灰由于与活性炭结构相近，因此有吸附性能，且价格低廉，但粉煤灰存在二次污染的风险，限制了其工业应用。

③ 高级氧化法　高级氧化处理煤化工废水的主要方式有臭氧氧化法、非均相催化臭氧氧化技术、超临界水氧化技术、光催化氧化技术、催化湿式氧化技术和芬顿氧化技术。

其中，臭氧氧化技术对酚类、杂环类等有机物去除效果较好，同时在作用过程中不造成二次污染；非均相催化臭氧氧化技术中的催化剂包括金属氧化物、金属及金属改性的沸石、活性炭等，其在催化过程中，除了起到催化作用，通常伴随着吸附作用，对煤化工废水深度处理效果较好，可使之达标排放；超临界水氧化技术（详见 8.8 节、8.9 节）具有反应效率高、处理彻底、反应器结构简单等优势，可实现对难降解有机物进行深度氧化，但在国内研究尚处于起步阶段，工业化运用较少；光催化氧化（详见 8.4 节）利用半导体材料，在紫外光照射下实现高分子有机污染物的降解，然而由于该催化剂不能充分利用太阳能，故现阶段运用较少；湿式氧化技术在高温高压的条件下，将难降解的有机物降解为小分子有机物，对煤化工废水深度处理效果较好；芬顿技术具有反应速率高、操作方便、设备简易等优点，可用于煤化工废水预处理工段及深度处理工段，处理效果较好。

（4）脱盐回用阶段　含盐水处理包括低盐水处理及高盐水处理。其中，煤化工低盐废水主要是循环排污水、脱盐水站排污水等，其特征是有机物含量较低，含盐量一般低于 1%（10000mg/L）。低盐水处理通常采用以"超滤＋反渗透"为主的处理工艺，废水脱盐后的清水可作为原水补充水。

高盐水一般指 TDS 在 1%～2%（10000～20000mg/L）以上的废水，目前高盐水处理方法主要有自然蒸发水分及采用蒸发结晶技术。目前，采用蒸发塘处理高盐废水的效果并不理想，而结晶分盐的技术标准的缺失及会产生二次污染等，已经成为煤化工废水"零排放"的瓶颈问题之一。

10.8　电路板行业废水处理

在印刷电路板生产工艺流程中，磨板、弱腐蚀、电镀铜等工序排放的废水中含有铜离子；在蚀板、化学沉铜等工序中含有铜离子和络合剂 NH_4OH、EDTA 和酒石酸钾钠等；在镀镍工序排放的废水中含有镍离子；在镀 Pb-Sn 工序排放的废水中含有铅离子、锡离子和氟硼酸根；在化学清洗、显影、脱膜等工序排放的废水中含有高分子的有机物，COD_{Cr} 也比较高。另外，蚀板槽液、脱膜槽液、显影槽液要经常更换。化学清洗槽液、酸洗槽液、化学沉铜槽液、弱腐蚀槽液、镀 Pb-Sn 槽液也要定期更换。这些槽液中金属离子、络合剂、有机物含量很高，这也是印刷电路板废水治理的一大难题。

电路板行业废水常见的一类是酸/碱性蚀刻废液，对于这种废水对于电路板蚀刻液废水，一般采用中和-重力分选技术，如图 10-12 所示。

该技术主要流程如下。

① 将酸性蚀刻废液和碱性蚀刻废液按照一定的比例混合，并且调节合适的 pH 值，使两者发生中和反应而生成碱式氯化铜沉淀。

② 将以上反应后的产物用压滤机进行固液分离，固相主要是含水的碱式氯化铜泥。

③ 向里面加水制浆，同时添加一定量的生石灰浆，将其搅拌混合，从而生成了含有氢氧化铜和氯化钙的混合物，同时，碱式氯化铜泥中所吸附的少量氯化铵也在碱性作用下转化为氨水和氯化钙。

④ 将以上转化后的所有产物全部送入转炉进行焙烧，控制一定的温度，使氢氧化铜全

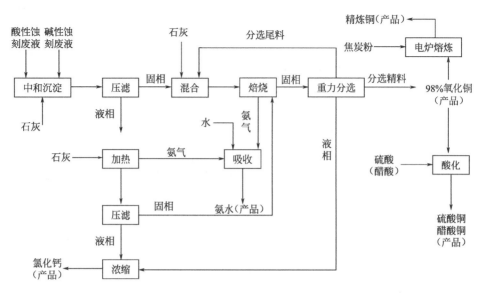

图 10-12　中和-重力分选法工艺流程图

部转化为氧化铜，同时氨水也被蒸发为气体而逸出。

　　⑤ 向焙烧后所得到的氧化铜、氯化钙及残留石灰所组成的混合物中加适量水，使氯化钙溶液成为离子的形态。

　　⑥ 将其进行摇床重力分选，分离出其中的残留石灰，从而得到高纯度的氧化铜，氧化铜既可以直接售卖，也可以进一步焙烧后得到价格昂贵的精炼铜。

　　该工艺在回收铜的过程中，利用不同物质溶解度的不同以及其密度的差异性，采用先溶解的方法先将易溶的氯化钙等成分完全溶解在溶液中，然后采用摇床分选法，分离出高纯度的氧化铜产品。

　　该方法避免了传统的固液分离时由于固体沉淀对液相中可溶性离子的吸附作用而需要用大量水漂洗的问题，一方面可以节省大量的水资源，另一方面为下一步的蒸氨过程节约了必要的能源消耗，因此该工艺符合清洁生产的要求。

　　该工艺具有处理量大、处理成本低的优点，同时又能使所有的成分都全部回收转化成为具有价值的产品，并且可以实现各物质的达标排放，是一项理想的蚀刻废液资源化处理的清洁生产工艺。

　　线路板废蚀刻液处理新技术，酸、碱性废蚀刻液都能处理，处理过程中不用清水漂洗，节约了水资源。同时，因为废弃液浓度未降低，此外，需要添加的原料是石灰，价格便宜。因此回收成本不高，而且废弃液里所有的物质都得到利用，可以制成产品。所以处理废弃液不用投入费用，还能从中得到利益。

10.9　含氰废水处理

　　近年来，氰化物废水的处理一直是人们热衷的课题，氰化物处理技术也因此得到了广泛发展，如各种物理技术、化学氧化、生物处理、强化自然降解等。但是这些方法并不能降解类似天津港"8·12"事件所产生的复杂氰化物污染废水（详见 11.2 节所述），究其原因，主要是因为"8·12"废水中氰化物和有机物相结合，甚至大多产生变性反应，且中后期采用一般处理工艺会有 10mg/L 左右的残余难以去除，导致废水氰化物超过排放标准。

在众多的工艺中，除了过氧化氢法，传统 AOP 和氰化物处理工艺都有缺点，因为过氧化氢矿化氰化物不会产生有毒的副产品。实际上，H_2O_2 使氰化物矿化的特性已经提前引起了广泛关注，例如在碱性条件下，根据 H_2O_2/Cu^{2+} 对 $Cu(CN)_3^{2-}$ 的降解报道，证实了 $Cu(CN)_3^{2-}$ 在 H_2O_2 氧化作用下转变为氰酸盐并生成 $Cu(CN)^{2-}$，使用 UV/H_2O_2 工艺，在 pH 值为 10.5 的碱性条件下，在 40min 内完全除去氰化物。此外，利用 $UV/H_2O_2/Cu^{2+}$ 在 pH 值 11 时，在 60min 内对废水进行了 64% 的急性毒性去除。然而，利用 $UV/H_2O_2/Cu^{2+}$ 体系对废水中氰化物络合物的降解机理研究还没有相应的新闻报道或论文。

面对着含氰废水的水质不断变化，天津市环境保护技术开发中心设计所积极进行实验研究，对处理工艺不断地进行调整，先后投入多种催化剂、氧化剂，确保污水处理系统稳定达标。在"8·12"事故中，天津市环境保护技术开发中心设计所由爆炸中心坑运至合佳威立雅的贮罐暂存的废水回运处理部分，此部分废水为多种化合物混合在一起，含氰量均在 200mg/L 左右。增加了前处理系统，采用前氧化（暂存池内利用双氧水＋铜系催化剂）以去除杂质。且处理时在原有处理工艺的基础上，增加了药剂投加量。即采用"类芬顿氧化＋亚铁氰络合沉淀法＋微滤膜分离＋双氯氧化法"的工艺，下面针对本项目的 7 个模块做简要介绍。

（1）调节存贮模块　兼具原水贮存、处理后不合格废水的回流贮存及综合反应两种功能。

（2）加药反应模块　该反应罐为综合反应的主反应罐，罐体内设置隔板将罐体分为两个部分，隔板底部设有连通孔将两部分连通。后期随着水质恶化，更换氧化方法，采取复合氧化处理工艺，在碱性条件下，在专用催化剂的催化下氧化含氰废水，均由该模块便捷改造而成。

（3）高效固液分离模块　该设备主要功能为去除亚铁氰络合反应罐中形成的沉淀物质，经斜板过滤后，清水继续进行后续设备进行处理。设施运行初期亚铁氰络合反应采用 2 步络合沉淀法。

（4）高效膜分离模块　该设备兼具除铁及精细过滤 2 个功能。由于系统前段采用的亚铁氰络合法，系统中形成了铁氰络合物及亚铁氰络合沉淀物，这两种物质均为氯氧化法无法氧化处理的物质。为了降低后端处理压力，本系统在膜过滤模块中投加催化剂及控制 pH 条件，使得铁氰络合物和游离的铁离子形成沉淀，依靠膜的过滤功能去除。同时，膜过滤系统可将其他悬浮物过滤去除，减少出水中的有机物含量，从而提高氯氧化药剂的破氰针对性，避免其他有机成分分解造成的氧化剂无效消耗增加。

（5）泥水分离模块　沉淀下来的污泥经螺杆泵打入板框压滤机中压滤，泥饼外运，压滤机的出水经泵提升至膜过滤反应罐中进行处理。

（6）药剂存储投加模块　该设备加药系统可分为系统加药及补药溶药区两部分，系统加药部分集中布置加药泵，每台加药泵配置一个吨桶贮药。当吨桶中药剂量不足时，利用溶药补药系统中配置新的药品并利用专用泵组向贮药吨桶中进行补给，保证加药系统的连续运行。所有电气设备基本设置于该模块，便于安装和运输。

（7）非均相氧化模块　该设备内装填经铜基复合催化剂活化处理的生物焦填料，含氰废水经过生物焦填料时在生物焦中与铜基复合催化剂发生反应，形成氨气，达到去除残余氰化物的作用。

经过该工艺处理后，"8·12"事件中产生的高难度含氰废水，最终出水氰浓度一直保持0.1mg/L以下，其他指标达到地表 V 类水标准。为减轻爆炸次生污染、减少污染物排放总量、改善区域水环境和保护环渤海湾水生态环境做出了显著贡献。

10.10 含酚废水处理

酚类化合物是一种原型质毒物，对所有生物活性体均能产生毒性，造成细胞损伤。高浓度的酚液能使蛋白质凝固，并能继续向体内渗透引起深部组织损伤、坏死乃至全身中毒，即使是低浓度的酚液也可使蛋白质变性。含酚废水不仅对人类健康带来严重威胁，也对动植物产生危害。含酚废水的处理，一直是国内外污水处理领域的一大难题。

国内脱酚处理方法有以下几种。

(1) 蒸汽化学脱酚法　用强烈的高温蒸汽加热含酚废水，使废水中的酚蒸发后随蒸汽逸出，然后再通入碱液吸收成为酚钠盐，从而达到脱酚的目的。该法操作简单，投资也较少，但蒸汽耗量太大，且脱酚效率不够理想，一般达不到彻底治理的目的。

(2) 蒸汽脱酚　将含酚废水加热，使酚随水蒸气挥发出来，再将这部分含酚蒸汽通入发生炉炉底混入空气中作为气化剂使用，在炉内酚在高温下燃烧分解成 CO_2 和 H_2O，最终达到脱酚的目的。其缺点在于此法只能脱除低沸点酚系物，且能耗较大，每蒸发 1t 废水约需燃料折合标煤 180kg 左右。

(3) 焚烧法　含酚废水喷入焚烧炉，使酚类有机物在 1100℃ 左右的高温下，发生氧化反应，最终生成 CO_2 和 H_2O 排放，此法工艺简单，操作方便，但能耗较大，每焚烧 1t 含酚废水其成本较高。20 世纪 90 年代初期国外引进的及国内配套的两段式煤气发生炉基本上都配备有酚水焚烧炉设施，但基本上都因能耗问题而闲置不用。利用焚烧法处理含酚废水另一个关键缺点在于一旦操作不慎，炉温下降，往往会造成燃烧不完全，易形成二次污染。

(4) 溶剂萃取脱酚法　该法的主工艺分萃取和解吸两部分，萃取过程是一个物质再分配过程，利用萃取剂将酚从废水中萃取出来；含酚萃取剂再与碱液相互接触，萃取剂中的酚与碱发生反应生成酚钠盐，该过程是一个解吸过程。该方法须采用高效率的萃取剂及碱，运行成本较高。

(5) 树脂脱酚法　该法主要工艺过程包括吸附和解吸，用树脂吸附废水中的酚，然后用碱液进行解吸，生成酚钠，此法工艺过程较为复杂，且影响脱酚效率的因素较多，运行成本相对较高。

(6) 磺化煤吸附法　该法以磺化煤极性基团吸附酚，然后以碱液吸收而成酚钠盐脱酚，磺化煤吸附是间歇进行的，完成一次循环包括吸附和再生两个环节。该法的主要缺点在于磺化煤的吸酚量过低，吸附周期太短，解析、再生也比较困难。

(7) 生化法　对含酚废水进行生化处理，利用微生物将废水中的酚类有机物消化吸收分解成 H_2O 和 CO_2 的过程。生化法对进入生化池的废水水质要求较为严格，废水中焦油及酚等有机物浓度不可超过微生物所能承受的浓度，否则，需要将废水稀释后，或者前面增加高级催化氧化工艺作为预处理，提高其 B/C 后才能进入生化池，这样便限制了处理水量。同时微生物驯化比较困难，进水浓度超标、环境温度不适宜，都很容易限制微生物的生存。

　　上述工艺都有部分的缺陷，在实际应用中无法正常运行使用。如除了蒸汽脱酚法和焚烧法外，其他的几种处理方法对废水预处理的要求都是很严格的，而且自身工艺也比较复杂，一次投资较大，对于一些中小型企业来说难以承受。受自身脱酚工艺及脱酚效率的影响，常规处理含酚废水方法的运行成本都比较高，而且脱酚效率不高，治理不彻底，容易形成二次污染，这也是制约某些脱酚方法推广应用的另一个关键所在。

10.11　双膜系统废水处理

　　双膜指的是"超滤-反渗透"工艺，近几年来，国家对环保要求越来越高，对石化企业外排水的排放标准有了明确规定，要求外排水量进一步减小，甚至要做到接近零排放，在这种背景下，提高水的回用率成为当今的研究热点，越来越多的炼厂采用"超滤-反渗透"双膜工艺进行水资源回用，以减小外排水量。但超滤-反渗透双膜工艺仅能产生 40%～50% 的回用净水，剩余的 50%～60% 的浓水仍然需要进一步处理以达到外排标准。

　　双膜浓水主要包括盐、TDS 和难生化降解有机物、病毒、细菌等，如不加处理直接排放就会对环境产生严重危害，因此控制双膜浓水污染物排放对保护环境的意义重大。

　　目前国内外对双膜浓水的处理方式有以下几种。

　　(1) 蒸馏-结晶技术工艺　蒸馏法处理浓盐水脱盐多采用蒸馏-结晶工艺，它是淡化脱盐方法，工业废水的蒸馏法脱盐技术基本上是从海水淡化技术基础上发展而来的。该技术是把含盐水加热使之沸腾蒸发，再把蒸汽冷凝成淡水、浓缩液进一步结晶制盐的过程。该方法的技术类型主要有多效蒸发、蒸汽压缩冷凝及多级闪蒸等。

　　(2) 膜蒸馏-结晶技术　采用"膜蒸馏分离技术＋蒸发结晶"组合的方式，与其他的膜分离过程相比，具有截留率高、能耗低、设备简单，能处理反渗透等不能处理的高浓度废水等优点，其有节能环保的优势。膜蒸馏-结晶是膜蒸馏和结晶两种分离技术的耦合，首先膜蒸馏过程中去除溶液中的溶剂，将料液浓缩至过饱和状态，然后在结晶器中得到晶体，该过程中溶剂的蒸发和溶质的结晶分别在膜组件和结晶器中完成。该技术可以利用低热值废热，节约能耗，低温的操作条件对膜和设备的机械性能要求较低，可减少总的设备投资和维修成本。

　　(3) 浓盐水低温利用：蒸发-结晶工艺　蒸发-结晶工艺是采用海水淡化工程中的成熟技术，将低温余热作为热源，利用蒸馏浓缩工艺将高含盐水多效蒸发，回收蒸发淡水作为补充水，蒸发结晶后的残留盐渣作为次生废物进一步处理，实现高含盐水的零排放与回用。

　　(4) 电催化氧化　双膜浓水一般含有一定盐分，废水具备导电特性，所以利用这个特点可以采用电催化氧化工艺进行处理，电催化氧化工艺具体原理详见 8.3.2 所述，利用电催化氧化技术，一般每吨水每度电的消耗可以降低 COD 值在 20～30mg/L，对于经过双膜减量后的浓水处理来说比较合适。

　　(5) 臭氧催化氧化　双膜浓水采用臭氧催化氧化也同样具备较好的效果，因为双膜系统的进水一般为二级生化系统的出水，COD 普遍在 50mg/L 左右，经过 4 倍率浓缩后，浓水COD 值普遍在 200mg/L 左右，按照臭氧催化氧化的能耗，臭氧和需要降解的 COD 比值一般在 1:1～1:3，而每千克臭氧耗电 9～30kW·h（空气源在 18～30kW·h/kg，氧气源在9～15kW·h/kg），一般每吨水每度电的消耗可以降低 COD 值在 20mg/L 左右。

　　对于电催化氧化和臭氧催化氧化两个高级催化氧化工艺来说，需要注意的是，臭氧催化氧化工艺和电催化氧化工艺对于废水中含盐量的耐受性是相反的，总而言之，当双膜浓水盐含量较高时宜采用电催化，盐含量较低时宜采用臭氧催化氧化。

10.12 蒸发母液处理

高难度工业废水的零排放处理中，往往都会选择采用蒸发工艺作为回收水资源的最后一环，目前应用广泛的是多效蒸发、MVR等技术，可是实际应用中，往往是废水易处理，母液难解决，因为蒸发母液中含有大量有机物，易在设备中粘壁，从而造成三效蒸发的能效下降，或堵塞热交换器的列管，且有机物含量高了以后，废水的沸点会因为高沸点有机物增多而升高，更加难以处理。

针对此类废水对蒸发工艺的影响：开始容易蒸，越往后，水量减少，废水中的有机物浓度增高，沸点上升，致使装置的处置能力下降，一般需要先针对废水进行预处理，去掉有机物后再进蒸发处理，或者是定量排出母液，再对排出的母液进行处理，从而达到解决有机物的目的，蒸发装置定期排出母液后，装置中的有机物浓度会降低，根据各自的实际情况进行定量，控制好母液排放量以后，蒸发装置就会保证一个比较能够接受的效率进行运转。

针对蒸发母液的处理手段，现有4种方案以供参考。

（1）浓缩＋耙干　采用浓缩装置进一步浓缩，浓缩后干燥，将液体全部蒸出，剩余固体装袋。例如，采用反应釜进一步浓缩，浓缩一半以后离心，离心后的母液一半继续回反应釜蒸，一半去耙式干燥机进行蒸干，蒸出水与三效的采出水一并处理。这种方法工艺简单，一般工厂都能够使用，装置也便宜，但缺点也很明显，蒸汽消耗量大，而且，耙干机用过一段时间后，会有大量的盐和有机物黏附在耙干机上，从而导致能效降低，需要定期清理黏附在耙干机上的物料。

（2）焚烧　母液排出后，直接送至废液炉焚烧，直接将有机物焚烧掉。"三效蒸发＋焚烧炉"工艺，高含盐废水经三效蒸发处理后，母液定量采出，母液为饱和溶液，有机物含量很高，同样盐含量也很高，这就具备了一定的热值，根据实际情况定量采出，控制好其中的热值并与三效蒸发的能效一并考虑，确定一个综合采出量。

废液炉可以使用天然气，也可以使用柴油，还可以使用各类废溶剂作为热能补充，以很好地弥补母液热值不够的缺点，采用废溶剂时要注意，最好不要与母液混合使用，否则会因为母液与溶剂不能很好地溶解在一起，导致不均相，热能不均衡，炉内焚烧时，会因为不均衡而产生气爆，风险很大，若非要混起来配热值，最好使用促进剂，使之均匀，避免气爆。

这种方法一次性解决了母液中有机物的问题，同时，出来的盐其他指标也很好，但问题是装置投入比较大，而且易堵塞燃烧器枪头，需要消耗大量的燃料，不经济，且不能回收余热，目前国内还没有哪家的技术是非常成熟的，使用的效果并不是很好。

（3）氧化＋三效　先将废水中的有机物进行氧化，氧化后的水再进行三效处理，这样废水中的有机物大大减少，三效的效率大大提升。例如，采用湿法氧化先预处理有机物，高含盐废水在高温高压的情况下，以空气中的氧气为氧化剂，在湿法氧化塔中氧化，再经过降温降压后排出，采出水中的大分子、高沸点的有机物已经很少了，剩余的低分子和易采出的有机物和废水一并进入三效蒸发进行处理。

这样方法避免了高有机物问题，解决了三效母液的问题，减少了三效蒸发的粘壁的问题，保证了三效蒸发装置的能效，缺点是湿法氧化装置不能稳定地运行，空压机总是故障，且装置投入大，一套装置总要几千万，一般公司承受不了。

（4）母液氧化　将采出的母液单独氧化，在催化剂条件下，使用双氧水或其他氧化剂进行氧化。浓缩后的母液，其总量比废水量少很多，只有 20%～25%，其装置会比湿法氧化小很多，建设成本比湿法氧化少很多。氧化后的母液再随高含盐废水一起进入到三效蒸发装置中进行处理，利用高盐废水稀释母液中的盐分，利用母液稀释高盐废水中的有机物，互利互补。此方案是国内比较新的工艺，工艺尚未成熟，山东已经有工厂在使用，效果还不错，氧化装置的投入比湿法氧化装置小，可以解决母液的问题。缺点是工艺不成熟，怕承担风险的企业，不建议采用，待技术成熟了再进行投资不迟。

对于以上 4 种方案目前都有工业实例，都可以解决实际问题，可供参考。比较小的工厂，可以使用第 1 种方案，第 1 种方案工艺简单、装置简单，能解决一定的问题，建设方便，成本低。大公司且具有一定风险承受能力的公司可以使用第 3 种或第 4 种方案，可以从根本上解决难降解有机物、大分子有机物、高沸点有机物的问题，转化为低沸点或易降解的有机物，达到处理效果。

第11章

工业园区高难度废水处置实例

11.1 江苏某化工园区高难度废水处置项目

11.1.1 项目背景

2016年初，习近平总书记在重庆召开的深入推动长江经济带发展座谈会上强调："当前和今后相当长一个时期，要把修复长江生态环境摆在压倒性位置，共抓大保护，不搞大开发。"

2018年4月，习近平总书记在武汉主持召开深入推动长江经济带发展座谈会并发表重要讲话。他强调，"长江病了"，而且病得还不轻。治好"长江病"，要科学运用中医整体观，追根溯源、诊断病因、找准病根、分类施策、系统治疗。这要作为长江经济带共抓大保护、不搞大开发的先手棋。

2019年5月，江苏某高新区围绕习近平总书记提出的"长江大保护"要求，铁腕治污，推生态大保护，要求到2021年，沿江1公里范围内关闭搬迁化工企业20家以上，逐步解决"化工围江"问题。企业搬迁腾退的混乱过程中，稍不注意就会产生泄漏污染等次生环境问题，不但会影响长江水环境，更将带来极为不利的政治影响，直接影响到"长江大保护"战略的顺利实施。

2019年8月，当地引进第三方环保技术服务单位，投资建设园区应急废水处置中心，针对拆迁腾退企业的大宗高浓度污水以及正常生产企业的事故性生产废水进行应急处理，实现安全拆除与污染治理同步开展。

11.1.2 项目技术参数

（1）建设规模　超高浓度化工废水处理规模为200m³/d；高浓度的化工废水处理规模为1000～2000m³/d。

（2）设计进水水质　应急废水处理中心各类废水的设计进水水质见表11-1。

表 11-1　应急废水处理中心进水水质一览表

序号	园区化工废水类型	pH 值	COD /(mg/L)	氨氮 /(mg/L)	总氮 /(mg/L)	总磷 /(mg/L)	TDS /(mg/L)
1	超高浓度农药化工废水	6.65	37367	12479	14110	5668	148800
2	超高浓度医药原料化工废水	8.13	40431	5513	7991	9032	94600
3	超高浓度精细制剂化工废水	7.75	17171	5308	7710	8905	103700
4	高浓度化工废水	7.94	6700	70	148	1500	6800
5	高浓度有机废水类	6-9	6800	200	400	50	3000

（3）出水水质　废水处理后水质满足当地污水处理厂接管水质标准要求，详见表 11-2。

表 11-2　设计出水水质指标表

项目	污染物出水指标	单位
pH 值	6～9	无量纲
BOD$_5$	≤300	mg/L
COD$_{Cr}$	≤500	mg/L
SS	≤400	mg/L
氨氮（NH$_3$-N）	≤35	mg/L
总氮（TN）	≤40	mg/L
总磷（TP）	≤4	mg/L
挥发酚	≤2	mg/L
溶解性固体	≤5000	mg/L

11.1.3　项目工艺路线

（1）超高浓度有机废水　超高浓度废水中有机物含量很高、含盐量也很高，基本没有可生化性，不适合直接生化处理。因此，根据来水水质，采用物化处理为主、生化处理为辅的技术路线，工艺流程图见图 11-1。

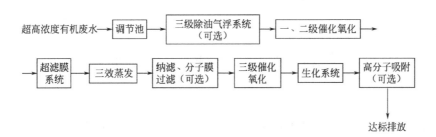

图 11-1　超高浓度有机废水处理工艺流程图

首先采用三级气浮除油、两级催化氧化，去除水中大部分轻质高浓度的有机污染物，同时将大分子有机物降解为小分子。然后经过化学脱氨、超滤过滤后进入三效蒸发，脱除废水中大部分的盐类物质，降低含盐量的同时改善了废水的可生化性；然后经过纳滤、分子膜过滤后进入三级高效催化氧化，进一步去除水中影响生化的有机物，最后再通过 AO 生化反应池降解水中剩余的 COD、BOD 等。出水再经过高分子吸附处理，达标后排入市政污水管网。

实际处理过程中可根据水质灵活调整工艺，在保证处理达标的前提下，部分工艺单元可选择使用或超越。

（2）高浓度有机废水　此种废水有机物浓度较高，含盐量明显高于普通市政污水，有较低的可生化性。根据来水水质，采用物化预处理，结合催化氧化、三效蒸发（可选）、生化处理的技术路线，工艺流程图见图 11-2。

首先采用高效气浮、两级催化氧化，去除水中大部分难降解的大分子的污染物。然后经过三效蒸发，去除水中大部分的盐类物质（可选），降低含盐量，保证后续生化的可行性，然后进入 AO 生化反应池降解水中剩余的 COD、BOD 等。出水再经过高分子吸附处理（可选），达标后排入市政污水管网。

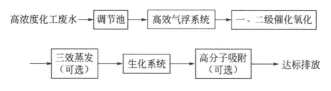

图 11-2　高浓度有机废水处理工艺流程图

实际处理过程中可根据水质灵活调整工艺，在保证处理达标的前提下，部分工艺单元可选择使用或超越。

11.1.4　项目处理难点与技术应用

（1）对污水中油分的去除　含油污水的来源不同，水体中油污染物的成分和存在状态也不同，其在水中的存在形式大致有以下 5 种：浮油、分散油、乳化油、溶解油和油-固体物。因此，所选择的除油工艺，应该能够有效地去除污水中油污染，为后续处理做好准备。在除油设备中至少需设置破乳除油和二级气浮除油措施。

气浮技术在含油污水处理技术中是比较成熟和广泛应用的技术，它是以微小气泡作为载体，黏附水中的污染物，使其视密度小于水而上浮到水面实现固液分离或液液分离的过程，主要的方式有溶气气浮、涡凹气浮、引气气浮等。考虑到含油废水中杂质较多且油污较为黏稠，因此为防止溶气释放装置堵塞，一级气浮一般不采用溶气气浮，而是采用涡凹气浮或引气气浮。气浮所产生的浮渣被刮渣机刮走，并经螺旋出渣机排出。处理后的污水，进入下一级溶气气浮装置。

经过隔油和涡凹气浮后的含油污水，其大部分悬浮物和油污已经被去除，因此基本不会对溶气气浮的溶气释放器产生大的影响。此时，可以继续向水中投加无机或有机的絮凝剂，然后通过溶气加压、释放进行溶气气浮。溶气气浮是使空气在一定压力下溶于水中并呈饱和状态，然后使废水压力骤降，这时溶解的空气便以微小的气泡（10～100μm）从水中析出并进行气浮。该方式可以人为地控制气泡与废水的接触时间，因而净化效果比一级气浮采用的空气分散法更好，其含油量可以控制在 10mg/L 以下，可以直接排至后续单元进行下一步的处理。

本项目化工高浓度废水中油并非常见性的浮油、机油等一般性油类物质，其具有油类的黏稠性能，现场采样所用的专用水样采样器，基本使用一次以后，取样器器壁及活动阀底部均因所取样品过于黏稠而无法继续使用。结合酸析油性变性原理，经过现场不断实验，本项目采取先通过在化工废水投加酸类使油类物质变性产生固体黏稠物沉入底部，实现初步水油分离；在大幅度降低原水中的油分后，再进行双级气浮处理，处理后的产水中油分含量可有效控制在 10～20mg/L 以下。

（2）对有机污染物的强化去除　结合现状实际进水数据分析，废水可生化性较差，因此需针对性地采用多种特殊工艺进行预处理，结合现场实验效果，通过"特种膜分离＋蒸发＋高级氧化"作为前端处理，生化工艺单元采用"AO 系统＋高密沉淀"，以强化总体系统的除磷、脱氮效果，组合式多级反应即可满足有机污染物的强化去除。

（3）对悬浮物的强化去除 由于出水对 SS 浓度要求相对较高，所以要求深度处理设备具备较高的精度；同时出水对 TP 浓度值要求也较高，因此在过滤单元前端设置除磷加药单元。本项目采用生化系统后接高密沉淀池，补加化学除磷单元，从而在满足 TP 去除要求的同时，对悬浮物进行强化去除。

化学沉淀除磷工艺按工艺流程中化学药剂投加点的不同，可分为前置沉淀、同步沉淀和后置沉淀三种类型。前置沉淀的药剂投加点是初沉池前，形成的沉淀物与初沉污泥一起排除；同步沉淀的药剂投加点设在曝气池中、曝气池出水处或在二沉池的进水处，形成的沉淀物与剩余污泥一起排除；后置沉淀的药剂投加点设在二沉池之后的混合池中，形成的沉淀物通过另设的固液分离装置进行分离。

根据本工程选择的深度处理工艺，采用后置沉淀，将加药点设在二级处理生化之后的深度处理高密沉淀系统内。

（4）对盐分的去除 本项目废水中含盐量较高，严重制约着物化、生化处理工艺，因此在进入物化、生化处理工艺前需进行部分脱盐处理。

本项目系统采用"蒸发＋分子膜过滤＋纳滤"工艺以去除其他污染物的同时对废水中盐分进行去除。

11.2 天津港 "8·12" 事故含氰废水应急处置

11.2.1 项目背景

2015 年 8 月 12 日 23：30 左右，位于天津滨海新区塘沽开发区的天津东疆保税港区瑞海国际物流有限公司所属危险品仓库发生爆炸。发生爆炸的是集装箱内的易燃易爆物品，爆炸火光冲天，并产生巨大蘑菇云（图 11-3）。经国务院调查组认定，天津港 "8·12" 瑞海公司危险品仓库火灾爆炸事故是一起特别重大生产安全责任事故。

图 11-3 天津滨海新区爆炸事故火灾现场

2015 年 8 月 12 日 22 时 51 分 46 秒，瑞海公司危险品仓库最先起火。

2015 年 8 月 12 日 23 时 34 分 06 秒发生第一次爆炸，近震震级 ML 约 2.3 级，相当于 3t TNT 爆炸；发生爆炸的是集装箱内的易燃易爆物品。现场火光冲天，在强烈爆炸声后，高数十米的灰白色蘑菇云瞬间腾起。随后爆炸点上空被火光染红，现场附近火焰四溅。

23 时 34 分 37 秒发生第二次更剧烈的爆炸，近震震级 ML 约 2.9 级，相当于 21t TNT 爆炸。

两次爆炸分别形成一个直径 15m、深 1.1m 的月牙形小爆坑和一个直径 97m、深 2.7m 的圆形大爆坑。事故区域产生了大量的含氰废水在直径约为 60m 的深水坑内（图 11-4），氰化物平均超标 40 多倍，浓度最高处超标甚至达 800 多倍，严重威胁事故区域周边环境和近岸海域水环境质量。

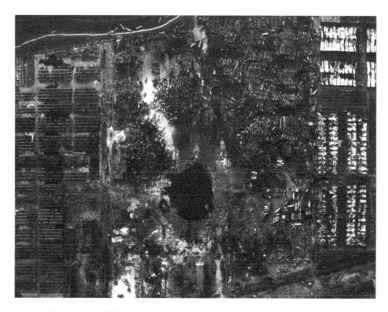

图 11-4　天津港"8·12"大爆炸形成的含氰废水大坑航拍图

11.2.2　应急处置技术手段

为明确主要污染物，工作人员以事故点为核心，半径 3km 范围内，分别布设了地表水、雨污水和海水监测点，并对 pH、COD、氨氮、硫化物、氰化物、三氯甲烷、苯、甲苯、二甲苯、乙苯和苯乙烯等多种污染物进行检测。对照《污水综合排放标准》（GB 8978—1996）中的二级标准，部分监测点位的 COD、氨氮和氰化物超标，且浓度随时间呈下降趋势。根据水体中超标污染物对水环境和人体的危害程度，本次事故主要污染物确定为氰化物。氰化物是一种以有机或无机形式广泛存在的含碳氮自由基化合物。所有形式的氰化物都具有剧毒，与氰化物短时间接触会引起呼吸急促、身体颤抖和其他神经系统反应，与氰化物长时间接触会引起脱水、甲状腺病、神经破损甚至死亡。据调查，瑞海国际物流有限公司所属危险品仓库事故发生前堆放了约 700t 氰化钠，爆炸发生后，部分氰化钠进入区域内雨污管网和排水明渠，导致其中氰化物超标。

本次事故水污染控制技术方案的选择遵循了以下原则：安全第一，处置过程首先确保人员和环境安全；疏堵结合，多管齐下，越快越好；措施果断，不遗留地下水污染隐患。

（1）堵截 为保障事故区域内含氰化物超标的污水不通过地表径流排出影响近岸海域及周边环境，同时也为防止外界区域排水、径流进入该区域增加污染水量并提高治理难度，堵截是最有效的方式。现场封堵措施主要涉及 4 个排海口和 8 个污水井，在吉运东路明渠设置 2 道拦坝，在东排明渠设置 1 道拦坝。事故发生后，保税扩展区污水处理厂已与事故范围内企业断开管网联通，排口（一号雨水泵站）落实三级审批，并在一号雨水泵站设置临时移动式破氰装置，确保达标排放。

（2）外运与外输 为了尽快减少中心爆炸坑和泵站中的污水量，防止有害污水对地下水和外部水体的污染，采取了部分污水由危废运输车辆外运至危废处理中心进行处理的方式。天津合佳威立雅环境服务有限公司出动了 20 多辆危废运输车辆，每天往返运输三四十趟，对北港东三路雨排临时泵站及围坝内污水进行抽取外运。综合考虑爆炸坑周边的地形、构筑物情况、水文地质条件，敷设了抽水管道，采用潜水泵抽取坑中污水，输送到外扩区具备处理条件的位置，然后安装临时破氰装置去除氰化物，出水根据水量和含盐量情况，决定是否可以汇入现有拓展区的污水处理厂，其余污水运至区域内的其他工业废水处理厂进行处理。

（3）氰化物降解 目前，降解氰化物的方法主要有生物处理法、两段氯化氧化法、过氧化氢氧化法、光催化法、电化学法等。事故现场移动破氰设施多采用两段氯化氧化法。两段氯化氧化法中破氰氧化剂可选用氯气、二氧化氯、次氯酸钙和次氯酸钠等。在较高的 pH 条件下将氰根离子氧化为氰酸根，然后在较低的 pH 条件下将氰酸根进一步氧化为氮气和二氧化碳。为确保最终出水达标排放，在保税扩展区污水处理厂前段增设臭氧氧化、混凝、活性炭吸附工艺，污水处理厂原有生物处理池内投加活性炭用于强化活性污泥活性，并在接触池增设活性炭过滤墙。

（4）氰化物原位净化 对于水量较大、氰化物超标不多的地表水体，如坑洼地、排水明渠等，考虑到经济性和汛期排水紧迫性，采用了氰化物原位净化的方法。氰化物原位净化即直接向水体中投加石灰水等 pH 调节剂和次氯酸钠、次氯酸钙等氧化剂，通过两段氯化氧化法将氰化物氧化为氮气和二氧化碳，以确保氰化物浓度达标。

（5）移动破氰设施及处理效果 为了更加机动、高效地处理含氰污水，事故区安放了多台移动破氰设施。以一号雨水泵站旁的移动破氰装置为例，主要由集水池、调碱池、氧化池、沉淀池、调酸池、氧化池等组成，如图 11-5 所示。

调节池具有存贮污水和稳定水质两个功能，停留时间为 4h。污水由调节池提升至一段破氰池，将 pH 调至 10 以上，投加一定量次氯酸钠，控制氧化还原电位（ORP）在 300～350mV，停留时间 1h，将 CN^- 氧化为 HOCN，毒性大幅度下降；污水自流进入第二段破氰池，将 pH 调至 6.5～7，再次投加次氯酸钠，控制 ORP 在 650mV 左右，停留时间 1h，将 HOCN 氧化成氮气和二氧化碳。该设备采用加药自控装置，酸碱加药量可与 pH 计联动，根据 pH 变化控制加酸加碱量；次氯酸钠投加与 ORP 仪联动，控制氧化剂的投加量。进出水自控可通过液位计与电动阀联动来控制。

移动破氰设施累计处理含氰废水 29.2 万吨，消减氰化物 37.55t，处理出水氰化物小于 0.1mg/L（最低降至 0.03mg/L），平均处理效率达 99.9% 以上，达到了《污水综合排放标准》（GB 8978—1996）中的一级标准，为减轻爆炸次生污染、保护渤海湾水生态环境做出了显著的贡献。

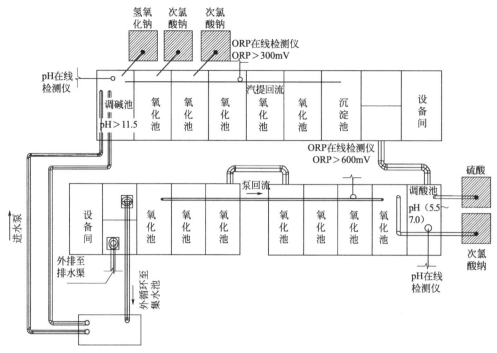

图 11-5 移动破氰设施工艺流程

11.2.3 应急难点与技术应用

总结天津港爆炸现场高含氰废水应急处理过程，主要技术难点如下。

① 处理任务紧急，且高浓度氰化物废水成分十分复杂，包括游离氰化物、铁氰络合物、铜氰络合物、有机氰化物等。

② 在治理过程中，随着时间的推移，游离氰化物蒸发，治理工程从外围区域向核心区推进，废水的成分发生变化。所以随水质变化，治理难度逐渐升高，治理工艺也需要随时做相应调整。

面对着处理废水的水质不断变化，项目组积极进行实验研究，对处理工艺不断地进行调整，先后投入多种催化剂、氧化剂，确保污水处理系统稳定达标。针对不同处理区域和水质特点，采用的主要工艺路线见表 11-3。

表 11-3 "8·12" 废水治理工程中各区域废水处理工艺

处理区域	水质特点	处理难点	处理工艺
管网暂存废水	游离氰化物为主 30~100mg/L	缩短处理时间，加快处理进度	普鲁士蓝沉淀法＋次氯酸钠氧化法
南部和北部存车场废水	含氰量 100~200mg/L，铁氰络合物为主和铜氰络合物为辅，伴有少量游离氰化物	常规处理工艺中部分氰化物被氧化后，很可能会重新与水中的有机物结合形成新的重金属络合氰化物	普鲁士蓝沉淀法＋小孔膜分离工艺＋双氯氧化法
爆炸中心坑运至合佳威立雅的贮罐暂存废水	含氰量 200mg/L 左右，铁氰络合物为主和铜氰络合物为辅，伴有少量游离氰化物	相比于南部和北部存车场废水，此部分废水为多种化合物混合在一起，化合物等杂质存在，影响后续处理工艺	类芬顿氧化＋普鲁士蓝沉淀法＋小孔膜分离工艺＋双氯氧化法

续表

处理区域	水质特点	处理难点	处理工艺
暂存大港的含氰废水	成分复杂,含氰量均在 200mg/L 以上,铁氰络合物为主和铜氰络合物为辅	相比于南部和北部存车场废水,此部分废水含油量比较高。处理时增加了前处理系统,增加了隔油网、吸油棉等除油措施	隔油系统＋类芬顿氧化＋亚铁氰络合沉淀法＋小孔膜分离工艺＋双氯氧化法
爆炸现场大坑及周边废水	有机氰大量出现,铜氰络合物占比并无明显变化,铁氰络合物占比开始减少,总体水平超过 600mg/L	有机氰化物的大量出现。需要对含氰废水高效降解处理以提高后期处理工艺的去除率	类芬顿氧化＋亚铁氰络合沉淀法＋微滤膜分离工艺＋双氯氧化法＋生物焦催化工艺
启航嘉园废水	含氰量在 120mg/L 左右,游离氰化物为主,伴有铜氰络合物和铁氰络合物	开放水域,不具备外运条件	原位加药处理,投加药剂主要包括双氧水、五水合硫酸铜、七水合硫酸亚铁、次氯酸钠、二氧化氯泡腾片等

第**12**章

工业园区高难度废水处置未来展望

近年来随着我国城市化和工业化进程的加快，造成了日益严重的水环境问题。"十一五"以来，国家大力推进截污减排，将其摆在中央和地方各级政府工作的核心位置上，在"十三五"期间，更是把生态文明建设首次写进五年规划的目标任务，因此水环境保护取得积极成效。但是，我国水污染严重的状况仍未得到根本性遏制，区域性、复合型、压缩型水污染日益凸显，已经成为影响我国水安全的最突出因素，防治形势十分严峻。为了解决水安全问题、提升环境质量、拓展发展空间，2015年国务院发布的《水污染防治行动计划》（"水十条"）成为我国治理水污染的行动纲领。

工业园区水污染的集中治理是"水十条"的关注重点之一。针对高难度工业废水特点，开展相关控制技术研究及集成非常必要且迫切。以高盐难降解废水为例，废水与无机盐都是可以回收利用的资源，因此开发高盐难降解废水资源化技术，实现高盐难降解废水的"零排放"或"趋零排放"是工业园区高盐难降解废水处理难题的主要途径之一。"十一五"和"十二五"期间我国开展了一些含盐难降解废水处理技术的相关研究，但在预处理和杂盐分离工艺路线上和针对特定盐类的资源化回收方面鲜有研究。而且现有的技术对于杂盐没有实现很好的精制分离和回收利用，并没有从根本上解决含有机物、无机物等多元复合盐高效分离与提纯的技术难题。而且缺少整装成套技术和示范应用，在关键设备的长效、低成本运行上和MVR核心装备的国产化、大型化推广应用上尚有不足，未能很好地占领国际市场。

随着国家对工业污染监管力度的加强，未来工业园区的废水处理将朝着"高效化、集成化、智能化、专业化"方向发展。

（1）处理设施高效化　要想实现工业园区高难度废水的处理设施高效化运行，就要不断降低运营成本，提高运行效率，并把其定位为工业园区废水处理项目的重要考核指标。本着节能增效的宗旨，工业园区的废水处理设施将朝着低能耗的方向发展，同时设施的运行负荷率也将提高，避免出现产能闲置、污水处理厂晒太阳的情况。

（2）处理工艺集成化　工业园区内各企业分散处理废水，不仅会造成资源的浪费，还存在着监管的困难等问题，各企业将废水进行预处理，再以付费方式统一进行处理模式逐渐成为主流。特别是膜技术、"废水零排放"技术等处理方式逐渐成熟的情况下，集成化处理工艺的优势更加凸显。

（3）管理手段智能化　将废水纳管收集并监管企业的废水预处理情况是一项重要工作，如果不能有效把控水量、水质将对处理设施造成冲击，同时影响出水水质。智能化的管理系统对于工业园区废水处理好处多多，可以杜绝企业偷排、违排，同时有益于工业园区内废水管路的检修。

（4）运营团队专业化　伴随着"专业化运营"模式的逐渐成熟，具有专业资质的工业园区废水处理服务商正逐渐增多。工业园区需要的是废水处理综合解决方案的提供商，它不仅应具有处理技术的优势，而且可以提供包括设计、施工、运行、管理等一条龙服务。另外专业化治理的突出优势在于，责任意识更强，处理效果更好，因为治理的效果直接关系到公司收益。

除此之外，未来高难度工业废水处理技术的方向应该是"零排放"，这里的"零排放"不仅仅指水的零排放，还指对固废的资源化处理。只有这样才能真正意义上解决工业园区的"最后一公里"难题。

总之，工业园区高难度废水治理是一个系统工程，既要从源头上加强园区管理，优化产业结构，鼓励清洁生产，加强企业排污监控，减少污染物排放，建设生态型工业园区；又要从末端治理层面上采用生态环保的污水处理技术，在保证处理效果的同时，降低运行成本，避免二次污染，并尽量对园区水资源循环利用，实现工业园区的可持续发展。

参 考 文 献

[1] 阎兆万，王爱华，展宝卫 . 经济园区发展论 [M]. 北京：经济科学出版社，2009.

[2] 陈才 . 城市工业园区发展机制及空间布局研究——以长春市为例 [D]. 长春：东北师范大学，2009：18.

[3] 陈瑶，付军，邵晓龙，等 . 工业园区水污染防治的问题与对策探讨 [J]. 中国环境管理，2016，(2)：101-103.

[4] 高宝，傅泽强，沈鹏，等 . 产业环境准入的国内外研究进展 [J]. 环境工程技术学报，2015，(1)：72-78.

[5] 黄天寅，刘寒寒，吴玮，等 . 城镇化背景下工业园区水污染控制研究 [J]. 中国给水排水，2013，(22)：14-17.

[6] 茅宏，郑柳，徐丽，等 . 工业园区规划建设环境准入与运营管理一体化发展对策建议 [J]. 科技与创新，2019，(7)：36-37.

[7] 杨淇微，陈颖，王亚男，等 . 工业园区规划建设环境准入与运营管理一体化发展对策建议 [J]. 环境与可持续发展，2016，(5)：16-19.

[8] 陈坤，石磊，张睿文，等 . 工业园区绿色发展及评价的国际经验与启示 [C]. 中国环境科学学会科学技术年会论文集，2020：2958-2961.

[9] 刘兆香，焦诗源，孙凯，等 . 我国环保产业园国际化发展策略研究 [J]. 中国环保产业，2020，(3)：33-38.

[10] 毛玫清 . 工业园区水污染防治的问题以及方法分析 [J]. 资源节约与环保，2019，(10)：95.

[11] 王妍，李宝娟 . 工业园区水污染防治的问题与对策 [C]. 中国环境科学学会学术年会论文集，2016：590-593.

[12] 陈瑶，付军，邵晓龙，等 . 工业园区水污染防治的问题与对策探讨 [J]. 中国环境管理，2016，(2)：99-101.

[13] 李玲君 . 工业园区水污染防治技术方法研究 [D]. 天津：天津大学，2016：12.

[14] 朱孟建 . 工业园区水污染防治中存在的问题与对策 [J]. 南方农机，2020，51 (6)：246.

[15] 彭宽军 . 工业园区水污染防治中的问题与建议 [J]. 资源节约与环保，2020，(2)：69.

[16] 张鹏 . 工业园区水污染现状及防治措施 [J]. 低碳世界，2020，(12)：21-22.

[17] 聂莉莎 . 化工园区工业废水处理方法 [J]. 化学工程与装备，2020，(10)：269-270.

[18] 聂莉莎 . 化工园区水污染防治的问题以及方法分析 [J]. 化工管理，2020，(1)：38-39.

[19] 陈瑶，辛志伟，付军，等 . 基于新环境保护法要求下的化工园区水环境管理政策 [J]. 化工环保，2017 (37)：110-115.

[20] 李萌，史聆聆，刘晓宇，等 . 浅谈工业园区废水处理模式 [C]. 中国环境科学学会学术年会论文集，2020：2063-2065.

[21] 刘丽 . 基于产业集群方向的工业园区发展研究和政府作用探讨 [D]. 杭州：浙江大学，2011.

[22] 童图军 . 我国工业园区水污染防治模式创新 [J]. 科技广场，2019，(6)：48-57.

[23] 何丽芳 . 我国工业园区水污染现状及防治措施 [J]. 环境工程，2020，(3)：97-98.

[24] 游伟，李志刚 . 中国化工园区现状分析及高质量发展的建议研究 [J]. 云南化工，2020，(8)：159-161.

[25] 王树堂，徐宜雪，陈坤，等 . 我国工业园区水环境管理探析 [J]. 环境保护，2019，(14)：66-67.

[26] 龙腾锐，何强 . 排水工程 [M]. 北京：中国建筑出版社，2015.

[27] 裴静，尹曙辉 . 一种综合水处理装置的物联网技术改造——以格栅除污装置为例 [J]. 科技资讯，2016，14 (34)：12-15.

[28] 李涛 . 沉砂池的设计及不同池型的选择 [J]. 中国给水排水，2001，17 (9)：37-42.

[29] 徐文刚，胡春萍 . 旋流沉砂池的排砂系统设计 [J]. 中国给水排水，2002，18 (1)：74-75.

[30] 蒋文韬 . 新型高效旋流沉砂池的模型试验研究 [D]. 合肥：合肥工业大学，2006.

[31] 蔡金傍，段祥宝，朱亮 . 沉淀池水流数值模拟 [J]. 土木建筑与环境工程，2003，25 (4)：64-69.

[32] 郭宇杰 . 工业废水处理工程 [M]. 上海：华东理工大学出版社，2016：105-108.

[33] 王仲旭，毛应准 . 污水治理技术与运行管理 [M]. 北京：中国环境科学出版社，2015：12.

[34] 王毅力，汤鸿霄 . 气浮净水技术研究及进展 [J]. 环境科学进展，1999，(6)：94-103.

[35] 潘怀玉，杨岳平，徐新华，等 . 电凝聚气浮法处理餐饮废水试验研究 [J]. 环境科学导刊，2001，20 (3)：43-46.

[36] 姜恒，宫红，吴平 . 含油废水气浮处理药剂的应用与研究进展 [J]. 工业水处理，2001，(5)：7-10.

[37] 丁慧，郑飞，关华滨，等 . 寒冷地区小城镇污水处理厂调节池性能的研究 [J]. 环境科学与管理，2012，37 (7)：77-80.

[38] 陈忠 . 浅析城市生活垃圾卫生填埋场渗滤液调节池的作用 [J]. 有色冶金设计与研究，1996，(2)：41-43.

[39] 柯琪朗．吸油插板式隔油池 [J]．环境工程，2001，19（4）：23-25.

[40] 孙文，余丽．隔油池在污油回收系统中的应用 [J]．内蒙古石油化工，2010，（10）：32.

[41] 林孝根．平流式隔油池处理含油废水 [J]．电力环境保护，1988，（4）：51.

[42] 黄维菊，魏星．污水处理工程设计 [M]．北京：国防工业出版社，2008：52.

[43] 李闻欣．皮革环保工程概论 [M]．北京：中国轻工业出版社，2015.

[44] 江晶．污水处理技术与设备 [M]．北京：中国轻工业出版社，2014.

[45] 姚重华．混凝剂与絮凝剂 [M]．北京：中国环境科学出版社，1991.

[46] 吴敦虎，聂英华．混凝法处理制药废水的研究 [J]．水处理技术，2000，（1）：53-55.

[47] 汤鸿霄，栾兆坤．聚合氯化铝与传统混凝剂的凝聚-絮凝行为差异 [J]．环境化学，1997，（6）：497-505.

[48] 季民，霍金胜，胡振苓，等．活性污泥法数学模型的研究与应用 [J]．中国给水排水，2001，（8）：18-22.

[49] 孙剑辉，闫怡新．循环式活性污泥法的工艺特性及其应用 [J]．工业水处理，2003，23（5）：5-8.

[50] 姜体胜，杨琦，尚海涛，等．温度和 pH 值对活性污泥法脱氮除磷的影响 [J]．环境工程学报，2007，1（9）：10-14.

[51] 何苗，张晓健．厌氧-缺氧/好氧工艺与常规活性污泥法处理焦化废水的比较 [J]．给水排水，1997，（6）：31-33.

[52] 张统．环境工程实用丛书：间歇式活性污泥法污水处理技术及工程实例 [M]．北京：化学工业出版社，2002.

[53] 何苗，张晓健．焦化废水中芳香族有机物及杂环化合物在活性污泥法处理中的去除特性 [J]．中国给水排水，1997，13（1）：14-17.

[54] 程晓如，魏娜．SBR 工艺研究进展 [J]．工业水处理，2005，（5）：10-13.

[55] 刘载文，许继平，杨斌，等．序批式活性污泥法污水处理系统溶解氧优化控制方法 [J]．计算机与应用化学，2007，24（2）：231-234.

[56] 黄绍重，牛建兵．序批式活性污泥法及其应用 [J]．天中学刊，2007，22（2）：84-87.

[57] 何耘，刘成．序批式活性污泥法（SBR）的研究综述 [J]．安徽建筑工业学院学报（自然科学版），1998，（1）：50-54.

[58] 杨庆，彭永臻．序批式活性污泥法原理与应用 [M]．北京：科学出版社，2010.

[59] 刘岩，李志东，蒋林时．膜生物反应器（MBR）处理废水的研究进展 [J]．长春理工大学学报（自然科学版），2007，30（1）：98-101.

[60] AMAY, AKMY, AJSP, et al. Characterization of biofilm structure and its effect on membrane permeability in MBR for dye wastewater treatment-ScienceDi rect [J]. Water Research, 2006, 40（1）：45-52.

[61] 任鹤云，李月中．MBR 法处理垃圾渗滤液工程实例 [J]．给水排水，2004，（10）：41-43.

[62] 邹联沛，刘旭东，王宝贞，等．MBR 中影响同步硝化反硝化的生态因子 [J]．环境科学，2001，22（4）：51-55.

[63] 楼洪海，王琪，胡大锵，等．MBBR 工艺处理化工废水中试研究 [J]．环境工程，2008，26（6）：61-62.

[64] 张亮，王冬梅，滕新君．MBBR 工艺在农村水污染治理中的应用 [J]．中国给水排水，2009，（16）：50-52.

[65] 宋美芹．MBBR 工艺在污水处理厂升级改造中的应用 [R]．第六届水处理行业热点技术论坛，2011.

[66] 王耋田，叶亮，张新彦，等．MBBR 工艺用于无锡芦村污水处理厂的升级改造 [J]．中国给水排水，2010，（2）：71-73.

[67] 张兴文，孟志国，杨凤林．气浮-MBBR 工艺处理水产品生产废水 [J]．给水排水，2005，31（8）：62-64.

[68] 万田英，李多松．MBBR 工艺及其运行中易出现问题的探讨 [J]．电力环境保护，2006，22（1）：35-36.

[69] 刘守新，刘鸿．光催化及光电催化基础与应用 [M]．北京：化学工业出版社，2006.

[70] 王平．芬顿法应用于染料工业园区废水深度处理的技术研究与评价 [D]．北京：北京化工大学，2015.

[71] 卢义程，赵建夫，李天琪．高浓度乳化废水芬顿氧化试验研究 [J]．工业用水与废水，1999，（4）：21-23.

[72] 伏广龙，徐国想，祝春水，等．芬顿试剂在废水处理中的应用 [J]．环境科学与管理，2006，31（8）：133-135.

[73] 林海波，张恒彬．电催化氧化技术处理低化学耗氧量废水的方法 [P]．CN03133317.2003.

[74] 卫应亮，张路平，邵晨，等．碳纳米管修饰电极上沙丁胺醇电催化氧化研究 [J]．电化学，2008，（3）：47-52.

[75] 张芳，李光明，盛怡，等．电催化氧化法处理苯酚废水的 Mn-Sn-Sb/-AlO 粒子电极研制 [J]．化学学报，2006，64（3）：235-239.

[76] 张垒，段爱民，王丽娜，等．流化床三维电极电催化氧化深度处理焦化废水 [J]．生态环境学报，2012，（2）：370-374.

[77] 李天成，朱慎林．电催化氧化技术处理苯酚废水研究 [J]．电化学，2005，(1)：101-104.
[78] 邹启光，周恭明．电催化氧化处理有机废水的应用现状和展望 [J]．环境保护，2002，(3)：20-21.
[79] 王东田，魏杰，王秀娟．电催化氧化法降解水中苯酚 [J]．中国给水排水，2003，19 (4)：37-38.
[80] 朱秋实，陈进富，姜海洋，等．臭氧催化氧化机理及其技术研究进展 [J]．化工进展，2014，(4)：1010-1014.
[81] 周秀峰，邓志毅，吴超飞，等．精细化工有机废水的臭氧催化氧化 [J]．环境科学与技术，2007，(5)：65-67.
[82] 关春雨，马军，鲍晓丽，等．臭氧催化氧化-活性炭处理微污染源水 [J]．水处理技术，2007，(11)：80-83.
[83] 李亮，阮晓磊，滕厚开，等．臭氧催化氧化处理炼油废水反渗透浓水的研究 [J]．工业水处理，2011，(4)：43-45.
[84] 何茹，鲁金凤，马军，等．臭氧催化氧化控制溴酸盐生成效能与机理 [J]．环境科学，2008，(1)：99-103.
[85] 谢欣，张潇，李蕊含，等．反渗透膜微结构的调控及海水脱硼性能的提升 [J]．高等学校化学学报，2019，40 (9)：111-115.
[86] 孙巍，张兴文，罗华霖，等．超滤膜和反渗透膜联用处理苦咸水 [J]．辽宁化工，2007，36 (3)：187-189.
[87] 王学松．反渗透膜技术及其在化工和环保中的应用 [M]．北京：化学工业出版社，1988.
[88] 周军，杨艳琴，张宏忠，等．反渗透膜污染及其清洗的研究 [J]．过滤与分离，2007，(1)：1-4.
[89] 许骏，王志，王纪孝，等．反渗透膜技术研究和应用进展 [J]．化学工业与工程，2010，27 (4)：351-357.
[90] 李凤娟，王薇，杜启云．反渗透膜的应用进展 [J]．天津工业大学学报，2009，(2)：27-31.
[91] 吴麟华．分离膜中的新成员——纳滤膜及其在制药工业中的应用 [J]．膜科学与技术，1997，17 (5)：11-15.
[92] 王晓琳，张澄洪，赵杰．纳滤膜的分离机理及其在食品和医药行业中的应用 [J]．膜科学与技术，2000，20 (1)：29-36.
[93] 张烽，徐平．反渗透、纳滤膜及其在水处理中的应用 [R]．中国膜科学与技术报告会论文集，2003：241-245，254.
[94] 宋玉军，刘福安，杨勇，等．纳滤膜的制备及应用技术研究进展 [J]．明胶科学与技术，2001，(3)：1-7.
[95] 俞三传，高从堦，张慧．纳滤膜技术和微污染水处理 [J]．水处理技术，2005，31 (9)：6-9.
[96] 高从堦，陈益棠．纳滤膜及其应用 [J]．中国有色金属学报，2004，14 (F01)：310-316.
[97] 许振良，翟晓东，陈桂娥．高孔隙率聚偏氟乙烯中空纤维超滤膜的研究 [J]．膜科学与技术，2000，20 (4)：10-13.
[98] 张国俊，刘忠洲．膜过程中超滤膜污染机制的研究及其防治技术进展 [J]．膜科学与技术，2001，21 (4)：39-45.
[99] 陆晓峰，汪庚华，梁国明，等．聚偏氟乙烯超滤膜的辐照接枝改性研究 [J]．膜科学与技术，1998，(6)：54-57.
[100] 邢传宏，钱易，Tardieu Eric．超滤膜-生物反应器处理生活污水及其水力学研究 [J]．环境科学，1997，(5)：19-22.
[101] 杨莹．浅谈超滤膜技术在环境工程水处理中的应用 [J]．中国西部，2017，(9)：94.
[102] 陆晓峰，卞晓锴．超滤膜的改性研究及应用 [J]．膜科学与技术，2003，(4)：97-102.
[103] 王静，张雨山．超滤膜和微滤膜在污（废）水处理中的应用研究现状及发展趋势 [J]．工业水处理，2001，(3)：6-10.
[104] 郑领英．我国反渗透、超滤和微滤膜技术的现状 [J]．水处理技术，1995，(1)：1-6.
[105] 莫罹，黄霞，吴金玲．混凝-微滤膜组合净水工艺中膜过滤特性及其影响因素 [J]．环境科学，2002，(2)：45-49.
[106] 莫罹，黄霞，吴金玲，等．混凝-微滤膜净水工艺的膜污染特征及其清洗 [J]．中国环境科学，2002，22 (3)：258-262.
[107] 许振良，李鲜日，周颖．超滤-微滤膜过滤传质理论的研究进展 [J]．膜科学与技术，2008，(4)：1-8.
[108] 赵宜江，嵇鸣，张艳，等．陶瓷微滤膜澄清中药提取液的研究 [J]．水处理技术，1999，(4)：199-203.
[109] 陈庆．活性砂过滤器用洗砂器 [P]．CN107754453A. 2018.
[110] 罗红兵，李艳，王彦华．活性砂过滤器在碱液精制中的应用试验研究 [J]．纯碱工业，2017，(2)：11-13.
[111] 高标，刘志鹏，刘立，等．一种洗砂器及连续活性砂过滤器 [P]．CN210278380U. 2020.
[112] 李俊生．活性砂过滤器在城镇污水厂节能减排中的应用 [J]．中国给水排水，2010，26 (1)：57-59.
[113] 王东，马景辉，张红丽，等．DynaSand 活性砂过滤器在市政中水回用中的应用 [J]．工业水处理，2006，26 (9)：59-61.

[114] 雷晓玲，方小桃，刘贤斌，等．给水厂高密度沉淀池沉淀区流态模拟及优化设计 [J]．中国给水排水，2011，27 （3）：52-55.

[115] 李尔，曾祥英，邹惠君，等．高密度沉淀池/转盘滤池用于乌海污水处理厂深度处理 [J]．中国给水排水，2011，27 （16）：38-41.

[116] 董淑贤，张志军．高密度沉淀池-V型滤池工艺再生水厂的设计与运行 [J]．工业用水与废水，2010，（4）：83-85.

[117] 冯锦程．高密度沉淀池在处理钢铁工业废水的应用 [C].2013 年全国冶金节水与废水利用技术研讨会文集，2013.

[118] 杨华仙，陈键，黄慎勇．高密度沉淀池处理合流污水的工艺设计 [J]．中国给水排水，2012，28 （2）：6-8.

[119] 王丽娜，王洪波，李莹莹，等．高密度沉淀池技术概述 [J]．环境科学与管理，2011，（6）：64-66.

[120] 林峰，姜素华，涂云鹏．高压脉冲电絮凝＋加载磁絮凝工艺处理电镀废水 [J]．广州化工，2013，41 （8）：149-150.

[121] 孙鸿燕，史少欣，王平宇．几种复合磁絮凝剂在餐饮废水处理中的应用 [J]．工业水处理，2006，26 （8）：55-58.

[122] 郑学海，刘东方，杨彦涛．廉价磁种及磁絮凝分离装置的开发与应用 [J]．中国给水排水，2000，16 （8）：33-35.

[123] 黄自力，肖晶晶，李密．化学沉淀-磁絮凝深度快速除磷的研究 [J]．武汉科技大学学报（自然科学版），2009，32 （1）：102-105.

[124] 王利平，何又庆，范洪波，等．磁絮凝分离法处理含油废水的试验 [J]．环境工程，2007，（3）：12-15.

[125] 陈瑜，李军，陈旭变，等．磁絮凝强化污水处理的试验研究 [J]．中国给水排水，2011，27 （17）：78-81.

[126] 杨治中，吴东雷，田光明，等．厌氧膨胀颗粒污泥床反应器的应用 [J]．水处理技术，2011，37 （3）：5-10.

[127] 刘永红，贺延龄，胡勇．膨胀颗粒污泥床反应器高负荷运行特性研究 [J]．工业用水与废水，2008，39 （1）：12-14.

[128] 向心怡，陈小光，戴若彬，等．厌氧膨胀颗粒污泥床反应器的国内研究与应用现状 [J]．化工进展，2016，35 （1）：18-25.

[129] 张旭栋，刘燕，曾次元．厌氧膨胀颗粒污泥床反应器的应用现状与研究热点．工业用水与废水，2005，（6）：5-10.

[130] 周琪，顾夏声．升流式厌氧污泥床筛分强度数学模型研究 [J]．上海环境科学，1995，14 （6）：10.

[131] 石宪奎，倪文，江翰．升流式厌氧污泥床反应器工程启动研究 [J]．环境污染与防治，2004，26 （5）：363-365.

[132] 沈耀良．升流式厌氧污泥床反应器中颗粒污泥的特性 [J]．国外环境科学技术，1992，（1）：12-17.

[133] 周丰，王翻翻，钱飞跃，等．纳米零价铁对升流式颗粒污泥床反硝化性能的影响 [J]．环境科学，2018，39 （1）：263-268.

[134] 吴静，黄建东，陆正禹，等．内循环厌氧反应器的快速启动策略 [J]．清华大学学报（自然科学版），2010，50 （3）：400-402.

[135] 郭永福，储金宇．内循环厌氧反应器 (IC) 的应用与发展 [J]．工业安全与环保，2007，33 （5）：6-9.

[136] 宋倩，马邕文．常温下内循环厌氧反应器的启动研究 [J]．环境工程，2010，（1）：14-16.

[137] 胡纪萃．试论内循环厌氧反应器 [J]．中国沼气，1999，17 （2）：3-6.

[138] 邵希豪，喻俊，范国东，等．内循环厌氧反应器 (IC) 探讨 [J]．中国沼气，2001，（1）：27-28.

[139] Chong S，Sen T K，Kayaalp A，et al. The performance enhancements of upflow anaerobic sludge blanket (UASB) reactors for domestic sludge treatment-A State-of-the-art review [J]. Water Research，2012，46 （11）：3434-3470.

[140] TCJ，Z P，W C H，et al. Performance of high-loaded ANAMMOX UASB reactors containing granular sludge-ScienceDirect [J]. Water Research，2011，45 （1）：135-144.

[141] 刘永红，贺延龄，李耀中，等．UASB 反应器中颗粒污泥的沉降性能与终端沉降速度 [J]．环境科学学报，2005，25 （2）：176-179.

[142] 曹刚，徐向阳．碱度对 UASB 污泥颗粒化的影响 [J]．中国给水排水，2002，18 （8）：13-16.

[143] 王凯军．UASB 工艺的理论与工程实践 [M]．北京：中国环境科学出版社，2000.

[144] 施汉昌，温沁雪，白雪．污水处理好氧生物流化床的原理与应用［M］．北京：科学出版社，2012．

[145] 吴海珍，刁春鹏，冯春华，等．生物流化床处理焦化废水工艺实践及其技术效果分析［C］．中国环境科学学会学术年会，2012．

[146] 梁志伟，陈英旭．气液混合提升生物流化床反应器［P］．CN101092268A．2007．

[147] 叶聪，李开世，肖祥万．外循环生物流化床水处理设备［P］．CN211338971U．2020．

[148] 唐传祥．好氧生物流化床废水处理技术［J］．化工给排水设计，1994，（2）：34-39．

[149] 韦朝海，黄会静，任源，等．印染废水处理工程的新型生物流化床组合工艺技术分析［J］．环境科学，2011，（4）：1048-1054．

[150] 王志盈，刘超翔，彭党聪，等．高氨浓度下生物流化床内亚硝化过程的选择特性研究［J］．西安建筑科技大学学报（自然科学版），2000，32（1）：1-3．

[151] 高艳玲．悬浮载体生物流化床反应器脱氮试验研究［D］．哈尔滨：哈尔滨工业大学，2007．

[152] 王志盈，袁林江，彭党聪，等．内循环生物流化床硝化过程的选择特性研究［J］．中国给水排水，2000，16（4）：1-4．

[153] 卢俊平，马太玲，张晓晶，等．新型生物转盘工艺处理污废水研究与应用［C］．2015年水资源生态保护与水污染控制研讨会论文集，2015．

[154] 雷瑞初，杨振沂．生物转盘设计手册．1：空气驱动的生物转盘［M］．香港：香港艺高有限工程公司，1985．

[155] 王黔生．推流式生物转盘［P］．CN2044970U．1988．

[156] 熊欢伟，郭勇，李礼，等．新型颗粒生物膜生物转盘处理有机废水的研究［J］．中国给水排水，2009，25（1）：75-77．

[157] 江伟，江远清．生物转盘处理水产养殖废水的氨氮研究［J］．北京水产，2002，（3）：12-13．

[158] 李莎，王凯，王优魁．生物转盘处理城镇污水的试验研究［J］．工业用水与废水，2010，（4）：43-46．

[159] 王诗琴，陈光，喻江，等．生物转盘［P］．CN206799247U．2017．

[160] 郑俊，吴浩汀，程寒飞．环境工程实例丛书：曝气生物滤池污水处理新技术及工程实例［M］．北京：化学工业出版社，2002．

[161] 田文华，文湘华，钱易．沸石滤料曝气生物滤池去除COD和氨氮［J］．中国给水排水，2002，18（12）：13-15．

[162] 郑俊，吴浩汀，程寒飞．曝气生物滤池污水处理新技术及工程实例［M］．北京：化学工业出版社，2002．

[163] 郑俊，吴浩汀．曝气生物滤池工艺的理论与工程应用［M］．北京：化学工业出版社，2005．

[164] 李汝琪，钱易．曝气生物滤池去除污染物的机理研究［J］．环境科学，1999，20（6）：49-52．

[165] 张忠波，陈吕军．新型曝气生物滤池——Biostyr［J］．给水排水，2000，（6）：15-18．

[166] 张杰，陈秀荣．曝气生物滤池反冲洗的特性［J］．环境科学，2003，24（5）：86-91．

[167] 张杰，曹相生，孟雪征．曝气生物滤池的研究进展［J］．中国给水排水，2002，18（8）：26-29．

[168] 尹侠，李庆生，贺小华．薄膜蒸发器的应用［J］．石油和化工设备，2002，5（3）：188-189．

[169] 吴裕远，陈流芳．最新低温技术"类环状流微膜蒸发板翅式冷凝蒸发技术"成果介绍［J］．中国科学基金，2002，（6）：348-350．

[170] 权标．蒸汽机械再压缩技术的理论研究［J］．科学与财富，2018，（26）：78-79．

[171] 李瑞民，孔松涛，王堃．蒸发脱盐技术在污水处理中的应用［J］．广东化工，2015，42（9）：158-159．

[172] 孙国梁．利用机械压缩蒸发结晶器系统进行废水处理的方法［P］．CN103387319B．2015．

[173] 石成君，周亚素，孙韶，等．机械蒸汽再压缩蒸发技术高盐度废水处理系统的性能分析［J］．水处理技术，2013，39（12）：63-68．

[174] 刘天柱，张华，赵东风，等．多效蒸发技术浓缩石化企业含盐废水的操作方案优化分析［J］．现代化工，2014，34（11）：140-143，145．

[175] 王丽丽，朱霞．一种含盐废水的多效蒸发浓缩系统［P］．CN208869344U．2019．

[176] 吴晶．多效蒸发处理高盐废水及其化工模拟过程［D］．上海：华东理工大学，2012．

[177] 朱月琪，郭俊．多效蒸发技术在废水治理领域的应用研究［J］．化工管理，2013，（24）：104-106．

[178] 高丽丽，张琳，杜明照．MVR蒸发与多效蒸发技术的能效对比分析研究［J］．现代化工，2012，（10）：90-92．

[179] 陈建平，张会杰，米正辉，等．加速器电子束辐照技术在污水处理中的应用［J］．工业水处理，2014，34（3）：1-6．

[180] 张娟琴，袁大伟，郑宪清，等．电子束辐照技术在化学污染物处理中的应用 [J]．环境科技，2012，(3)：75-78.

[181] 王艳丽，包伯荣，吴明红，等．电子束辐照降解二氯苯废水的研究 [J]．核技术，2006，(1)：53-56.

[182] 雕龙．高能电子束辐照处理污水技术可用于造纸等领域 [J]．造纸化学品，2018，30 (1)：14.

[183] 杨民．湿式催化氧化反应及其催化剂的研究 [D]．大连：中科院大连化学物理研究所，2006.

[184] 郝玉昆，孙佩石．湿式催化氧化法（CWO）处理高浓度有机废水研究 [J]．环境科学导刊，z1：131-134.

[185] 严莲荷，董岳刚，周申范，等．湿式催化氧化法在处理分散染料废水中催化剂的选择和实验条件的优化 [J]．工业水处理，2000，20 (11)：24-26.

[186] 杨润昌，周书天．高浓度难降解有机废水低压湿式催化氧化处理 [J]．环境科学，1997，18 (5)：71-74.

[187] 杨琦，单立志，钱易．国外对污水湿式催化氧化处理的研究进展 [J]．环境科学研究，1998，11 (4)：62-64.

[188] 杨少霞，冯玉杰，万家峰，等．湿式催化氧化技术的研究与发展概况 [J]．哈尔滨工业大学学报，2002，34 (4)：540-544.

[189] 卢俊华，李超伟．一种超临界氧化处理含钼酸性废水的方法 [P]．CN107935291A. 2018.

[190] 李爽，魏文杰．超临界氧化处理技术在废水处理中的应用 [C]．江苏省化学化工学会，2015.

[191] 林春绵，潘志彦．超临界氧化技术在有机废水处理中的应用 [J]．浙江化工，1996，(2)：16-20.

[192] 陈广银．超临界氧化在污泥处理中的应用 [C]．2007 中国可持续发展论坛暨中国可持续发展学术年会论文集，2007.

[193] 陈杭，冯银花，蒋春跃，等．超临界氧化废水装置技术的现状 [J]．水处理技术，2007，(5)：6-9.

[194] 闫丽，郑广宏．微波诱导催化技术在污水处理中的研究进展 [J]．工业用水与废水，2009，(1)：16-19.

[195] 王翠玲，谷晋川．微波技术在废水处理中的应用 [J]．环境监测管理与技术，2007，19 (4)：40-43.

[196] 李嘉祺．微波污水处理技术用于印染废水处理 [C]．2008 诺维信全国印染行业节能环保年会，2008.

[197] 秦月梅，吴捷，邱景辉，等．微波污水处理设计 [C]．全国毫米波亚毫米波学术会议．中国电子学会，2006.

[198] 王俗新，王月阳．一种微波污水处理方法 [P]．CN108706678A. 2018.

[199] 李春喜，王京刚，王子镐，等．超声波技术在污水处理中的应用与研究进展 [J]．环境污染治理技术与设备，2001，2 (2)：64-69.

[200] 夏玉梅．超声波污水处理技术研究略谈 [J]．中国科技投资，2014，(A03)：529-529.

[201] 张子间．超声波废水处理技术的研究进展 [J]．广东化工，2004，(10)：46-48.

[202] 闫其年．宽频超声波污水处理装置的研究与开发 [D]．保定：河北大学，2011.